高职高专建筑工程技术专业系列教材

建筑工程测量

刘满平　主编

中国建材工业出版社

图书在版编目（CIP）数据

建筑工程测量/刘满平主编.—北京：中国建材
工业出版社，2010.1（2021.1重印）
（高职高专建筑工程技术专业系列教材）
ISBN 978-7-80227-637-6

Ⅰ．建… Ⅱ．刘… Ⅲ．①建筑测量—高等学校：
技术学校—教材　Ⅳ．①TU198

中国版本图书馆 CIP 数据核字（2009）第 230586 号

内 容 简 介

本书是参照高职高专教育土建类各专业测量课程的基本要求编写的。内容包括
绪论、水准测量、角度测量、距离测量与直线定向、测量误差的基本知识、小地区
控制测量、大比例尺地形图的应用、建筑施工测量、管道施工测量、全站仪的介绍
以及基本技能训练和综合技能训练。

本书叙述简明、通俗易懂，并编入了先进的测量技术与方法，各项测量与观
测、记录、计算均有实例和表格。为了便于教学，每章后面附有思考题与习题，以
利于学生及时复习和巩固已学知识。

本书按照国家最新测量规范编写，可作为土建类各专业高职高专教材，也可作
为应用型本科和相关专业工程技术人员的参考书。

建筑工程测量

刘满平　主编

出版发行：中国建材工业出版社

地　　址：北京市海淀区三里河路 1 号

邮　　编：100044

经　　销：全国各地新华书店

印　　刷：北京鑫正大印刷有限公司

开　　本：787mm×1092mm　1/16

印　　张：16.75

字　　数：424 千字

版　　次：2010 年 1 月第 1 版

印　　次：2021 年 1 月第 5 次

书　　号：ISBN 978-7-80227-637-6

定　　价：43.00 元

本社网址：www.jccbs.com.cn
本书如出现印装质量问题，由我社发行部负责调换。联系电话：（010）88386906

序 言

2009 年 1 月，温家宝总理在常州科教城高职教育园区视察时深情地说："国家非常重视职业教育，我们也许对职业教育偏心，去年（2008 年）当把全国助学金从 18 亿增加到 200 亿的时候，把相当大的部分都给了职业教育，职业学校孩子的助学金比例，或者说是覆盖面达到 90% 以上，全国平均 1500 元到 1600 元，这就是国家的态度！国家把职业学校、职业教育放在了一个重要位置，要大力发展。在当前应对金融危机的情况下，其实我们面临两个最重要的问题，这两个问题又互相关联。一个问题就是如何保持经济平稳较快发展而不发生大的波动；第二就是如何保证群众的就业而不致造成大批的失业，解决这两个问题的根本是靠发展，因此我们采取了一系列扩大内需，促进经济发展的措施。但是，我们还要解决就业问题，这就需要在全国范围内开展大规模培训，培养适用人才，提高他们的技能，适应当前国际激烈的产业竞争和企业竞争，在这个方面，职业院校就承担着重要任务。"

大力发展高等职业教育，培养一大批具有必备的专业理论知识和较强的实践能力，适应生产、建设、管理、服务岗位等第一线急需的高等职业应用型专门人才，是实施科教兴国战略的重大决策。高等职业教育院校的专业设置、教学内容体系、课程设置和教学计划安排均应突出社会职业岗位的需要、实践能力的培养和应用型的教学特色。其中，教材建设是基础和关键。

《高职高专建筑工程技术专业系列教材》是根据最新颁布的国家规范和行业标准、规范，按照高等职业教育人才培养目标及教材建设的总体要求、课程的教学要求和大纲，由中国建材工业出版社组织全国部分有多年高等职业教育教学体会与工程实践经验的教师编写而成。

本套教材是按照 3 年制（总学时 1600～1800）、兼顾 2 年制（总学时 1100～1200）的高职高专教学计划和经反复修订的各门课程大纲编写的。共计 11 个分册，主要包括：《建筑材料与检测》、《建筑识图与构造》、《建筑力学》、《建筑结构》、《地基与基础》、《建筑施工技术》、《建筑工程测量》、《建筑施工组织》、《高层建筑施工》、《建筑工程计量与计价》、《工程项目招标投标与合同管理》。基础理论课程以应用为目的，以必需、够用为度，以讲清概念、强化应用为重点；专业课以最新颁布的国家和行业标准、规范为依据，反映国内外先进的工程技术和教学经验，加强实用性、针对性和可操作性，注意形象教学、实验教学和现代教学手段的应用，加强典型工程实例分析。

本套教材适用范围广泛，努力做到一书多用。在内容的取舍上既可作为高职高专教材，又可作为电大、职大、业大和函大的教学用书，同时，也便于自学。本套教材在内容安排和体系上，各教材之间既是有机联系和相互关联的，又具有各自的独立性和完整性。因此，各地区、各院校可根据自己的教学特点择优选用。

本套教材参编的教师均为教学和工程实践经验丰富的双师型教师，经验丰富。为了突出高职高专教育特色，本套教材在编写体例上增加了"上岗工作要点"，特别是引导师生关注岗位工作要求，架起了"学习"和"工作"的桥梁。使得学生在学习期间就能关注工作岗位的能力要求，从而使学生的学习目标更加明确。

　　我们相信，由中国建材工业出版社出版发行的这套《高职高专建筑工程技术专业系列教材》一定能成为受欢迎的、有特色的、高质量的系列教材。

赵宝江

2009 年 10 月

前　言

我国传统的高等教育，一直以培养高精尖研究型人才为目标。近年来，我国经济快速发展，各行各业都急需应用型技术人才，因此，国家大力扶持高职高专和各种层次的职业教育。

在工程建设中，工程测量是保证建筑工程施工和工程质量的关键环节。为了满足培养建筑工程类专业高级实用型人才对建筑工程测量知识的需要，中国建材工业出版社和所有编者经过精心策划，仔细调研，以编者多年的工程测量教学和施工一线的实践经验为基础，对建筑工程测量知识进行重新组织，参照各种相关规范编写了这本《建筑工程测量教材》。

本书在编写过程中参考了工程测量的新标准和新规范，知识面宽，有较强的教学适应性和较宽的专业适应面。内容组织以必需、实用和够用为原则，一方面注重建筑工程测量学的系统性，另一方面又突出建筑工程测量的实践性。例如，对地形图部分进行简化，以应用为主，而对施工测量方面的知识进行了细化，突出可操作性，力求体现职业教育的特点。本章知识讲解深入浅出，淡化理论推导，注重实用性。每章前均有"重点提示"，每章后均有"本章小结"，"上岗工作要点"，"技能训练"，并附有"思考题与习题"，既便于教师教学和学生学习，也有利于自学。

参加本书编写任务的编者都是多年从事测量教学并在施工一线实践的双师型教师，注重实践性，在知识讲解上力争做到深入浅出，满足施工一线需要。书中编入了很多建筑工程测量新知识，具有较强的教学适用性和较宽的专业适用面。本书内容丰富，涉及面较广。

本书在编写过程中，力求做到理论的完整性和系统性，内容的可操作性和新颖性，同时兼顾同其他专业课程的相关性，克服了教材之间重复过多的缺陷。本书概念准确，章节顺序合理，重点突出，信息量大，并紧跟国家政策、标准、规范和发展状况。

本书由西安航空技术高等专科学校刘满平任主编，并负责编写第1章、第5章、第6章、第7章、第11章；雒新峰任副主编，并负责编写第12章；逯红杰任副主编，并负责编写第10章；杜芳莉负责编写第8章；刘晓宁负责编写第9章；李华志负责编写第2章；汪丽负责编写第3章；杜鹃负责编写第4章。全书由刘满平负责统稿。

本书在编写过程中，参考了大量的国内外书籍、资料和文献，在参考文献中一并列出，在此向其作者们表示感谢！在编写此书的过程中也得到了相关部门和个人的大力支持，在此一并表示由衷的谢意。

由于我们的水平有限，时间仓促，在编写过程中难免出现这样或那样的不足，敬请有关专家和学者批评指正，不胜感激！

编　者

2009 年 10 月

目 录

第1章 绪　　论

重点提示

1. 掌握建筑测量的内容和基本概念。
2. 掌握地面点位的确定方法。
3. 掌握确定地面点位的三个基本要素。
4. 了解用水平面代替水准面的范围。
5. 理解测量工作的原则和程序。

开章语　本章主要讲述建筑工程测量的基本概念，地面点位确定的基本知识、基本原理和基本参数以及测量工作的基本知识。通过对本章内容的学习，同学们应初步了解建筑工程测量的基本概念和基本工作，掌握地面点位确定方法等基本专业知识，为以后各章的学习打下基础。

1.1　建筑工程测量的任务与作用

1.1.1　测量学的概念

测量学是研究地球的形状和大小以及确定地面点位的科学。它的内容包括测定和测设两部分。

（1）测定

测定是指使用测量仪器和工具，通过测量和计算，得到一系列测量数据，或将地球表面的地物和地貌缩绘成地形图，供经济建设、国防建设、规划设计及科学研究使用。

（2）测设

测设是指用一定的测量仪器、工具和方法，将设计图样上规划设计好的建（构）筑物位置，在实地标定出来，作为施工的依据。

1.1.2　建筑工程测量的任务

建筑工程测量是测量学的一个组成部分。它是研究建筑工程在勘测设计、施工和使用维护阶段所进行的各种测量工作的理论、技术和方法的学科。它的主要任务是：

（1）测绘大比例尺地形图

把工程建设区域内的各种地面物体的位置和形状以及地面的起伏状态，按照规定的符号和比例尺绘成地形图，为工程建设的规划设计提供必要的图样和资料。

（2）建筑物的施工测量

把图样上已设计好的建（构）筑物，按设计要求在现场标定出来，作为施工的依据；配合建筑施工，进行各种测量工作，以保证施工质量；开展竣工测量，为工程验收、日后扩

1

建和维修管理提供资料。

（3）建筑物的变形观测

对于一些重要的建（构）筑物，在施工和使用期间，为了确保安全，应定期对建（构）筑物进行变形观测。

总之，测量工作贯穿于工程建设的整个过程，测量工作的质量直接关系到工程建设的速度和质量。因此，任何从事工程建设的人员，都必须掌握必要的测量知识和技能。

1.1.3　建筑测量在建筑施工中的作用

由上述可知，建筑测量是为建筑工程提供服务的。它服务于建筑工程建设的每一个阶段，贯穿于建筑工程的始终。在工程建设的各个阶段都离不开测量工作，都要以测量工作为先导。而且测量工作的精度和速度直接影响到整个工程的质量和进度。因此，工程测量人员必须掌握测量的基本理论、基本知识和基本技能，掌握常用的测量仪器和工具的使用方法，初步掌握小区域大比例尺地形图的正确应用，具有一定的应用有关测量资料的能力，以及具有进行一般建筑工程施工测量的能力。

1.2　地面点位的确定

1.2.1　地球的形状和大小

（1）水准面和水平面

测量工作是在地球的自然表面进行的，而地球自然表面是不平坦和不规则的，有高达8848.13m的珠穆朗玛峰，也有深至11022m的马里亚纳海沟，虽然它们高低起伏悬殊，但与地球的半径6371km相比较，还是可以忽略不计的。另外，地球表面海洋面积约占71%，陆地面积仅占29%。因此，人们设想以一个静止不动的海水面延伸穿越陆地，形成一个闭合的曲面包围了整个地球，这个闭合曲面称为水准面。水准面的特点是水准面上任意一点的铅垂线都垂直于该点的曲面。

与水准面相切的平面，称为水平面。

（2）大地水准面

事实上，海水受潮汐及风浪的影响，时高时低，所以水准面有无数个，其中与平均海水面相吻合的水准面称为大地水准面，它是测量工作的基准面。由大地水准面所包围的形体，称为大地体。它代表了地球的自然形状和大小。

（3）铅垂线

由于地球的自转，地球上任意一点都同时受到离心力和地球引力的作用，这两个力的合力称为重力，重力的方向线称为铅垂线，它是测量工作的基准线。

（4）地球椭球体

由于地球内部质量分布不均匀，引起铅垂线的方向产生不规则的变化，致使大地水准面成为一个有微小起伏的复杂曲面，如图1-1（a）所示，人们无法在这样的曲面上直接进行测量数据的处理。为了解决这个问题，人们选用了一个既非常接近大地水准面，又能用数学式表示的几何形体来代替地球总的形状，这个几何形体是由椭圆 NWSE 绕其短轴 NS 旋转而成的旋转椭球体，又称地球椭球体，如图1-1（b）所示。

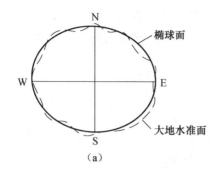
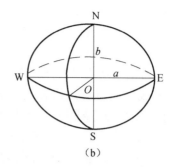

（a）　　　　　　　　　　（b）

图 1-1　大地水准面与地球椭球体

（a）大地水准面；（b）地球椭球体

决定地球椭球体形状和大小的参数为椭圆的长半轴 a、短半轴 b 及扁率 α，其关系式为

$$\alpha = \frac{a - b}{a} \tag{1-1}$$

我国目前采用的地球椭球体的参数值为

$$a = 6378140\text{m}, \quad b = 6356755\text{m}, \quad \alpha = 1 : 298.257$$

由于地球椭球体的扁率 α 很小，当测量的区域不大时，可将地球看作半径为 6371km 的圆球。因此，在小范围内进行测量工作时，可以用水平面代替大地水准面。我国选择陕西省泾阳县永乐镇某点作为大地原点，进行了大地定位。由此而建立起来的全国统一坐标系，这就是现在使用的"1980 年国家大地坐标系"。

1.2.2　地面点位的确定方法

测量工作的基本任务是确定地面点的位置，确定地面点的空间位置需用三个量，在测量工作中，是将地面点 A、B、C、D、E(图 1-2)沿铅垂线方向投影到大地水准面上，得到 a、b、c、d、e 的投影位置。地面点 A、B、C、D、E 的空间位置，就可用 a、b、c、d、e 的投影位置在大地水准面上的坐标及其到 A、B、C、D、E 的铅垂距离 H_A、H_B、H_C、H_D、H_E 来表示。

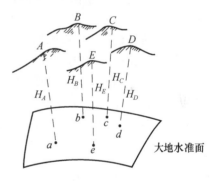

图 1-2　确定地面点位的方法

（1）地面点的高程

地面点到大地水准面的铅垂距离，称为该点的绝对高程，或称海拔。在图 1-3 中的 H_A 和 H_C 即为 A 点和 C 点的绝对高程。

我国的高程是以青岛验潮站历年记录的黄海平均海水面为基准，并在青岛建立了国家水准原点，其高程为 72.260m，称为"1985 年国家高程基准"。

当个别地区引用绝对高程有困难时，可采用假定高程系统，即采用任意假定的水准面为起算高程的基准面。地面点到假定水准面的铅垂距离，称为相对高程。如图 1-3 所示，H_A' 和 H_C' 分别表示 A 点和 C 点的相对高程。

地面两点之间的高程差称为高差。地面点 A 与 C 之间的高差 h_{CA} 为

$$h_{CA} = H_A - H_C = H_A' - H_C' \tag{1-2}$$

由此可见两点间的高差与高程起算面无关。

（2）地面点在投影面上的坐标

地面点在地球椭球面上的位置一般用地理坐标，即经度（λ）和纬度（ϕ）来表示。地

3

理坐标是球面坐标，不便于直接进行各种测量计算，在工程测量中为了使用方便，常采用平面直角坐标系来表示地面点位，下面介绍的是两种常用的平面直角坐标系统。

①高斯平面直角坐标系

高斯投影的方法是将地球划分成若干带，然后将每带投影到平面上。如图 1-4 所示，投影带是从首子午线（通过英国格林尼治天文台的子午线）起，每经差 6° 划一带（称为 6° 带），自西向东将整个地球划分成经差相等的 60 个带。带号从首子午线起自西向东编，用阿拉伯数字 1，2，3，…，60 表示。位于各带中央的子午线，称为该带的中央子午线，第一个 6° 带的中央子午线的经度为 3°，任意带的中央子午线经度 λ_0 按下式计算：

$$\lambda_0 = 6N - 3 \tag{1-3}$$

式中　N——6° 投影带的编号数。

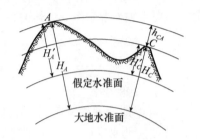

图 1-3　地面点的高程

图 1-4　高斯投影的分带

为了便于说明，将地球当成圆球。高斯投影是设想用一个平面卷成一个空心横圆柱，套在地球外面，如图 1-5（a）所示，使圆柱的轴心通过圆球的中心，将地球上某 6° 带的中央子午线与圆柱面相切。在球面图形与柱面图形保持等角的条件下，将球面上的图形投影到圆柱面上，然后将圆柱体沿着通过南北极的母线切开、展平。投影后如图 1-5（b）所示，中央子午线与赤道成为相互垂直的直线，其他子午线和纬线成为曲线。取中央子午线为坐标纵轴定为 x 轴，取赤道为坐标横轴定为 y 轴，两轴的交点为坐标原点 O，组成高斯平面直角坐标系。在坐标系内，规定 x 轴方向向北为正，y 轴方向向东为正，坐标象限按顺时针编号。

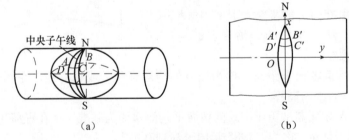

图 1-5　高斯投影

我国位于北半球，x 轴坐标均为正值，y 轴坐标值有正有负。如图 1-6（a）所示，$y_A = +137680\mathrm{m}$，$y_B = -274240\mathrm{m}$。为避免横坐标出现负值，故规定把坐标纵轴向西平移 500km。坐标纵轴西移后 [图 1-6（b）]，$y_A = 500000\mathrm{m} + 137680\mathrm{m}$，$y_B = 500000\mathrm{m} - 274240\mathrm{m}$。为了确定该点所在的带号，规定在横坐标值前冠以带号，如 A、B 均位于 20 带，则其横坐标 $y_A = 20637680\mathrm{m}$，$y_B = 20225760\mathrm{m}$。

高斯投影中，离中央子午线近的部分变形小，离中央子午线愈远变形愈大，两侧对称。当测绘大比例尺地形图要求投影变形更小时，可采用 3° 带投影法。它是从东经 1°30′ 起，每经差

4

3°划分一带，将整个地球划分为 120 个带（图 1-7），每带中央子午线经度 λ_0' 可按下式计算

$$\lambda_0' = 3n \tag{1-4}$$

式中 n——3°投影带的号数。

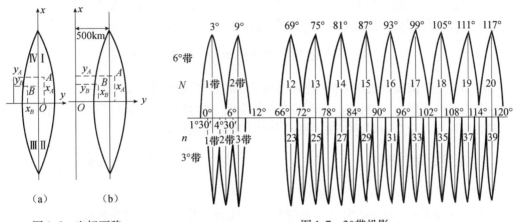

图 1-6 坐标西移 　　　　　　　　　图 1-7 3°带投影

②独立平面直角坐标系

当测区范围较小时（如半径不大于 10km 的范围），可以把大地水准面当作平面看待，即用测区中心点 a 的切平面来代替曲面（图 1-8），地面点在投影面上的位置就可以用平面直角坐标来确定，称为独立平面直角坐标系。测量工作中采用的平面直角坐标系如图 1-9 所示。规定南北方向为坐标纵轴 x 轴，x 轴向北为正，向南为负；东西方向为坐标横轴 y 轴，y 轴向东为正，向西为负，象限按顺时针方向编号。原点 O 一般选在测区的西南角（图 1-8），使测区内各点的坐标均为正值。坐标系原点可采用高斯平面直角坐标值，也可以是假定坐标值。

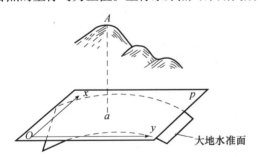

图 1-8 切平面代替曲面 　　　　　　　图 1-9 独立平面直角坐标系

1. 2. 3　确定地面点位的三个基本要素

在实际测量工作中，一般不能直接测出未知点的坐标和高程，而是通过求得未知点与已知点之间的几何关系，然后再推算出未知点的坐标和高程。

如图 1-10 所示，A、B 为已知坐标和高程的点，C 为待测点，三点在投影平面上的位置分别为 a、b、c。在 $\triangle abc$ 中，只要测出一条未知边和一个角（或两个角或两条未知边），就可以推算出 C 点的坐标。由此可见，

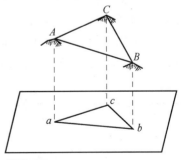

图 1-10 测量工作的基本要求

5

测定地面点的坐标主要是测量水平距离和水平角。

欲求 C 点的高程，则要测量出 A、C 或 B、C 之间的高差，然后推算出 C 点的高程，所以测定未知点高程的主要工作是测量高差。

综上所述，高差测量、水平角测量、水平距离测量是测量工作的基本内容。高程、水平角、水平距离是确定地面点位的三个基本要素。

1.3 用水平面代替水准面的限度

水准面是一个曲面，曲面上的图形投影到平面上，总会产生一定的变形，当变形不超过测量误差的容许范围时，可以用水平面代替水准面。但是在多大面积范围内才容许这种代替，有必要加以讨论。为叙述方便，假定大地水准面为圆球面。

1.3.1 对水平距离的影响

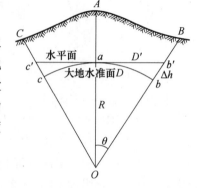

如图 1-11 所示，A、B、C 是地面点，它们在大地水准面上的投影点是 a、b、c，用过 a 点的切平面代替大地水准面后，地面点在水平面上的投影点是 a、b'、c'。设 A、B 两点在水准面上的距离为 D，在水平面上的距离为 D'，球面半径为 R，D 对应的圆心角为 θ，则以水平长度 D' 代替弧长 D 所产生的误差为：

$$\Delta D = D' - D = R\tan\theta - R\theta = R(\tan\theta - \theta) \quad (1\text{-}5)$$

将 $\tan\theta$ 用级数展开为：

$$\tan\theta = \theta + \frac{1}{3}\theta^3 + \frac{5}{12}\theta^5 + \cdots$$

图 1-11 水平面代替水准面的影响

因 θ 角很小，只取前两项代入式（1-5）得：

$$\Delta D = R\left(\theta + \frac{1}{3}\theta^3 - \theta\right) = \frac{1}{3}R\theta^3$$

将 $\theta = D/R$ 代入上式，得：

$$\Delta D = \frac{D^3}{3R^2}$$

$$\frac{\Delta D}{D} = \frac{D^2}{3R^2} \quad (1\text{-}6)$$

取地球半径 $R = 6371\text{km}$，以不同的距离 D 值代入式（1-6），得到表 1-1 所列的结果。从表 1-1 可以看出，当 $D = 10\text{km}$ 时，以水平面代替水准面所产生的相对误差为 1:1220000，这样小的误差，对精密量距来说也是容许的。因此，在半径为 10km 的面积范围内进行距离测量时，可以把水准面当作水平面看待，而不考虑地球曲率对距离的影响。

表 1-1 以水平面代替水准面所产生的相对误差

D(km)	ΔD(cm)	$\Delta D/D$	D(km)	ΔD(cm)	$\Delta D/D$
5	0.1	1:4870000	20	6.6	1:304000
10	0.8	1:1220000	50	102.7	1:487000

1.3.2 对高程的影响

在图 1-11 中，地面点 B 的高程应是铅垂距离 bB，用水平面代替水准面后，B 点的高程为 $b'B$，两者之差 Δh 即为对高程的影响，由图 1-11 得：

$$(R + \Delta h)^2 = R^2 + D^2$$

$$\Delta h = \frac{D^2}{2R + \Delta h}$$

前已证明 D' 与 D 相差很小，可用 D 代替 D'，Δh 与 $2R$ 相比可忽略不计，则

$$\Delta h = \frac{D^2}{2R} \tag{1-7}$$

用不同的距离代入式（1-7），便得到表 1-2 所列的结果。从表 1-2 可以看出，用水平面代替水准面，对高程的影响是很大的，距离 100m 就有 0.8mm 的高程误差，这是不容许的。因此，进行高程测量时，应考虑地球曲率对高程的影响。

表 1-2 用水平面代替水准面对高程的影响

D（km）	0.05	0.1	0.2	1	10
Δh（mm）	0.2	0.8	3.1	78.5	7850

1.3.3 对水平角的影响

从球面三角学可知，同一空间多边形在球面上投影的各内角和，比在平面上投影的各内角和大一个球面角超值 ε。

$$\varepsilon = \rho \frac{S}{R^2} \tag{1-8}$$

式中 ε——球面角超值，$''$；

S——球面多边形的面积，km^2；

R——地球半径，km；

ρ——1 弧度的秒值，$\rho = 206265''$。

以不同的面积 S 代入式（1-8），可求出球面角超值，见表 1-3。

表 1-3 水平面代替水准面的水平角误差

球面多边形面积 S（km^2）	球面角超值 ε（$''$）	球面多边形面积 S（km^2）	球面角超值 ε（$''$）
10	0.05	100	0.51
50	0.25	300	1.52

由表 1-3 可知，当面积 S 为 $100km^2$ 时，用水平面代替水准面所产生的角度误差仅为 0.51$''$，所以在一般的测量工作中，可以忽略不计。

1.4 测量工作概述

1.4.1 测量工作的原则和程序

测量工作的主要目的是确定点的坐标和高程。地球表面的形态复杂多样，但可看成是由

许多特征点组成的，在实际测量工作中，如果从一个特征点开始逐点进行施测，虽可得到各点的位置，但由于测量工作中不可避免地存在误差，会导致前一点的误差传递到下一点，这样累积起来，可能会使点位误差达到不可容许的程度。因此，测量工作必须按照一定的原则和程序来进行。

测量工作的原则和程序是"从整体到局部，先控制后碎部"。也就是先在测区内选择一些有控制意义的点（称为控制点），如图 1-12 中的 1、2、3、4、5、6 点，把它们的平面位置和高程精确地测定出来，然后再根据这些控制点测定出附近碎部点（图 1-12 中的 A、B、C、D 等点）的位置。这种测量方法可以减少误差积累，而且可以同时在几个控制点上进行测量，加快工作进度。因此，"从整体到局部，先控制后碎部"是测量工作应遵循的一个原则，而"先控制测量，后碎部测量"是测量的工作程序。

图 1-12　测量工作的程序

此外，测量工作必须重视检核，防止发生错误，避免错误的结果对后续测量工作的影响。因此，"前一步工作未作检核不能进行下一步工作"是测量工作应遵循的又一个原则。

1.4.2　测量工作的基本要求

（1）"质量第一"的观念

为了确保施工质量符合设计要求，需要进行相应的测量工作，测量工作的精度，会影响施工质量。因此，施工测量人员应有"质量第一"的观念。

（2）严肃认真的工作态度

测量工作是一项科学工作，它具有客观性。在测量工作中，为避免产生差错，应进行相应的检查和检核，杜绝弄虚作假、伪造成果、违反测量规则的错误行为。因此，施工测量人员应有严肃认真的工作态度。

（3）保持测量成果的真实、客观和原始性

测量的观测成果是施工的依据，需长期保存。因此，应保持测量成果的真实、客观和原始性。

（4）要爱护测量仪器和工具

每一项测量工作，都要使用相应的测量仪器，测量仪器的状态直接影响测量观测成果的精度。因此，施工测量人员应爱护测量仪器和工具。

1.4.3　测量的计量单位

（1）长度计量单位

长度计量单位为 km、m、dm、cm、mm，其中

$$1km = 1000m, \quad 1m = 10dm = 100cm = 1000mm$$

（2）面积计量单位

面积计量单位是 m^2，大面积则用 hm^2（公顷）或 km^2 表示，在农业上常用市亩作为面积单位。

$1hm^2 = 10000m^2 = 15$ 市亩，　$1km^2 = 100hm^2 = 1500$ 市亩，　1 市亩 $= 666.67m^2$

（3）体积计量单位

体积计量单位为 m^3，在工程上简称"立方"或"方"。

（4）角度计量单位

测量上常用的角度计量单位有度分秒制和弧度制两种。

①度分秒制

1 圆周角 $= 360°$，$1° = 60'$，$1' = 60''$。

②弧度制

弧长等于圆半径的圆弧所对的圆心角，称为 1 个弧度，用 ρ 表示。

$$1 \text{ 圆心角} = 2\pi$$

$$1 \text{ 弧度} = \frac{180°}{\pi} = 57.3° = 3438' = 206265''$$

上岗工作要点

建筑测量实践性极强，要重视实践环节，要求会操作，并要懂得操作中的道理，最终达到熟练操作。测量工作的基本功是"测、绘、算"，因此要求学会测、会绘图、会计算。

本章小结　确定地面点的空间位置，需要坐标系，引出独立的平面直角坐标系和高斯平面直角坐标系，要搞清楚这两个坐标系的定义；同时还要搞清楚测量坐标系和数学坐标系有什么不同点。

表示地面点位的三个参数量（纵坐标 x、横坐标 y 以及高度 H），一般都不能直接测得，都要通过测定角度、距离、高差而后计算得到，因此把测量角度、测量距离、测量高差，称为测量工作的三要素。

测量工作的组织原则和操作原则是完成测量工作的最为重要的保证。

思考题与习题

1. 测量学研究的对象是什么？

2. 建筑工程测量的任务是什么？

3. 何谓铅垂线？何谓大地水准面？它们在测量中的作用是什么？

4. 如何确定点的位置？

5. 测量学中的平面直角坐标系与数学中的平面直角坐标系有何不同？

6. 何谓水平面？用水平面代替水准面对水平距离、水平角和高程分别有何影响？

7. 何谓绝对高程？何谓相对高程？何谓高差？

8. 已知 $H_A = 36.735m$，$H_B = 48.386m$，求 h_{AB}。

9. 测量的基本工作是什么？

10. 测量工作的基本原则是什么？

11. 确定地面点位三个基本要素是什么？

第2章 水准测量

重点提示

1. 了解水准测量原理。
2. 掌握水准测量的施测方法。
3. 学会水准仪的使用操作。
4. 掌握水准路线的布设形式；掌握水准测量现场的记录、计算、检核方法。
5. 学会水准测量的内业计算方法。
6. 掌握水准测量过程中减小测量误差的操作和计算方法。
7. 了解其他类型水准仪的使用操作方法。
8. 掌握水准仪的主要轴线和应满足的几何条件；了解水准仪检验与校正的方法。

开章语 本章主要讲述水准测量的有关知识。水准测量原理、水准测量方法、水准仪的使用操作、水准测量的外业计算、水准测量的内业计算、水准测量施测和内业计算过程中应注意的问题、微倾式水准仪的检验和校正以及其他类型水准仪的使用操作。通过对本章内容的学习，同学们应熟练掌握使用水准仪进行水准测量的外业和内业工作，掌握基本的专业理论知识和专业操作能力。

为了确定地面点的空间位置，需要测定地面点的高程。测量地面点高程的工作，称为高程测量。高程测量按所使用的仪器和实测方法的不同，可分为水准测量、三角高程测量和物理高程测量。其中，水准测量是测定地面点高程中最精密、最常用的主要方法。本章主要介绍水准测量的有关知识。

2.1 水准测量原理

水准测量是利用水准仪和水准标尺，根据水平视线原理测定两点间高差的测量方法。测定待测点高程的方法有两种：高差法和仪高法。

2.1.1 高差法

如图 2-1 所示，若 A 点的高程已知为 H_A，欲测定 B 点的高程 H_B。施测时，在 A、B 两点上分别竖立一根水准标尺（简称水准尺），并在 A、B 两点间安置水准仪，照准 A 点标尺，利用水准仪提供的水平视线读出标尺上的读数为 a，再照准 B 点的标尺，用水准仪的水平视线读出

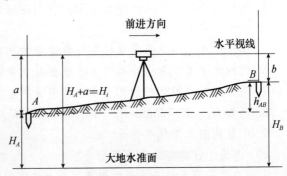

图 2-1 水准测量原理

读数为 b，则 B 点对于 A 点的高差为：

$$h_{AB} = a - b \qquad (2\text{-}1)$$

B 点的高程为：

$$H_B = H_A + h_{AB} = H_A + (a - b) \qquad (2\text{-}2)$$

在此施测过程中，A 点为已知高程点，B 点为待测定高程的点，测量是由 A 点向 B 点为前进方向，故称 A 点为后视点，B 点为前视点；a 为后视读数，b 为前视读数。由上述可知：测定待定点与已知点之间的高差，就可以求算得待定点的高程。

用文字表述式（2-1），则为：两点间高差等于后视读数减去前视读数。

相对来说，读数小表示地面点高，读数大表示地面点低。为此，高差有正、负之分：当 h_{AB} 为正值时，即表示前视点 B 比后视点 A 高；h_{AB} 为负值时，表示 B 点比 A 点低。在计算高程时，高差应连同其符号一并运算。在书写 h_{AB} 时，必须注意 h 的下标，h_{AB} 是表示 B 点相对于 A 点的高差。若高差写作 h_{BA}，则表示 A 点相对于 B 点的高差。h_{AB} 与 h_{BA} 的绝对值是相等的，但符号相反。上述利用高差计算待测点高程的方法，叫高差法。

2.1.2 仪高法

由图 2-1 可以看出，H_i 是仪器水平视线的高程，通常叫视线高程或仪器高程，简称仪高。前视点高程也可以通过仪高 H_i 求得。

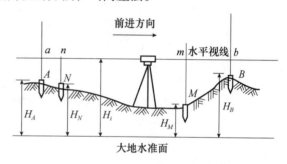

图 2-2　仪高法测量原理

仪高法的观测方法与高差法完全相同。计算时，先算出仪高 H_i。如图 2-2 所示，仪高等于后视点高程加后视读数，即：

$$H_i = H_A + a \qquad (2\text{-}3)$$

则 B 点、M 点、N 点的高程可用下式分别计算：

$$H_B = H_i - b$$
$$H_M = H_i - m$$
$$H_N = H_i - n \qquad (2\text{-}4)$$

用文字表示式（2-4），则为：前视点高程等于仪高减去前视读数。

仪高法是计算一次仪高，就可以简便地测算几个前视点的高程。因此，当安置一次仪器，同时需要测出数个前视点的高程时，使用仪高法是比较方便的。因此，在建筑工程测量中仪高法被广泛应用。

这里需要注意：前视与后视的概念一定要弄清楚，不能误解为往前看或往后看所得的尺读数。

综上所述，高差法与仪高法都是利用水准仪提供的水平视线测定地面点高程。如果视线不水平，上述公式则不成立，测算将发生错误。因此，望远镜视线水平是水准测量过程中要时刻牢记的关键操作。此外，施测过程中，水准仪安置的高度对测算地面点高程并无影响。因此，只要当水准仪的视线水平时，能在前、后视的标尺上读数即可。

2.2　水准测量的仪器和工具

水准测量所使用的仪器为水准仪，工具为水准尺和尺垫。

水准仪按其精度可分为 DS_{05}、DS_1、DS_3 和 DS_{10} 四个等级。D、S 分别为"大地测量"和"水准仪"汉语拼音的第一个字母，数字 05、1、3、10 表示该类仪器的精度，即每千米往返测高差中数的偶然中误差，以毫米计。工程测量中广泛使用 DS_3 级水准仪。因此，本章着重介绍这类仪器。

2.2.1 水准仪的构造（DS_3 级微倾式水准仪）

根据水准测量的原理，水准仪的主要作用是提供一条水平视线，并能照水准尺进行读数。因此，水准仪主要由望远镜、水准器及基座三部分构成。如图 2-3 所示是我国生产的 DS_3 级微倾式水准仪。

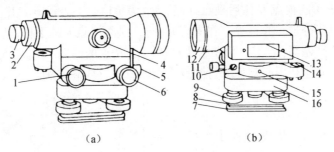

（a）　　　　　　　　　　（b）

图 2-3　水准仪的构造

1—微倾螺旋；2—分划板护罩；3—目镜；4—物镜调焦螺旋；5—制动螺旋；
6—微动螺旋；7—底板；8—三角压板；9—脚螺旋；10—弹簧帽；11—望远镜；
12—物镜；13—管水准器；14—圆水准器；15—连接小螺钉；16—轴座

（1）望远镜

图 2-4 是 DS_3 级水准仪望远镜的构造图，它主要由物镜 1、目镜 2、调焦透镜 3 和十字丝分划板 4 组成。

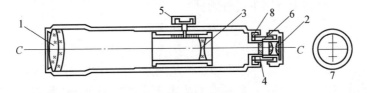

图 2-4　望远镜的构造

1—物镜；2—目镜；3—调焦透镜；4—十字丝分划板；5—物镜调焦螺旋；
6—目镜调焦螺旋；7—十字丝放大像；8—分划板座止头螺钉

物镜和目镜多采用复合透镜组合，物镜的作用是和调焦透镜一起将远处的目标在十字丝分划板上形成缩小的实像，目镜的作用是将物镜所成的实像与十字丝一起放大成虚像。

十字丝分划板上刻有两条互相垂直的长线，如图 2-4 中的 7，竖直的一条称竖丝，横的一条长丝称为中丝，是为了瞄准目标和读取读数用的。在中丝的上下还对称地刻有两条与中丝平行的短横线，是用来测定距离的，称为视距丝。十字丝分划板是由平板玻璃圆片制成的，平板玻璃片装在分划板座上，分划板座由止头螺丝 8 固定在望远镜筒上。

十字丝交点与物镜光心的连线，称为视准轴或视线（图 2-4 中的 C—C）。水准测量是在视准轴水平时，用十字丝的中丝截取水准尺上的读数。

从望远镜内所看到的目标影像的视角 β 与肉眼直接观察该目标的视角 α 之比，称为望远镜的放大率。一般用 ν 表示：

$$\nu = \frac{\beta}{\alpha} \tag{2-5}$$

DS$_3$ 级水准仪望远镜的放大率一般为 25～30 倍。

（2）水准器

水准器是用来指示视准轴是否水平或仪器竖轴是否竖直的装置。有管水准器和圆水准器两种。管水准器用来指示视准轴是否水平；圆水准器用来指示竖轴是否竖直。

①管水准器

又称水准管，是一纵向内壁磨成圆弧形（圆弧半径一般为 7～20m）的玻璃管，管内装酒精和乙醚的混合液，加热融封，冷却后留有一气泡（图 2-5）。由于气泡较液体轻，故恒处于管内最高位置。

水准管上一般刻有间隔为 2mm 的分划线，分划线的对称中点 O 称为水准管零点（图 2-5）。通过零点作水准管圆弧面的纵切线，称为水准管轴（图 2-5 中 $L-L$）。当水准管的气泡中点与水准管零点重合时，称为气泡居中，这时水准管轴 LL 处于水平位置，否则水准管轴处于倾斜位置。水准管圆弧 2mm（$O'O = 2$mm）所对的圆心角 τ，称为水准管分划值。用公式表示为

$$\tau'' = \frac{2}{R}\rho'' \tag{2-6}$$

式中　$\rho'' = 206265''$；

　　　R——水准管圆弧半径，mm；

　　　τ——水准管分划值，"。

式（2-6）说明圆弧的半径 R 愈大，水准管分划值 τ 愈小，则水准管灵敏度愈高。安装在 DS$_3$ 级水准仪上的水准管，其分划值不大于 $20''/2$mm。由于水准管的灵敏度较高，因而用于仪器的精确整平。

为提高水准管气泡居中精度，微倾式水准仪在水准管的上方安装一组符合棱镜，如图 2-6（a）所示。通过符合棱镜的反射作用，使气泡两端的像反映在望远镜旁的符合气泡观察窗中。若气泡两端的半像吻合时，就表示气泡居中，如同 2-6（b）所示；若气泡的半像错开，则表示气泡不居中，如图 2-6（c）所示。这时，应转动微倾螺旋，使气泡的半像吻合。

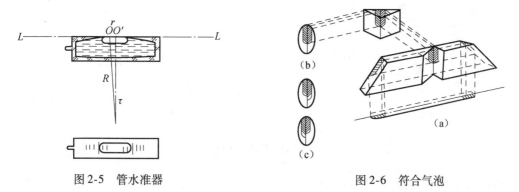

图 2-5　管水准器　　　　　　　　图 2-6　符合气泡

②圆水准器

如图 2-7 所示，圆水准器顶面的内壁是球面，其中有圆分划圈，圆圈的中心为水准器的

零点。通过零点的球面法线为圆水准器轴线，当圆水准器气泡居中时，该轴线处于竖直位置。当气泡不居中时，气泡中心偏移零点2mm，轴线所倾斜的角值，称为圆水准器的分划值，一般为8′～10′。由于它的灵敏度较低，故只用于仪器的粗略整平。

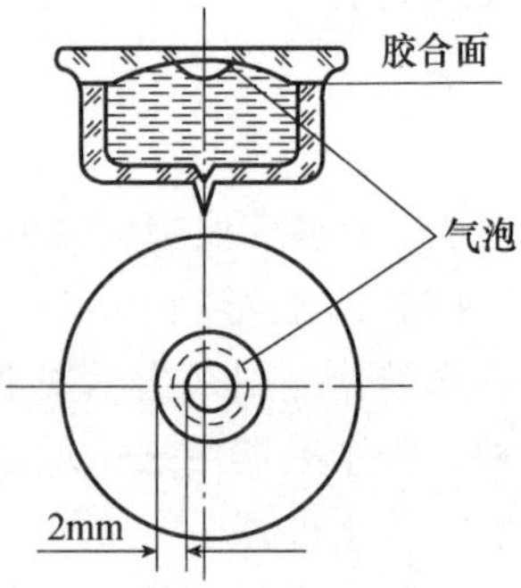

（3）基座

基座的作用是支承仪器的上部并与三脚架连接。它主要由轴座、脚螺旋、底板和三角压板构成（图2-3）。

图2-7　圆水准器

2.2.2　水准尺和尺垫

（1）水准尺是水准测量时与水准仪配合使用的标尺。常用干燥的优质木材、铝合金或硬塑料等材料制成。要求尺身稳定、分划准确并不容易变形。为了判定立尺是否竖直，尺上还装有水准器。常用的水准尺有塔尺和双面（图2-8）两种。

①塔尺多用于等外水准测量，其长度有3m和5m两种，用两节或多节套接在一起。尺的底部为零点，尺上黑白格相间，每格宽度为1cm，有的为0.5cm，每1m和1dm处均有注记。

②双面水准尺多用于三、四等水准测量。其长度有3m，且两根尺为一对。尺的两面均有刻划，一面为红白格相间称红面尺（也称副尺）；另一面为黑白格相间，称黑面尺（也称主尺），两面的格值刻划均为1cm，并在分米处注字。两根尺的黑面均由零开始；而红面，一根尺由4.687m开始至7.687m，另一根由4.787m开始至7.787m。

（2）尺垫是在转点处放置水准尺用的，它用生铁铸成，一般为三角形，中央有一突起的半球体，下方有三个支脚，如图2-9所示。用时将支脚牢固地插入土中，以防下沉，上方突起的半球形定点作为竖立水准尺和标志转点之用。

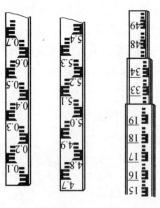

图2-8　水准尺

图2-9　尺垫

2.3　水准仪的使用

微倾式水准仪的基本操作程序为：安置仪器、粗略整平、瞄准水准尺、精确整平和读数。

2.3.1 安置仪器

（1）在测站上松开三脚架架腿的固定螺旋，按需要的高度调整架腿长度，再拧紧固定螺旋，张开三脚架将架腿踩实，并使三脚架架头大致水平。

（2）从仪器箱中取出水准仪，用连接螺旋将水准仪固定在三脚架架头上。

2.3.2 粗略整平

粗略整平简称粗平。通过调节脚螺旋使圆水准器气泡居中，从而使仪器的竖轴大致铅垂，视准轴大致处于水平。具体操作步骤如下：

（1）如图2-10所示，用两手按箭头所指的方向相对转动脚螺旋1和2，使气泡沿着1、2连线方向由 a 移至 b。

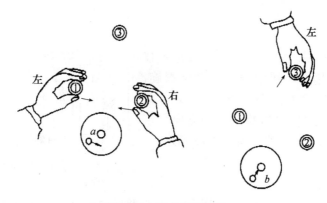

图2-10　圆水准器整平

（2）用左手按箭头所指方向转动脚螺旋3，使气泡由 b 移至中心。

整平时，气泡移动的方向与左手大拇指旋转脚螺旋时的移动方向一致，与右手大拇指旋转脚螺旋时的移动方向相反。

2.3.3 瞄准水准尺

（1）目镜调焦

松开制动螺旋，将望远镜转向明亮的背景，转动目镜对光螺旋，使十字丝成像清晰。

（2）初步瞄准

通过望远镜筒上方的照门和准星瞄准水准尺，旋紧制动螺旋。

（3）物镜调焦

转动物镜对光螺旋，使水准尺的成像清晰。

（4）精确瞄准

转动微动螺旋，使十字丝的竖丝瞄准水准尺边缘或中央，如图2-11所示。

（5）消除视差

眼睛在目镜端上下移动，有时可看见十字丝的中丝与水准尺影像之间相对移动，这种现象叫视差。产生视差的原因是水准尺的尺像与十字丝平面不重合，如图2-12（a）所示。视差的存在将影响读数的正确性，应予消除。消除视差的方法是仔细转动物镜对光螺旋，直至尺像与十字丝平面重合，如图2-12（b）所示。

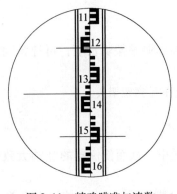

图 2-11　精确瞄准与读数

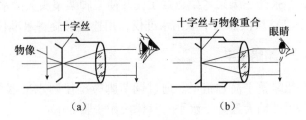

图 2-12　视差现象
（a）存在视差；（b）没有视差

2.3.4　精确整平

精确整平简称精平。眼睛观察水准气泡观察窗内的气泡影像，用右手缓慢地转动微倾螺旋，使气泡两端的影像严密吻合，图 2-6（b）所示，此时视线即为水平视线。微倾螺旋的转动方向与左侧半气泡影像的移动方向一致，如图 2-13 所示。

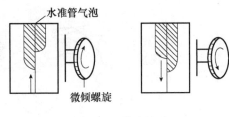

图 2-13　精确整平

2.3.5　读数

符合水准器气泡居中后，应立即用十字丝在水准尺上读数。读数时应从小数向大数读，如果从望远镜中看到的水准尺影像是倒像，在尺上应从上到下读取。直接读取米、分米和厘米，并估读出毫米，共四位数。如图 2-11 所示，读数是 1.336m。分米注记上的红点数为整米数，不要漏读。读数后再检查符合水准器气泡是否居中，若不居中，应再次精平，重新读数。

2.4　水准测量的方法

2.4.1　水准点

用水准测量的方法测定的高程控制点，称为水准点，记为 BM。水准点有永久性水准点和临时性水准点两种。

（1）永久性水准点

国家等级永久性水准点，一般用钢筋混凝土或石料制成标石，在标石顶部嵌有不锈钢的半球形标志，其埋设形式，如图 2-14 所示。有些永久性水准点的金属标志也可镶嵌在稳定的墙角上，称为墙上水准点，如图 2-15 所示。建筑工地上的永久性水准点，一般用混凝土制成，顶部嵌入半球形金属作为标志，其形式如图 2-16（a）所示。

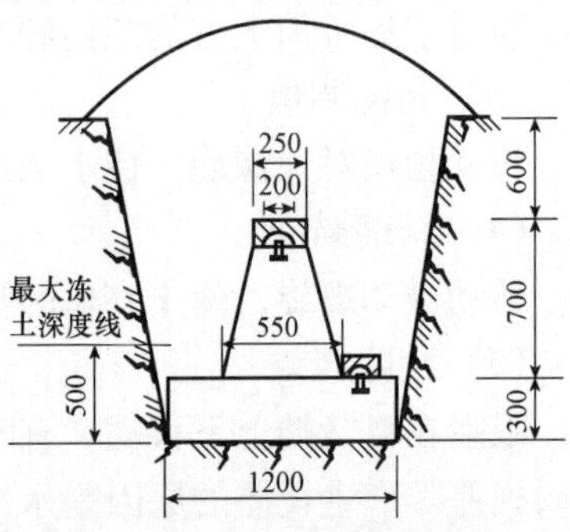

图 2-14　国家等级水准点

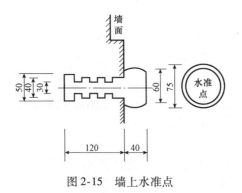

图 2-15　墙上水准点

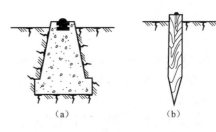

图 2-16　建筑工程水准点

（a）永久性水准点；（b）临时性水准点

（2）临时性水准点

临时性的水准点可用地面上突出的坚硬岩石或用大木桩打入地下，桩顶钉以半球状铁钉作为水准点的标志，如图 2-16（b）所示。

水准点埋设后，应绘出水准点点位略图，称为点之记，以便于日后寻找和使用。

2.4.2　水准路线

在水准点间进行水准测量所经过的路线，称为水准路线。相邻两水准点间的路线称为测段。

一般的工程测量中，水准路线布设主要有以下三种形式。

（1）附合水准路线

附合水准路线的布设方法，如图 2-17 所示，从已知高程的水准点 BM_A 出发，沿待定高程的水准点 1、2、3 进行水准测量，最后附合到另一已知高程的水准点 BM_B 所构成的水准路线，称为附合水准路线。

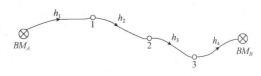

图 2-17　附合水准路线

（2）闭合水准路线

闭合水准路线的布设方法，如图 2-18 所示，从已知高程的水准点 BM_A 出发，沿各待定高程的水准点 1、2、3、4 进行水准测量，最后又回到原出发点 BM_A 的环形路线，称为闭合水准路线。

（3）支线水准路线

支线水准路线的布设方法，如图 2-19 所示，从已知高程的水准点 BM_A 出发，沿待定高程的水准点 1 进行水准测量，这种既不闭合又不附合的水准路线，称为支线水准路线。支线水准路线要进行往返测量，以资校核。

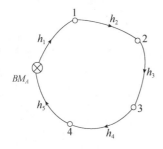

图 2-18　闭合水准路线

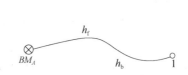

图 2-19　支线水准路线

2.4.3 水准测量的校核

（1）测站校核

如前所述，B 点的高程是根据 A 点的已知高程和转点之间的高差计算出来的。若其中测错任何一个高差，B 点高程就不会正确。因此，对每一站的高差，都必须采取措施进行校核测量。这种校核称为测站校核。测站校核通常采用变动仪器高法或双面尺法。

①变动仪器高法

是在同一测站上用两次不同高度的仪器，测得两次高差以相互比较进行校核。即测得第一次高差后，改变仪器高度（应大于10cm）重新安置，再测一次高差。两次所测高差之差不超过容许值（例如容许值为 ±5mm），则认为符合要求，取其平均值作为最后结果，否则必须重测。

表 2-1　水准测量手簿

日期_____　　　　仪器_____　　　　观测_____

天气_____　　　　地点_____　　　　记录_____

测站	测点	水准尺读数（m）		高差（m）		高程（m）	备注
		后视读数 a	前视读数 b	+	−		
1	2	3	4	5		6	7
1	BM_A	1.453		0.580		132.815	
	TP_1		0.873				
2	TP_1	2.532		0.770			
	TP_2		1.762				
3	TP_2	1.372		1.337			
	TP_3		0.035				
4	TP_3	0.874			0.929		
	TP_4		1.803				
5	TP_4	1.020			0.564		
	B		1.584			134.009	
计算检核	Σ	7.251	6.057	2.687	1.493		
		$\Sigma a - \Sigma b = +1.194$		$\Sigma h = +1.194$		$h_{AB} = H_B - H_A = +1.194$	

②双面尺法

是仪器的高度不变，而立在前视点和后视点上的水准尺分别用黑面和红面各进行一次读数，测得两次高差，相互进行校核。两次高差之差的容许值与变动仪器高法相同。

（2）计算校核

由表 2-1 看出，B 点对 A 点的高差等于各转点之间高差的代数和，也等于后视读数之和减去前视读数之和，还等于终点 B 的高程减去起点 A 的高程。因此，可用来作为计算的校核。如表 2-1 中：

$$\Sigma a - \Sigma b = +1.194$$
$$\Sigma h = +1.194$$
$$H_B - H_A = \Sigma h = +1.194$$

这说明高差计算是正确的。

如果采用表 2-2，则计算校核式为（$\Sigma a - \Sigma b$)/2 和 $\Sigma h/2$。

表 2-2　水准测量手簿

日期_____　　　　仪器_____　　　　观测_____

天气_____　　　　地点_____　　　　记录_____

测站	测点	水准尺读数（m）		高差（m）	平均高差（m）	高程（m）	备注
		后视读数 a	前视读数 b				
1	BM_A	2.515 2.364		1.551 1.553	1.552	15.352	
	TP_1		0.964 0.811				
2	TP_1	1.563 1.678		0.176 0.172	0.174		
	TP_2		1.387 1.506				
3	TP_2	1.350 1.200		-0.750 -0.756	-0.753		
	1		2.100 1.956				
4	1	0.932 1.103		-1.092 -1.094	-1.093	16.325	
	TP_3		2.024 2.197				
5	TP_3	0.876 0.982		0.104 0.102	0.103		
	BM_A		0.772 0.880			15.335	
计算 检核	Σ	14.563	14.597	-0.034	-0.017	-0.017	
		（$\Sigma a - \Sigma b$）/2 = -0.017　　　$\Sigma h/2 = -0.017$					

计算校核只能检查计算是否正确，并不能检核观测和记录时是否产生错误。

（3）成果校核

测站校核只能检核一个测站上是否存在错误或误差超限。对于一条水准路线来说，由于温度、风力、大气折光、尺垫下沉和仪器下沉等外界条件引起的误差，尺子倾斜和估读的误差以及水准仪本身的误差等，虽然在一个测站上反映不是很明显，但随着测站数的增多使误差积累，有时也会超过规定的限差。因此，还必须进行整个水准路线的成果校核，以保证测量资料满足使用要求。其校核方法有如下几种：

①附合水准路线

附合水准路线中各待定高程点间高差的代数和，理论上应等于两个水准点间已知高差，即：

$$\Sigma h_{理} = H_{终} - H_{始} \tag{2-7}$$

如果不相等，两者之差称为高差闭合差f_h

$$f_h = \Sigma h_{测} - (H_{终} - H_{始}) \tag{2-8}$$

其值不应超过容许范围，否则，就不符合要求，须进行重测。

②闭合水准路线

闭合水准路线上各点之间高差的代数和理论上应等于零，即：

$$\Sigma h_{理} = 0 \tag{2-9}$$

如果不等于零，便产生高差闭合差f_h

$$f_h = \Sigma h_{测} \tag{2-10}$$

其大小不应超过容许值。

③支线水准路线

支线水准路线应进行往返观测，往测高差与返测高差的代数和理论上应为零，如不等于零，则高差闭合差为：

$$f_h = \Sigma h_{往} + \Sigma h_{返} \tag{2-11}$$

2.4.4 水准测量的施测方法与计算

当已知高程的水准点距欲测定高程点较远或高差很大时，就需要在两点间加设若干个立尺点，分段设站，连续进行观测。加设的这些立尺点并不需要测定其高程，它们只起传递高程的作用，故称之为转点，用TP表示。

如图2-20所示，已知水准点BM_A的高程为H_A，现欲测定B点的高程H_B，由于A、B两点相距较远，需分段设站进行测量，具体施测步骤如下。

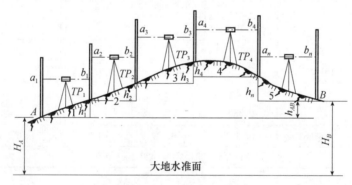

图2-20　水准测量的施测

（1）观测与记录

①在BM_A点立直水准尺作为后视尺，在路线前进方向适当位置处设转点TP_1，安放尺垫，在尺垫上立直水准尺作为前视尺。

②在BM_A点和TP_1两点大致中间位置1处安置水准仪，使圆水准器气泡居中。

③瞄准后视尺，转动微倾螺旋，使水准管气泡严格居中，按中丝读取后视读数$a_1 = 1.453\mathrm{m}$，记入"水准测量手簿"表2-1第3栏内。

④瞄准前视尺，转动微倾螺旋，使水准管气泡严格居中，读取前视读数$b_1 = 0.873\mathrm{m}$，记入表2-1第4栏内。计算该站高差$h_1 = a_1 - b_1 = 0.580\mathrm{m}$，记入表2-1第5栏内。

⑤将BM_A点水准尺移至转点TP_2上，转点TP_1上的水准尺不动，水准仪移至TP_1和TP_2

两点大致中间位置 2 处，按上述相同的操作方法进行第二站的观测。如此依次操作，直至终点 B 为止。其观测记录见表 2-1。

（2）计算

每一测站都可测得前、后视两点的高差，即

$$h_1 = a_1 - b_1$$
$$h_2 = a_2 - b_2$$
$$\vdots$$
$$h_5 = a_5 - b_5$$

将上述各式相加，得

$$h_{AB} = \sum h = \sum a - \sum b$$

则 B 点高程为

$$H_B = H_A + h_{AB} = H_A + \sum h$$

2.4.5 水准测量的等级及主要技术要求

在工程上常用的水准测量有三、四等水准测量和等外水准测量。

（1）三、四等水准测量

三、四等水准测量常作为小地区测绘大比例尺地形图和施工测量的高程基本控制。三、四等水准测量的观测、记录以及计算方法参阅本节第五部分"三、四等水准测量"。三、四等水准测量的主要技术要求见表 2-3。

表 2-3　三、四等水准测量的主要技术要求

等级	路线长度（km）	水准仪	水准尺	观测次数		往返较差、附合或环线闭合差	
				与已知点联测	附合或环线闭合	平地（mm）	山地（mm）
三	≤50	DS_1	铟瓦	往返各一次	往一次	$\pm 12\sqrt{L}$	$\pm 4\sqrt{n}$
		DS_3	双面		往返各一次		
四	≤16	DS_3	双面	往返各一次	往一次	$\pm 20\sqrt{L}$	$\pm 6\sqrt{n}$

注：L 为水准路线长度，单位 km；n 为测站数。

（2）等外水准测量

等外水准测量又称为图根水准测量或普通水准测量，主要用于工程水准测量及测定图根点的高程。等外水准测量的观测方法，参阅"水准测量实测方法"，采用"变动仪器高法"进行测站检核。等外水准测量的主要技术要求见表 2-4。

表 2-4　等外水准测量的主要技术要求

等级	路线长度（km）	水准仪	水准尺	视线长度（m）	观测次数		往返较差、附合或环线闭合差	
					与已知点联测	附合或环线闭合	平地（mm）	山地（mm）
等外	≤5	DS_3	单面	100	往返各一次	往一次	$\pm 40\sqrt{L}$	$\pm 12\sqrt{n}$

注：L 为水准路线长度，单位 km；n 为测站数。

2.4.6 三、四等水准测量

（1）三、四等水准测量观测的技术要求

三、四等水准测量观测的技术要求见表 2-5。

表 2-5 三、四等水准测量观测的技术要求

等级	水准仪	视线长度（m）	前后视距差（m）	前后视距累积差（m）	视线高度	黑面、红面读数之差（mm）	黑面、红面所测高差之差（mm）
三	DS_1	100	3	6	三丝能读数	1.0	1.5
	DS_3	75				2.0	3.0
四	DS_3	100	5	10	三丝能读数	3.0	5.0

（2）一个测站上的观测程序和记录

下面结合表 2-6，介绍用 DS_3 型水准仪及双面水准尺，在一个测站上的观测程序。

①瞄准后视黑面尺，精平，读下丝、上丝和中丝读数，分别记入表 2-6 中（1）、（2）、（3）位置。

②瞄准前视黑面尺，精平，读下丝、上丝和中丝读数，分别记入表 2-6 中（4）、（5）、（6）位置。

③瞄准前视红面尺，读中丝读数，记入表 2-6 中（7）的位置。

④瞄准后视红面尺，读中丝读数，记入表 2-6 中（8）的位置。

一个测站上的这种观测程序简称"后—前—前—后"或"黑—黑—红—红"。四等水准测量也可采用"后—后—前—前"或"黑—红—黑—红"的观测程序。

（3）测站计算与检核

①视距部分 视距等于下丝读数与上丝读数的差乘以 100

后视距离　　　　　　（9）=[（1）-（2）]×100

前视距离　　　　　　（10）=[（4）-（5）]×100

计算前、后视距差　　（11）=（9）-（10）

计算前、后视距累积差　（12）=上站（12）+本站（11）

以上计算得前、后视距、视距差及视距累积差均应满足表 2-5 要求。

②水准尺读数检核 同一水准尺的红、黑面中丝读数之差，应等于该尺红、黑面的尺常数 K(4.687m 或 4.787m)。红、黑面中丝读数差（13）、（14）按下式计算：

$$（13）=（6）+K_f-（7）$$
$$（14）=（3）+K_b-（8）$$

式中　K_f——前尺尺常数；

　　　K_b——后尺尺常数。

红、黑面中丝读数差（13）、（14）的值，三等水准测量不得超过 2mm，四等水准测量不得超过 3mm。

③高差计算与校核 根据黑面、红面读数计算黑面、红面高差（15）、（16），计算平均高差（18）。

黑面高差　　（15）=（3）-（6）

22

红面高差　　　（16）＝（8）－（7）

黑、红面高差之差　　（17）＝（15）－［（16）±0.100］＝（14）－（13）（校核用）

式中　0.100——两根水准尺的尺常数之差，m。

黑、红面高差之差（17）的值，三等水准测量不得超过 3mm，四等水准测量不得超过 5mm。

平均高差　　　　　　（18）＝$\frac{1}{2}$｛（15）＋［（16）±0.100］｝

当 K_b＝4.687m 时，式中取 +0.100m；当 K_b＝4.787m，式中取 −0.100m。

（4）每页计算的校核

①视距部分　后视距离总和减去前视距离总和应等于末站视距累积差。即

$$\Sigma(9) - \Sigma(10) = 末站(12)$$

$$总视距 = \Sigma(9) + \Sigma(10)$$

②高差部分　红、黑面后视读数总和减红、黑面前视读数总和应等于黑、红面高差总和，还应等于平均高差总和的两倍。即

测站数为偶数时

$$\Sigma[(3)+(8)] - \Sigma[(6)+(7)] = \Sigma[(15)+(16)] = 2\Sigma(18)$$

测站数为奇数时

$$\Sigma[(3)+(8)] - \Sigma[(6)+(7)] = \Sigma[(15)+(16)] = 2\Sigma(18) \pm 0.100$$

用双面水准尺进行三、四等水准测量的记录、计算与校核，见表2-6。

表2-6　三、四等水准测量手簿（双面尺法）

日期＿＿＿＿＿＿　　　仪器＿＿＿＿＿＿　　　观测＿＿＿＿＿＿
天气＿＿＿＿＿＿　　　地点＿＿＿＿＿＿　　　记录＿＿＿＿＿＿

测站编号	点号	后尺 上丝 下丝	前尺 上丝 下丝	方向及尺号	水准尺读数		K+黑−红（mm）	平均高差（m）	备注
		后视距	前视距		黑面	红面			
		视距差	Σd						
		（1）	（4）	后	（3）	（8）	（14）		
		（2）	（5）	前	（6）	（7）	（13）	（18）	
		（9）	（10）	后−前	（15）	（16）	（17）		
		（11）	（12）						
1	$BM_1 \sim TP_1$	1571	0739	后 12	1384	6171	0		K为水准尺尺常数，表中 K_{12}=4.787m K_{13}=4.687m
		1197	0363	前 13	0551	5239	−1	+0.8325	
		37.4	37.6	后−前	+0.833	+0.932	+1		
		−0.2	−0.2						
2	$TP_1 \sim TP_2$	2121	2196	后 13	1934	6621	0		
		1747	1821	前 12	2008	6796	−1	−0.0745	
		37.4	37.5	后−前	−0.074	−0.175	+1		
		−0.1	−0.3						

测站编号	点号	后尺 上丝 下丝	前尺 上丝 下丝	方向及尺号	水准尺读数		K+黑-红（mm）	平均高差（m）	备注
		后视距	前视距		黑面	红面			
		视距差	∑d						
		（1）	（4）	后	（3）	（8）	（14）		
		（2）	（5）	前	（6）	（7）	（13）	（18）	
		（9）	（10）	后-前	（15）	（16）	（17）		
		（11）	（12）						
3	$TP_2 \sim TP_3$	1914 1539 37.5 -0.2	2055 1678 37.7 -0.5	后 12 前 13 后-前	1726 1866 -0.140	6513 6554 -0.041	0 -1 +1	-0.1405	K为水准尺尺常数，表中 $K_{12}=4.787$m $K_{13}=4.687$m
4	$TP_3 \sim BM_A$	1965 1700 26.5 -0.2	2141 1874 26.7 -0.7	后 13 前 12 后-前	1832 2007 -0.175	6519 6793 -0.274	0 +1 -1	-0.1745	
每页检核		$\Sigma(9)=138.8$ $-)\Sigma(10)=139.5$ $=-0.7=4$站(12) $\Sigma(18)=+0.443$	$\Sigma[(3)+(8)]=32.700$ $-)\Sigma[(6)+(7)]=31.814$ $=+0.886$ $2\Sigma(18)=+0.886$		$\Sigma[(15)+(16)]=+0.886$ 总视距$\Sigma(9)+\Sigma(10)=278.3$				

（5）成果计算

三、四等水准测量的成果计算方法及高差闭合差的调整见本章 2.5 节。

2.5 水准测量的成果计算

水准测量外业实测工作结束后，要进行水准测量成果计算时，要先检查野外观测手簿，再计算各点间的高差，经检核无误，才能根据野外观测高差计算高差闭合差，若闭合差符合规定的精度要求，则调整闭合差，最后计算各点的高程。以上工作，称为水准测量的内业。

2.5.1 附合水准路线的计算

图 2-21 是一附合水准路线等外水准测量示意图，A、B 为已知高程的水准点，1、2、3 为待定高程的水准点，h_1、h_2、h_3 和 h_4 为各测段观测高差，n_1、n_2、n_3 和 n_4 为各测段测站数，L_1、L_2、L_3 和 L_4 为各测段水准路线长度。现已知 $H_A=65.376$m，$H_B=68.623$m，各测段站数、长度及高差均注于图 2-21 中。计算步骤如下（参见表 2-7）。

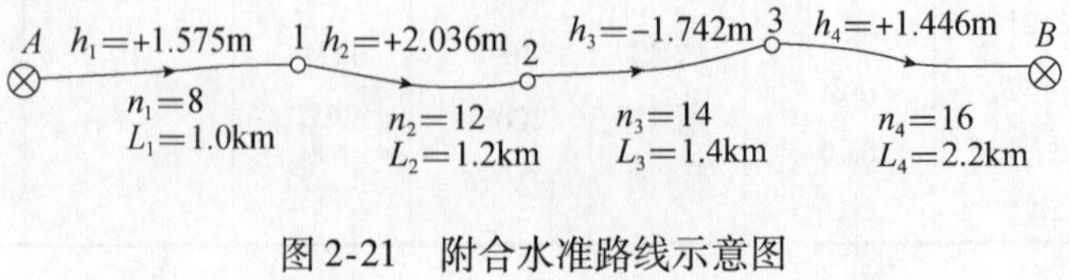

A $h_1=+1.575$m   1 $h_2=+2.036$m   2 $h_3=-1.742$m   3 $h_4=+1.446$m B

$n_1=8$ $n_2=12$ $n_3=14$ $n_4=16$

$L_1=1.0$km $L_2=1.2$km $L_3=1.4$km $L_4=2.2$km

图 2-21 附合水准路线示意图

（1）填写观测数据和已知数据

依次将图2-21中点号、测段水准路线长度、测站数、观测高差及已知水准点 A、B 的高程填入附合水准路线成果计算表中有关各栏内，如表2-7所示。

表2-7 水准测量成果计算表

点号	距离（km）	测站数	实测高差（m）	高差改正数（mm）	改正后高差（m）	高程（m）	点号	备注
1	2	3	4	5	6	7	8	9
BM_A						65. 376	BM_A	
	1. 0	8	+ 1. 575	− 12	+ 1. 563			
1						66. 939	1	
	1. 2	12	+ 2. 036	− 14	+ 2. 022			
2						68. 961	2	
	1. 4	14	− 1. 742	− 16	− 1. 758			
3						67. 203	3	
	2. 2	16	+ 1. 446	− 26	+ 1. 420			
BM_B						68. 623	BM_B	
Σ	5. 8	50	+ 3. 315	− 68	+ 3. 247			
辅助计算	$f_h = \Sigma h_测 - (H_终 - H_始) = 3.315\text{m} - (68.623\text{m} - 65.376\text{m}) = +0.068\text{m} = +68\text{mm}$ $f_{h容} = \pm 40\sqrt{L} = \pm 40\sqrt{5.8}\text{mm} = \pm 96\text{mm}$ $\quad |f_h| < |f_{h容}|$								

（2）计算高差闭合差及容许闭合差

用式（2-8）计算附合水准路线高差闭合差。

$$f_h = \Sigma h_测 - (H_终 - H_始) = 3.315\text{m} - (68.623\text{m} - 65.376\text{m}) = +0.068\text{m} = +68\text{mm}$$

由表2-4知，等外水准测量平地高差闭合差容许值 $f_{h容}$ 的计算公式为

$$f_{h容} = \pm 40\sqrt{L} = \pm 40\sqrt{5.8} = \pm 96\text{mm}$$

因 $|f_h| < |f_{h容}|$，说明观测成果精度符合要求，可对高差闭合差进行调整。如果 $|f_h| > |f_{h容}|$，说明观测成果不符合要求，必须重新测量。

（3）调整高差闭合差

高差闭合差调整的原则和方法，是按与测站数或测段长度成正比例的原则，将高差闭合差反号分配到各相应测段的高差上，得改正后高差，即

$$v_i = -\frac{f_h}{\Sigma n}n_i \quad 或 \quad v_i = -\frac{f_h}{\Sigma L}L_i \tag{2-12}$$

式中　　v_i——第 i 测段的高差改正数，mm；

Σn、ΣL——分别为水准路线总测站数与总长度；

n_i、L_i——分别为第 i 测段的测站数与测段长度。

本例中，各测段改正数为

$$v_1 = -\frac{f_h}{\Sigma L}L_1 = -\frac{68\text{mm}}{5.8\text{km}} \times 1.0\text{km} = -12\text{mm}$$

$$v_2 = -\frac{f_h}{\Sigma L}L_2 = -\frac{68\text{mm}}{5.8\text{km}} \times 1.2\text{km} = -14\text{mm}$$

$$v_3 = -\frac{f_h}{\sum L}L_3 = -\frac{68\text{mm}}{5.8\text{km}} \times 1.4\text{km} = -16\text{mm}$$

$$v_4 = -\frac{f_h}{\sum L}L_4 = -\frac{68\text{mm}}{5.8\text{km}} \times 2.2\text{km} = -26\text{mm}$$

计算检核，$\sum v_i = -f_h$

将各测段高差改正数填入表2-7中第5栏内。

（4）计算各测段改正后高差

各测段改正后高差等于各测段观测高差加上相应的改正数，即

$$h'_i = h_{i测} + v_i \tag{2-13}$$

式中　h'_i——第 i 段的改正后高差，m。

本例中，各测段改正后高差为

$$h'_1 = h_1 + v_1 = +1.575 + (-0.012\text{m}) = +1.563\text{m}$$
$$h'_2 = h_2 + v_2 = +2.036 + (-0.014\text{m}) = +2.022\text{m}$$
$$h'_3 = h_3 + v_3 = -1.742 + (-0.016\text{m}) = -1.758\text{m}$$
$$h'_4 = h_4 + v_4 = -1.446 + (-0.026\text{m}) = +1.420\text{m}$$

计算检核，$\sum h'_i = H_B - H_A$

将各测段改正后高差填入表2-7中第6栏内。

（5）计算待定点高程

根据已知水准点 A 的高程和各测段改正后高差，即可依次推算出各待定点的高程，即

$$H_1 = H_A + h'_1 = 65.376\text{m} + 1.563\text{m} = 66.939\text{m}$$
$$H_2 = H_1 + h'_2 = 66.939\text{m} + 2.022\text{m} = 68.961\text{m}$$
$$H_3 = H_2 + h'_3 = 68.961\text{m} + (-1.758\text{m}) = 67.203\text{m}$$

计算检核　$H'_B = H_3 + h'_4 = 67.203\text{m} + 1.420\text{m} = 68.623\text{m} = H_B$

最后推算出的 B 点高程 H'_B 应与已知的 B 点高程 H_B 相等，以此作为计算检核。将推算出各待定点的高程填入表2-7中第7栏内。

2.5.2　闭合水准路线的计算

如图2-22所示，水准点 BM_A 高程为27.015m，1、2、3、4点为待定高程点。现用图根水准测量方法进行观测，各段观测数据及起点高程均注于图上，图中箭头表示测量前进方向，现以该闭合水准路线为例将成果计算的方法、步骤介绍如下，并将计算结果列入表2-8中。

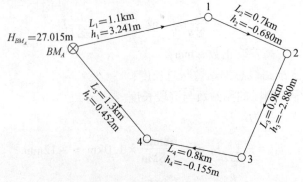

图2-22　闭合水准路线示意图

（1）将观测数据和已知数据填入计算表

按高程推算顺序将各测点、各段距离（或测站数）、实测高差及水准点 A 的已知高程填入表 2-8 的相应各栏内。

表 2-8　水准测量成果计算表

测段编号	测点	距离（km）	实测高差（m）	高差改正数（m）	改正后高差（m）	高程（m）	备注
1	BM_A	1.1	+3.241	0.005	+3.246	27.015	已知
	1					30.261	
2		0.7	−0.680	0.003	−0.677		
	2					29.584	
3		0.9	−2.880	0.004	−2.876		
	3					26.708	
4		0.8	−0.155	0.004	−0.151		
	4					26.557	
5		1.3	+0.452	0.006	+0.458		
	BM_A					27.015	与已知高程相符
Σ		4.8	−0.022	+0.022	0		
辅助计算	$f_h = \Sigma h_测 = -0.022\text{m}$　$f_{h容} = 40\sqrt{L} = 40\sqrt{4.8}\text{mm} = 87\text{mm}$ $\mid f_h\mid < \mid f_{h容}\mid$，精度合格						

（2）计算高差闭合差

如前所述，在理论上，闭合水准路线的各段高差代数和值应等于零，即 $\Sigma h_理 = 0$，实际上由于各测站的观测高差存在误差，致使观测高差的代数和值不能等于理论值，故存在高差闭合差，即

$$f_h = \Sigma h_测$$

本例中 $f_h = \Sigma h_测 = -0.022\text{m}$。

（3）计算高差闭合差容许值

根据表 2-4，等外水准的容许限差 $f_{h容} = 40\sqrt{L}\text{mm}$，本例中，路线总长为 4.8km，则 $f_{h容} = 40\sqrt{4.8}\text{mm} \approx 87\text{mm}$。

由于 $\mid f_h\mid < \mid f_{h容}\mid$，则精度合格。在精度合格的情况下，可进行高差闭合差的调整（即容许施加高差改正数）。

（4）调整高差闭合差

根据误差理论，高差闭合差的调整原则是：将闭合差 f_h 以相反的符号，按与测段长度（或测站数）成正比的原则进行分配到各段高差中去。公式表达为：

$$v_i = -\frac{f_h}{\Sigma n}n_i \quad \text{或} \quad v_i = -\frac{f_h}{\Sigma L}L_i$$

式中　v_i——第 i 段的高差改正数；

$\qquad f_h$——高差闭合差；

$\qquad \Sigma L$——路线总长度；

$\sum n$——路线总测站数；

L_i——第 i 段的长度；

n_i——第 i 段的测站数。

对于图根水准测量计算中取值，精确度为 0.001m。

按上述调整原则，第一段至第五段各段高差改正数分别为：

$$v_1 = (-0.022)/4.8 \times 1.1 = 0.005\text{m}$$
$$v_2 = (-0.022)/4.8 \times 0.7 = 0.003\text{m}$$
$$v_3 = (-0.022)/4.8 \times 0.9 = 0.004\text{m}$$
$$v_4 = (-0.022)/4.8 \times 0.8 = 0.004\text{m}$$
$$v_5 = (-0.022)/4.8 \times 1.3 = 0.006\text{m}$$

将各段改正数计入表 2-8 改正数栏内。计算出各段改正数之后，应进行如下计算检核：改正数的总和应与闭合差绝对值相等，符号相反，即 $\sum v = -f_h$。

（5）计算改正后高差

各段实测高差加上相应的改正数，即得改正后的高差，即

$$h'_i = h_{i测} + v_i$$

上例中各段改正后高差分别为：

$$h'_1 = +3.241 + 0.005 = +3.246\text{m}$$
$$h'_2 = -0.680 + 0.003 = -0.677\text{m}$$
$$h'_3 = -2.880 + 0.004 = -2.876\text{m}$$
$$h'_4 = -0.155 + 0.004 = -0.151\text{m}$$
$$h'_5 = +0.452 + 0.006 = +0.458\text{m}$$

将上述结果分别计入表 2-8 改正后高差栏内。改正后各段高差的代数和值应等于高差的理论值，即 $\sum h' = \sum h_{理} = 0$，以此作为计算检核。

（6）推算各待定点的高程

根据水准点 BM_A 的高程和各段改正后的高差，按顺序逐点计算各待定点的高程，填入表 2-8 中的高程栏内，上例中各待定点高程分别为：

$$H_1 = 27.015 + 3.246 = 30.261\text{m}$$
$$H_2 = 30.261 + (-0.677) = 29.584\text{m}$$
$$H_3 = 29.584 + (-2.876) = 26.708\text{m}$$
$$H_4 = 26.708 + (-0.151) = 26.557\text{m}$$
$$H_{BM_A} = 26.557 + 0.458 = 27.015\text{m}$$

此时推算出的 H_A 与该点的已知高程相等，则计算无误，以此作为计算检核。

2.5.3 支线水准路线的计算

图 2-23 是一支线水准路线等外水准测量示意图，A 为已知高程的水准点，其高程 H_A 为 45.276m，1 点为待定高程的水准点，$h_{往}$ 和 $h_{返}$ 为往返测量的观测高差。$n_{往}$ 和 $n_{返}$ 为往、返测的测站数共 16 站，则 1 点的高程计算如下。

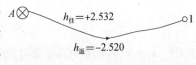

图 2-23　支线水准路线示意图

（1）计算高差闭合

用式（2-11）计算支线水准路线的高差闭合

$$f_h = h_往 + h_返 = +2.532m + (-2.520m) = +0.012m = +12mm$$

（2）计算高差容许闭合差

测站数：
$$n = \frac{1}{2}(n_往 + n_返) = \frac{1}{2} \times 16 \text{ 站} = 8 \text{ 站}$$

$$f_{h容} = \pm 12\sqrt{n} = \pm 12\sqrt{8}mm = \pm 34mm$$

因 $|f_h| < |f_{h容}|$，故精度符合要求。

注意：支线水准路线在计算闭合差容许值时，路线总长度 L 或测站总数 n 只按单程计算。

（3）计算改正后高差

取往测和返测的高差绝对值的平均值作为 A 和 1 两点间的高差，其符号以往测高差符号为准，即

$$h_{A1} = \frac{|h_往| + |h_返|}{2} = \frac{+2.532m + 2.520m}{2} = +2.526m$$

（4）计算待定点高程

$$H_1 = H_A + h_{A1} = 45.276m + 2.526m = 47.802m$$

2.6 微倾式水准仪的检验和校正

2.6.1 水准仪应满足的几何条件

根据水准测量的原理，水准仪必须能提供一条水平的视线，它才能正确地测出两点间的高差。为此，水准仪在结构上应满足如图 2-24 所示的条件。

（1）圆水准器轴 $L'L'$ 应平行于仪器的竖轴 VV；

（2）十字丝的中丝应垂直于仪器的竖轴 VV；

（3）水准管轴 LL 应平行于视准轴 CC。

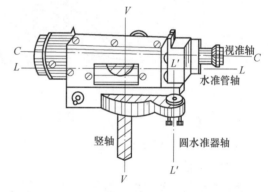

图 2-24　水准仪的轴线

水准仪出厂时经检验应满足上述各项条件，但由于仪器长期使用和运输过程中受到振动等因素的影响，可能使各轴线之间的关系发生变化，若不及时检验校正，将会影响测量成果的精度。所以，在水准测量之前，应对水准仪进行认真的检验与校正。

2.6.2 水准仪的检验与校正

（1）圆水准器轴 $L'L'$ 平行于仪器的竖轴 VV 的检验与校正

①检验方法　旋转脚螺旋使圆水准器气泡居中，然后将仪器绕竖轴旋转 180°，如果气泡仍居中，则表示该几何条件满足；如果气泡偏出分划圈外，则需要校正。

②校正方法　如图 2-25（a）所示，当圆水准器气泡居中时，圆水准器轴 $L'L'$ 处于铅垂位置。设圆水准器轴与竖轴 VV 不平行，且交角为 δ，那么竖轴与铅垂位置偏差角度为 δ。将仪器绕竖轴旋转 180°，如图 2-25（b）所示，圆水准器转到竖轴的左面，圆水准器轴不但不

29

铅垂，而且与铅垂线的交角为2δ。校正时，先调整脚螺旋，使气泡向零点方向移动偏离值的一半，如图2-25（c）所示，此时竖轴处于铅垂位置。然后，稍旋松圆水准器底部的固定螺钉，用校正针拨动三个校正螺钉，使气泡居中，这时圆水准器轴平行于仪器竖轴且处于铅垂位置，如图2-25（d）所示。

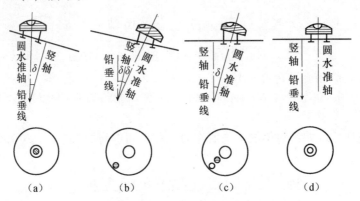

图2-25　圆水准器轴平行于仪器的竖轴的检验与校正

圆水准器校正螺钉的结构如图2-26所示。此项校正，需反复进行，直至仪器旋转到任何位置时，圆水准器气泡皆居中为止。最后旋紧固定螺旋。

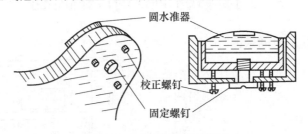

图2-26　圆水准器校正螺钉

（2）十字丝中丝垂直于仪器的竖轴的校验与校正

①检验方法

安置水准仪，使圆水准器的气泡严格居中后，先用十字丝交点瞄准某一明显的点状目标 M，如图2-27（a）所示，然后旋紧制动螺旋，转动微动螺旋，如果目标点 M 不离开中丝，如图2-27（b）所示，则表示中丝垂直于仪器的竖轴；如果目标点 M 离开中丝，如图2-27（c）、图2-27（d）所示，则需要校正。

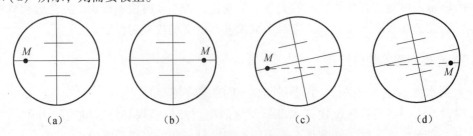

图2-27　十字丝中丝垂直于仪器的竖轴的检验

②校正方法

松开十字丝分划板座的固定螺钉，如图2-28所示，转动十字丝分划板座，使中丝一端对准目标点，再将固定螺钉拧紧。此项校正也需反复进行。当此项误差不明显时，一般不必进行校正。实际作业中，通常总是利用横丝的中央部分读数，以减少这项误差的影响。

（3）视准轴应平行于水准管轴的检验与校正

检校目的：检验视准轴是否平行于水准管轴。如果是平行的，则当水准管气泡居中时，视准轴水平。

检验方法：如图2-29（a）所示，首先在平坦地面上，选择A、B两点，相距约100m，打下木桩标定点位并立上水准尺。用皮尺丈量出AB的中点M，在M点安置水准仪。用双仪高法（或双面尺法）两次测定点A至点B的高差。若两次高差的较差不超过3mm时，取两次高差的平均值$h_{平均}$作为该两点高差的正确值。

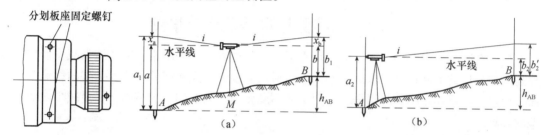

图2-28　十字丝的校正　　　　图2-29　视准轴与水准管轴平行的校验

由图2-29（a）可以看出：如果视准轴不平行于水准管轴，它们之间产生交角i。当水准管气泡居中时，视准轴不水平，而与水平线倾斜i角。由于i角是固定的，则i角所引起的读数偏差大小与仪器到水准尺的距离成正比例。在图2-29（a）中，由于仪器安置在M点与A、B两点的距离相等，因此，i角误差在A、B尺上所引起的读数偏差X_a与X_b相等（等距离产生等影响读数偏差）则：

$$h_{AB} = (a_1 - X_a) - (b_1 - X_b) = a_1 - b_1$$

由此可见，虽然存在i角误差，但当仪器置前、后视距相等时，读数中虽含有两轴不平行的误差，但误差的大小是相等的，因此在计算高差时，此项误差可以抵消，故求得的高差仍然是正确的。这是在水准测量中要求前、后视距尽量相等的原因。

然后将水准仪安置于A点（或B点）附近，使目镜端距水准尺$1 \sim 2$cm，当水准管气泡居中时，从物镜端观测水准尺，用铅笔尖定出目镜圆孔中心点在尺上的位置，并在镜外读取该点读数a_2［图2-29（b）］。因为仪高离A点很近，故i角引起的读数偏差可忽略不计，a_2可认为是水平视线的读数。根据a_2和高差$h_{平均}$计算出B点尺上水平视线的应有读数b_2为：

$$b_2 = a_2 - h_{AB}$$

转动望远镜瞄准B点尺，精平后读取B点尺上的读数为b_2'，如果$b_2' = b_2$，则说明两轴平行，如果$b_2' \neq b_2$，则存在i角误差。规范规定DS$_3$型水准仪i角不得大于$20''$，则b_2与b_2'之差Δb其值为：

$$\Delta b \leqslant \pm i'' \times \frac{D''}{\rho} \tag{2-14}$$

式中　D——A、B两点间距离；

　　　i——视准轴与水准管轴的夹角，$''$；

　　　$\rho = 206265''$。

如果超限，则需要校正。

校正方法：首先转动微倾螺旋，用中丝对准 B 点水准尺上读数 b_2，此时视准轴处于水平位置，而水准管气泡不居中（或符合水准管器的气泡两端半影像错开），然后放松水准管左右两个校正螺丝，再拨动一端上下两个校正螺丝，使水准管气泡居中（或水准管气泡吻合），最后再拧紧左右两个校正螺丝。此项校正应反复进行，直至 i 角≤20″为止。

检验与校正要按上面所讲次序进行，不能颠倒，否则彼此有影响，达不到检验与校正的目的。检校是一项细致工作，一般需按上述顺序反复进行数次，才能符合要求。校正时应谨慎地轻轻拨动各校正螺丝，松紧适度，切忌用力过猛。若欲拨紧一个时，须先放松与之对应的一个，以免损坏螺丝。校正时切记：校正原理要弄清，校正动作慎又轻，先松后紧防损坏，校后尚需再复检，最后勿忘将松开的校正螺丝旋紧。

2.7　水准测量误差及注意事项

讨论水准测量误差的主要目的就是为了在实测过程中，采用相应的措施来减少误差，以提高水准测量的准确程度。水准测量误差包括仪器误差、观测误差和外界条件的影响三个方面。在水准测量作业中，应根据误差产生的不同原因，采取相应的措施，尽量减少或消除误差的影响。

2.7.1　仪器误差

（1）仪器校正后的残余误差

仪器虽经校正但仍然残存少量误差，如水准管轴与视准轴不平行等系统性误差。这种误差的影响与距离成正比，只要观测时注意使前、后视距相等，便可消除或减弱此项误差的影响。

（2）水准尺误差

由于水准尺刻划不准确，尺长变化、尺身弯曲和零底面磨损等，都会影响水准测量的精度。因此，水准尺须经过检定才能使用，至于水准尺的零点差，可在水准测段中使测站为偶数的方法予以消除。

2.7.2　观测误差

（1）水准管气泡居中误差

水准测量时，视线的水平是根据水准管气泡居中来实现的。由于气泡居中存在误差，致使视线偏离水平位置，从而带来读数误差。减少此误差的方法是每次读数前使气泡严格居中。

（2）读数误差

在水准尺上估读毫米数的误差，与人眼的分辨能力、望远镜的放大倍率以及视线长度有关，通常按下式计算：

$$m_V = \frac{60''}{V} \times \frac{D}{\rho''} \tag{2-15}$$

式中　V——望远镜的放大倍率；

　　$60''$——人眼的极限分辨能力；

　　D——水准仪到水准尺的距离，m；

　　$\rho'' = 206265''$。

上式说明，读数误差与视线长度成正比，因此，在水准测量中应遵循不同等级的水准测量对视线长度的规定，以保证精度。

（3）视差

当存在视差时，十字丝平面与水准尺影像不重合，若眼睛观察的位置不同，便读出不同的读数，因而会产生读数误差。观测时应仔细调焦，严格消除视差。

（4）水准尺倾斜误差

水准尺倾斜将使尺上读数增大，如水准尺倾斜3°30′，在水准尺上1m处读数时，将会产生2mm的误差；若读数大于1m，误差将超过2mm。因此，观测时，立尺手应尽量使水准尺竖直，高精度水准测量时，应使用带有水准气泡的水准尺。

2.7.3 外界条件的影响

（1）仪器下沉

当仪器安置在土质松软的地面时，由于仪器下沉，使视线降低，从而引起高差误差。此时应采用"后、前、前、后"的观测程序，以减弱其影响。

（2）尺垫下沉

如果转点选在土质松软的地面，由于水准尺和尺垫自身的重量，会发生尺垫下沉，将使下一站后视读数增大，从而引起高差误差。采用往返观测的方法，取成果的中间数值，可以减弱其影响。

（3）地球曲率及大气折光影响

如图2-30所示，用水平视线代替大地水准面在尺上读数产生的误差为 c，即

$$c = \frac{D^2}{2R} \qquad (2\text{-}16)$$

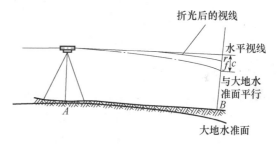

图 2-30　地球曲率及大地折光的影响

式中　D——仪器到水准尺的距离，m；

　　　R——地球的平均半径，取6371km。

实际上，由于大气折光，视线并非是水平的，而是一条曲线，曲线的半径约为地球半径的6~7倍，其折光量的大小对水准尺读数产生的影响为：

$$r = \frac{D^2}{2 \times 7R} \qquad (2\text{-}17)$$

折光影响与地球曲率影响之和为：

$$f = c - r = \frac{D^2}{2R} - \frac{D^2}{14R} = 0.43\frac{D^2}{R} \qquad (2\text{-}18)$$

如果使前后视距离 D 相等，由式（2-16）计算的 f 值则相等，地球曲率和大气折光的影响将得到消除或大大减弱。

（4）温度影响

温度的变化不仅引起大气折光的变化，而且当烈日照射水准管时，水准管本身和管内液体温度升高，气泡向着温度高的方向移动，从而影响仪器水平，产生气泡居中误差。因此观测时应注意撑伞遮阳，防止阳光直接照射仪器。

2.8 其他水准仪

2.8.1 精密水准仪简介

精密水准仪主要用于国家一、二等水准测量和高精度的工程测量，其种类也很多，如国产的 DS_1 型微倾式水准仪。

（1）精密水准仪

精密水准仪与一般水准仪比较，其特点是能够精密地整平视线和精确地读取读数。为此，在结构上应满足：

①水准器具有较高的灵敏度。如 DS_1 水准仪的管水准器 τ 值为 $10''/2mm$。

②望远镜具有良好的光学性能。如 DS_1 水准仪望远镜的放大倍数为 38 倍，望远镜的有效孔径 47mm，视场亮度较高。十字丝的中丝刻成楔形，能较精确地瞄准水准尺的分划。

③具有光学测微器装置，如图 2-31 所示，可直接读取水准尺一个分格（1cm 或 0.5cm）的 1/100 单位（0.1mm 或 0.05mm），提高读数精度。

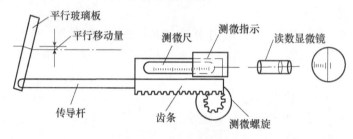

图 2-31 光学测微器装置

④视准轴与水准轴之间的联系相对稳定。精密水准仪均采用钢构件，并且密封起来，受温度变化影响小。

精密光学水准仪的测微装置主要由平行玻璃板、测微尺、传动杆、测微螺旋和测微读数系统组成，如图 2-31 所示。平行玻璃板装在物镜前面，它通过有齿条的传动杆与测微尺及测微螺旋连接。测微尺上刻 100 个分划，在另设的固定棱镜上刻有指标线，可通过目镜旁的微测读数显微镜进行读数。当转动测微螺旋时，传动杆推动平行玻璃板前后倾斜，此时视线通过平行玻璃板产生平行移动，移动的数值可由测微尺读数反映出来。当视线上下移动为 5mm（或 1cm）时，测微尺恰好移动 100 格，即测微尺最小格值为 0.05mm（或 0.1mm）。

（2）精密水准尺

精密水准仪必须配有精密水准尺。这种尺一般是在木质尺身的槽内，安有一根铟瓦合金带，带上标有刻划，数字注在木尺上，如图 2-32 所示。精密水准尺的分划有 1cm 和 0.5cm 两种，它须与精密水准仪配套使用。

精密水准尺上的分划注记形式一般有以下两种：

①尺身上刻有左右两排分划，右边为基本分划，左边为辅助

图 2-32 精密水准尺

34

分划。基本分划的注记从零开始，辅助分划的注记从某一常数 K 开始，K 称为基辅差。

②尺身上两排均为基本分划，其最小分划为 10mm，但彼此错开 5mm。尺身一侧注记米数，另一侧注记分米数。尺身标有大、小三角形，小三角形表示 $\frac{1}{2}$ dm 处，大三角形表示分米的起始线。这种水准尺上的注记数字比实际长度增大了一倍，即 5cm 注记为 1dm。因此使用这种水准尺进行测量时，要将观测高差除以 2 才是实际高差。

（3）精密水准仪的操作方法

精密水准仪的操作方法与一般水准仪基本相同，只是读数方法有些差异。在水准仪精平后，十字丝中丝往往不恰好对准水准尺上某一整分划线，这时就要转动测微轮使视线上、下平行移动，十字丝的楔形丝正好夹住一个整分划线，如图 2-33 所示，被夹住的分划线读数为 1.97m。此时视线上下平移的距离则由测微器读数窗中读出，其读数为 1.50mm。所以水准尺的全读数为 1.97m + 0.00150m = 1.97150m。实际读数为全部读数的一半，即 1.97150m/2 = 0.98575m。

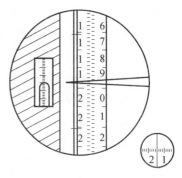

图 2-33　DS₁ 型水准仪读数视场

2.8.2　自动安平水准仪

自动安平水准仪与微倾式水准仪的区别在于：自动安平水准仪没有水准管和微倾螺旋，而是在望远镜的光学系统中装置了补偿器。

（1）视线自动安平的原理

如图 2-34 所示，当圆水准器气泡居中后，视准轴仍存在一个微小倾角 α，在望远镜的光路上放置一补偿器，使通过物镜光心的水平光线经过补偿器后偏转一个 β 角，仍能通过十字丝交点，这样十字丝交点上读出的水准尺读数，即为视线水平时应该读出的水准尺读数。

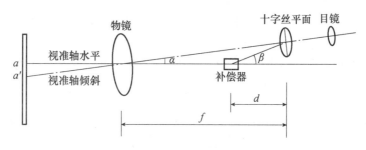

图 2-34　视线自动安平的原理

由于无需精平，这样不仅可以缩短水准测量的观测时间，而且对于施工场地地面的微小振动、松软土地的仪器下沉以及大风吹刮等原因引起的视线微小倾斜，能迅速自动安平仪器，从而提高了水准测量的观测精度。

（2）自动安平水准仪的使用

使用自动安平水准仪时，首先将圆水准器气泡居中，然后瞄准水准尺，等待 2 ~ 4s 后，即可进行读数。有的自动安平水准仪配有一个补偿器检查按钮，每次读数前按一下该按钮，确认补偿器能正常作用再读数。

2.8.3 电子水准仪简介

随着科学技术的不断进步及电子技术的迅猛发展，水准仪正从光学时代跨入电子时代，电子水准仪的主要优点是：

①操作简捷，自动观测和记录，并立即用数字显示测量结果。

②整个观测过程在几秒钟内即可完成，从而大大减少观测错误和误差。

③仪器还附有数据处理器及与之配套的软件，从而可将观测结果输入计算机后进行处理，实现测量工作自动化和流水线作业，大大提高功效。

可以预言，电子水准仪将成为水准仪研制和发展的方向，随着价格的降低必将日益普及开来，成为光学水准仪的换代产品。

（1）电子水准仪的观测精度

电子水准仪的观测精度高，如瑞士徕卡公司开发的 NA2000 型电子水准仪的分辨力为 0.1mm，每千米往返测得高差中数的偶然中误差为 2.0mm；NA3003 型电子水准仪的分辨力为 0.01mm，每千米往返测得高差中数的偶然中误差为 0.4mm。NA3003 型电子水准仪外形如图 2-35 所示。

（2）电子水准仪测量原理简述

与电子水准仪配套使用的水准尺为条形编码尺，通常由玻璃纤维或铟钢制成。在电子水准仪中装置有行阵传感器，它可识别水准标尺上的条形编码。电子水准仪摄入条形编码后，经处理器转变为相应的数字，再通过信号转换和数据化，在显示屏上直接显示中丝读数和视距。

（3）电子水准仪的使用

NA2000 电子水准仪用 15 个键的键盘和安装在侧面的测量键来操作。有两行 LCD 显示器显示给使用者，并显示测量结果和系统的状态。

观测时，电子水准仪在人工完成安置与粗平、瞄准目标（条形编码水准尺）后，按下测量键后约 3~4s 即显示出测量结果。其测量结果可储存在电子水准仪内或通过电缆连接存入机内记录器中。

另外，观测中如水准标尺条形编码被局部遮挡小于 30%，仍可进行观测。

2.8.4 激光水准仪

激光是基于物质受激光辐射原理所产生的一种新型光源。与普通光源相比较，它具有亮度高、方向性强、单色性好等特点。例如由氦—氖激光器发射的波长为 0.6328μm 的红光，其发射角可达毫弧度（1 毫弧度 = 3′26″）。经望远镜发射后发射角又可减少数十倍，从而形成一条连续可见的红色光束。

激光水准仪是将氦—氖气体激光器发出的激光导入水准仪的望远镜内，使在视准轴方向能射出一束可见红色激光的水准仪。

如图 2-36 所示为国产激光水准仪，它是用两组螺钉将激光器固定在护罩内，护罩与望远镜相连，并随望远镜绕竖轴旋转。由激光器发出的激光，在棱镜和透镜的作用下与视准轴共轴，因而既保持了水准仪的性能，又有可见的红色激光，是高层建筑整体滑模提升中保证平台水平的主要仪器。若能在水准尺上装配一个跟踪光电接收靶，则既可作激光水准测量，又可用于大型建筑场地平整的水平面测设。

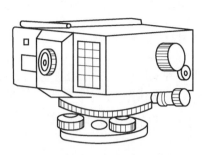

图 2-35　NA3003 型电子水准仪

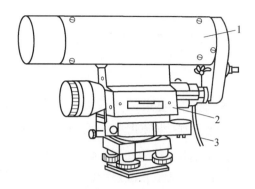

图 2-36　激光水准仪
1—激光器；2—水准仪；3—电缆

上岗工作要点

1. 了解仪器结构、主要轴线，掌握各螺旋功能、使用方法。
2. 能熟练使用水准仪对各种水准线路进行实测。
3. 能熟练地对各种水准线路实测结果进行内业计算。
4. 在一定程度上能够使用其他类型的水准仪。

本章小结　水准测量是利用水准仪和水准标尺，根据水平视线原理测定两点间高差的测量方法。测定待测点高程的方法有两种：高差法和仪高法。

两点间高差可按下式计算：
$$h_{AB} = a - b$$

待测点高程为：
$$H_B = H_A + h_{AB} = H_A + (a - b)$$

微倾式水准仪的基本操作程序为：安置仪器、粗略整平、瞄准水准尺、精确整平和读数。

水准测量的校核分为测站校核、计算校核和成果校核。测站校核又分为变动仪器高法和双面尺法。

水准测量的等级及主要技术要求，四等水准测量视线长度不大于100m，前后视距差不大于5m，前后视距累积差不大于10m，四等水准测量平地的闭合差不大于 $\pm 20\sqrt{L}$mm。

闭合水准路线的计算步骤：

（1）将观测数据和已知数据填入计算表；

（2）计算高差闭合差：
$$f_h = \Sigma h_{测}$$

（3）计算高差闭合差容许值：　　等外水准的容许限差 $f_{h容} = 40\sqrt{L}$mm

（4）调整高差闭合差：
$$v_i = -\frac{f_h}{\Sigma n}n_i \text{ 或 } v_i = -\frac{f_h}{\Sigma L}L_i$$

（5）计算改正后高差：
$$h_i' = h_{i测} + v_i$$

（6）推算各待定点的高程。

水准测量误差包括仪器误差、观测误差和外界条件的影响三个方面。在水准测量作业中，应根据误差产生的不同原因，采取相应的措施，尽量减少或消除误差的影响。

重点在于认识仪器和正确使用仪器，把水准仪的结构搞清楚，了解有几条主要轴线间应满足的几何关系，才能正确理解仪器、使用仪器。

对于水准管轴、圆水准器轴、视准轴及竖轴的概念一定要搞得十分清楚。

一个测站水准仪的观测步骤顺序，一定要按"粗平—瞄准—精平—读数"这个顺序。

技能训练一　DS₃微倾式水准仪的认识和使用

一、目的与要求

1. 熟悉 DS₃微倾式水准仪的构造、认识主要部件的名称及作用。

2. 练习水准仪的安置、瞄准与读数，初步掌握使用水准仪的操作要领。

3. 能正确读取水准尺读数。

4. 练习测定地面两点间高差。初步掌握普通水准测量的施测、记录与计算方法。

二、准备工作

1. 仪器、工具

DS₃微倾式水准仪 1 台，水准尺 1 副。

2. 场地

由指导教师提供较平坦的技能训练场地。

3. 阅读教材

阅读教材见本章 2.2。

三、方法与步骤

1. 认识水准仪的构造及水准仪的使用

（1）安置仪器

在测站上打开三脚架，松开脚腿固定螺旋，抽出三条活动架腿调至使其高度适当（与观测者身高相适应），然后拧紧架腿螺旋。张开架腿，左右移动一条架腿，使架头大致水平，牢固地架设在地面上。三脚张开的底面积不要过小或过大，否则架不稳，易碰倒；开箱取出仪器（取出前一定要记清仪器在箱内安放的位置，以便用毕仪器后按原位放回），将仪器基座连接板与三脚架头边对齐，用连接螺旋将水准仪固连在三脚架上（连接时一手握住仪器，一手拧连接螺旋，松紧要适度）。

（2）认识仪器的构造及了解各部件的功能和使用方法

a 照准部：缺口和准星、目镜调焦螺旋、物镜调焦螺旋、管水准器和符合气泡观察窗、圆水准器、制动及微动螺旋、微倾螺旋。

b 基座：脚螺旋、连接螺旋。

（3）粗略整平

首先任意选定一对脚螺旋 1、2 如图 1（a）所示，用双手同时向外（或向内）旋转这对脚螺旋，使气泡沿着 1、2 这两个脚螺旋连线的平行方向移动，直到过水准器零点且 1、2 连线垂直的"中垂方向"线上为止，如图 1（b）所示的位置。然后再转动脚螺旋使气泡移至圆圈中央，如图 1（b）所示。气泡移动的规律是：气泡移动的方向与左手拇指转动脚螺旋的方向一致，按此规律来判断脚螺旋的旋转方向，以达到使气泡迅速居中的目的。若一次调整气泡未能居中，可反复进行，直至气泡居中。旋转脚螺旋要松紧适度，勿旋至极限位置，以免损坏其螺旋。

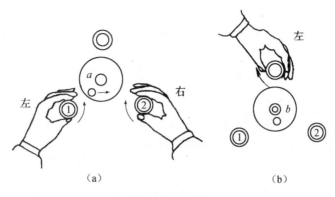

图1 粗略整平

（4）对光与照准水准尺

①转动目镜对光螺旋使十字丝分划清晰；

②松开制动螺旋，转动望远镜，用镜筒上的缺口和准星瞄准水准尺（使缺口、准星、水准尺三点成一线，即标尺进入望远镜视场）后立即旋转制动螺旋；

③转动物镜对光螺旋，当眼睛通过望远镜清晰地看到水准尺影像后，眼睛在靠近目镜端上下移动，若发现十字丝的横丝在水准尺上的读数也随之变化时，说明有视差存在，要重新仔细地调节物镜对光螺旋，直到眼睛上下移动时读数不变为止。如果仍然不能消除视差，则表示目镜对光还不十分完善，要重新进行目镜对光，如此反复进行，直至达到水准尺成像清晰且眼睛上下移动时水准尺上读数不变为止；

④转动微动螺旋，用十字丝竖丝照准水准尺一侧或用竖丝平分水准尺（检查水准尺是否竖直）。

（5）精平与读数

右手转动微倾螺旋，同时用通过符合气泡观察镜窗口观察镜内弧线影像的移动。转动微倾螺旋要稳重，速度要慢，避免气泡上下错动不停。用微倾螺旋调整弧形影像的规律是：观察镜内左侧的弧线移动方向与微倾螺旋转动方向一致，如图2所示。转动微倾螺旋，缓缓地使弧线精确吻合（成半圆弧状），即达到精平。

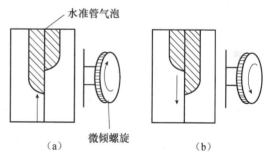

图2 精平

精平后随即从望远镜中用中丝在水准尺上读取四位读数，即直接读出米、分米、厘米，估读毫米（读数时应先估读毫米数，然后按米、分米、厘米及毫米，一次读出四位数）。无论在望远镜内出现的是正字尺或是倒字尺，一律按照从小到大，数值增加方向读。

2. 练习水准测量

（1）在地面选定 A、B 两点（相距 80～100m），A 点高程 H_A 为已知（由教师提供）测定 B 点高程。

（2）在 A 点竖立尺为后视，与 A 点相距约 40～50m 处立尺为前视点（转点 TP_1），安置仪器于两尺等距处（用步量）。

（3）瞄准后视尺 A，精平后读取后视读数 a_1，并计入手簿。

（4）瞄准前视尺 TP_1，精平后读取后视读数 b_1，并计入手簿。

(5) 计算高差 $h_1 = a_1 - b_1$，计入手簿。

(6) 由 A 向 B 方向前进，进行下一站观测工作，重复第（3）~第（5）步骤，直至 B 点。

(7) 计算 A、B 两点的高差 $h_{AB} = \Sigma h = \Sigma a - \Sigma b$。

$$B \text{ 点高程为 } H_B = H_A + h_{AB}$$

四、注意事项

1. 瞄准水准尺后，读数前要注意检查视差，若有视差存在，必须加以消除。读数瞬间必须保证符合水准器气泡吻合（读完数后也要注意检查气泡是否吻合）。杜绝只管精平后读数，不管读数是否精平，结果造成气泡不居中在水准尺上读数的现象发生。

2. 水准尺必须扶竖直；掌握标尺刻划规律；读数应由小到大，顺着数值增加方向读（不管上下，由小到大）。

3. 水准测量实施中，读完后视读数，当望远镜转到另一个方向继续观测时，符合水准器气泡就会有微小的偏移，相互错开（精平是带方向性的）。因此，每次瞄准水准尺时，在读数前必须重新再次转动微倾螺旋，使气泡影像吻合后才能再读数，后视与前视读数之间切忌转动脚螺旋。

五、记录与计算表

测站	测点	水准尺读数（m）		高差（m）		高程（m）	备注
		后视 a	前视 b	+	−		
I	BM_A					100.000	
	TP_1						
II	TP_1						
	TP_2						
III							
IV							
V							
计算检核		Σa　　Σb $\Sigma a - \Sigma b =$		$\Sigma h =$		$H_{终} - H_{始}$	

技能训练二　微倾式水准仪的检验与校正

一、目的与要求

1. 了解水准仪各轴线间应满足的几何条件。

2. 掌握 DS_3 微倾式水准仪检验方法与程序；了解校正的方法与程序。

3. 本次实验只检验不校正，但应了解校正方法（限于实验时间及贵重仪器），按下表所列检验内容，认真检验，并填写检验结果。

二、准备工作

1. 仪器工具

DS_3 微倾式水准仪 1 台，水准尺 1 副，皮尺 1 把。

2. 场地

由指导教师提供指定实习场地。

3. 阅读教材

阅读本章 2.6。

三、方法与步骤

参照仪器认识图 2-24 所示的轴线，了解其应满足的几何条件。

1. 一般性检验

安置仪器后，首先检验三脚架是否牢稳，制动螺旋、微动螺旋、微倾螺旋、脚螺旋、调焦螺旋等是否有效，望远镜成像是否清晰。

2. 轴线几何条件的检验与校正

（1）圆水准器轴平行于仪器竖轴的检验与校正

检验：旋转脚螺旋，使圆水准器气泡居中，然后照准部旋转 180°，若气泡仍居中，说明此条件满足。若气泡偏出分划圈，则需要校正。

校正：根据检验原理可知，气泡偏移零点的长度表示了仪器旋转轴与圆水准轴的交角的两倍。故用校正针拨动圆水准器校正螺旋，使气泡返回偏移量的一半，然后转动脚螺旋使气泡居中。反复检校，直至在任何位置时气泡都在分划圈内为止。

（2）十字丝横丝垂直于竖轴的检验与校正

检验：首先用十字丝交点瞄准一明细目标点 A（或水准尺读数），然后旋转微动螺旋，若目标点始终在横丝上移动（或读数不变），说明此条件满足。表明 A 点移动轨迹的位置与仪器竖轴垂直。否则需校正。

校正：旋下十字丝保护罩，用螺丝刀旋松十字丝环固定螺旋，转动十字丝环，至 A 点始终与横丝重合为止，再拧紧固定螺旋，盖好保护罩。

（3）视准轴平行于水准管轴的检验与校正

检验：在相距 50～60m 的平坦地面选择 A、B 两点，打下木桩（或做标记）。安置水准仪于 A、B 两点等距离处，用改变仪器高法（或双面尺法）测定 A、B 两点高差。若两次高差较差不大于 3mm 时，取两次高差的平均值作为正确高差，用 h_{AB} 表示。将仪器移至 A 点附近 2～3m 处安置，读取 A 点尺上读数 a_2'（一般可紧贴尺，从物镜端看缩小的点，读出目镜中心所对尺上读数），根据 A、B 两点的正确高差计算得 B 点尺上应有的读数 $b_2' = a_2' - h_{AB}$ 瞄准 B 点尺，若 B 点尺实际读数为 b_2'' 时，则根据 b_2' 与 b_2'' 之差 Δb 用下式计算得 i 角值：

$$i = \frac{\Delta b}{D_{AB}} \cdot \rho''$$

式中 $\rho'' = 206265''$；D_{AB} 为 A、B 两点距离（用皮尺丈量）。当 i 角大于 20″ 时，需校正。

校正：旋转微倾螺旋，使十字丝中丝对准 B 点尺上应有的读数 b_2'，此时水准管气泡产生偏移，用校正针拨动水准管一端的上、下两个校正螺旋，使气泡重新居中，然后再旋紧校正螺旋。反复进行，直至 i 角小于 20″为止。

四、注意事项

1. 检验、校正顺序应按上述规定进行，先后顺序不能颠倒。

2. 仪器检验与校正是一项难度较大的细致工作，必须经严格检验，确认需要校正时，才能进行校正，绝不可草率盲目从事。检校仪器时要反复进行，直至满足要求为止。

3. 进行水准管轴检验时，当观测员读取靠近仪器的水准尺读数时，立尺员要配合观测员进行读数，以保证读数的正确性。

4. 拨动校正螺丝时应先松后紧，松紧适度，校正完毕，再旋紧；校正针的粗细应与校正螺旋孔径相适应，否则，会损坏校正螺旋孔径。

五、实验报告

（1）水准仪应满足的几何条件

1）写出水准仪各轴线的名称

CC _____

LL _____

VV _____

$L'L'$ _____

2）水准仪应满足的几何条件

① _____

② _____

③ _____

（2）一般性检验

三脚架是否牢稳	
制动及微动螺旋是否有效	
脚螺旋、微倾螺旋、调焦螺旋是否有效	
望远镜成像是否清晰	
其他问题	

（3）轴线几何条件的检验

1）圆水准器平行于竖轴

仪器绕竖轴旋转180°	气泡偏离值（mm）
第一次检验	
第二次检验	

2）十字丝横丝垂直竖轴

检验次数	误差是否显著
第一次检验	
第二次检验	

3）视准轴平行于水准管轴

仪器安置在 A、B 中点求正确高差			仪器安置在 A 点旁检验校正		
第一次	A 点尺上读数 a_1		第一次	A 点尺上读数 a_2'	
	B 点尺上读数 b_1			B 点尺上读数 b_2''	
	$h_1 = a_1 - b_1$			B 点尺上应读数 b_2'	
				视准轴偏上（或下）的数值	

42

	仪器安置在 A、B 中点求正确高差			仪器安置在 A 点旁检验校正	
第二次	A 点尺上读数 a_2		第二次	A 点尺上读数 a_2'	
	B 点尺上读数 b_2			B 点尺上读数 b_2''	
	$h_2 = a_2 - b_2$			B 点尺上应读数 b_2'	
平均高差	$h_1 - h_2 =$	$\leqslant \pm 3\text{mm}$	视准轴偏上（或下）的数值		
	$h_{平均} = \dfrac{1}{2}\,(h_1 + h_2) =$				

思考题与习题

1. 水准仪是根据什么原理来测定两点之间的高差的？

2. 水准仪的望远镜主要由哪几部分组成？各部分有什么功能？

3. 何谓视差？发生视差的原因是什么？如何消除视差？

4. 何谓水准管分划值？其与水准管的灵敏度有何关系？

5. 圆水准器和水准管各有何作用？

6. 在一个测站的观测过程中，当读完后视读数，继续照准前视读数时，发现圆水准器的气泡偏离零点，此时能否转动脚螺旋使气泡居中，然后继续观测前视点？为什么？

7. 利用脚螺旋使圆水准器气泡居中的规律是什么？

8. 简述在一个测站上水准测量的施测方法。

9. 水准测量时，为什么要求前、后视距离尽量相等？

10. 水准测量的方法有哪几种？

11. 水准测量测站校核的方法有哪几种？

12. 四等和等外水准测量平地的容许高差闭合差各是多少？

13. 高差闭合差调整时分配的原则是什么？

14. 水准仪有哪些轴线？它们之间应满足哪些条件？哪个是主要条件？为什么？

15. 结合水准测量的主要误差来源，说明在观测过程中要注意哪些事项？

16. 后视点 A 的高程为 55.318m，读得其水准尺的读数为 2.212m，在前视点 B 尺上读数为 2.522m，问高差 h_{AB} 是多少？B 点比 A 点高，还是比 A 点低？B 点高程是多少？试绘图说明。

17. 为了测得图根控制点 A、B 的高程，由四等水准点 BM_1（高程为 29.826m）以附合水准路线测量至另一个四等水准点 BM_5（高程为 30.586m），观测数据及部分成果如图 1 所示。试列表（按表 2-1）进行记录，并计算下列问题：

（1）将第一段观测数据填入记录手簿，求出该段高差 h_1。

（2）根据观测成果算出 A、B 点的高程。

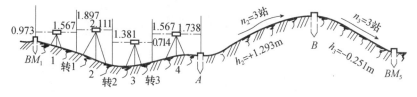

图 1

18. 图 2 所示为一闭合水准路线等外水准测量示意图，水准点 BM_2 的高程为 45.515m，1、2、3、4 点为待定高程点，各测段高差及测站数均标注在图中，试计算各待定点的高程。

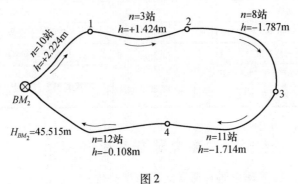

图 2

19. 已知 A、B 两水准点的高程分别为：$H_A = 44.286m$，$H_B = 44.175m$。水准仪安置在 A 点附近，测得 A 尺上读数 $a = 1.966m$，B 尺上读数 $b = 1.845m$。问这架仪器的水准管轴是否平行于视准轴？若不平行，当水准管的气泡居中时，视准轴是向上倾斜，还是向下倾斜？如何校正？

第3章 角度测量

重点提示

1. 掌握水平角和竖直角测量的原理。
2. 学会水平角的施测方法。
3. 掌握用经纬仪测量水平角的操作步骤。
4. 知道竖直角的测量步骤并能够计算指标差。
5. 了解角度测量误差的产生原因及注意事项，能够在测量过程中遵循正确的操作程序进行操作，并对测量结果的差异初步进行误差分析，提高分析和解决问题的能力。
6. 掌握经纬仪检验和校正的操作方法。

开章语 本章主要讲述使用经纬仪观测水平角及竖直角的原理、光学经纬仪的结构、水平角及竖直角观测、记录与计算方法；角度测量误差产生的原因及注意事项；并对 DJ_6 型光学经纬仪的检验、校正作了一定的介绍。通过对本章内容的学习，同学们应熟练掌握使用经纬仪观测水平角及其计算，掌握基本的专业理论知识和专业操作能力。

角度测量是确定地面点位的基本工作之一。它分为水平角测量和竖直角测量。常用测角仪器是经纬仪，它可以测量水平角和竖直角，还可以测量距离和高差。本章主要介绍经纬仪以及水平角、竖直角测量的有关内容。

3.1 水平角测量原理

3.1.1 水平角的概念

为了测定地面点的平面位置，需要观测水平角。空间相交的两条直线在水平面上的投影所构成的夹角称为水平角，用 β 表示，其数值为 $0° \sim 360°$。如图 3-1 所示，将地面上高程不同的三点 A、O、B 沿铅垂线方向投影到同一水平面 H 上，得到 A'、O'、B' 三点。则水平线 $O'A'$、$O'B'$ 之间的夹角 β，就是地面上 OA、OB 两方向之间的水平角。

3.1.2 测量原理

由图 3-1 可以看出，水平角 β 就是过 OA、OB 两直线所作竖直面之间的两面角。

为了测出水平角的大小，可以设想在两竖直面的交线上任选一点 O'' 处，水平放置一个按顺时针方向刻划的圆盘，使其圆心与 O'' 重合。过 OA、OB 的竖直面与圆盘的交线，在圆

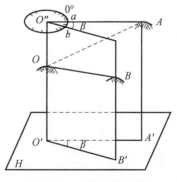

图 3-1　水平角测量原理

盘上的读数分别为 a、b，于是地面上 OA、OB 两方向之间的水平角 β，可由下式求得：

$$\beta = b - a \tag{3-1}$$

综上所述，用于测量水平角的仪器必需满足如下条件：

（1）仪器必须具备一个能安置成水平的带有刻度的圆盘。

（2）能使刻度盘中心位于角顶点的铅垂线上。

（3）还要有一个能照准不同方向、不同高度目标的望远镜，它不仅能在水平方向旋转，而且还能在竖直方向旋转而形成一个竖直面。

经纬仪就是根据上述要求设计制造的一种测角仪器。

3.2 光学经纬仪

经纬仪按读数设备不同，可分为光学经纬仪和电子经纬仪。

光学经纬仪按测角精度，分为 DJ_{07}、DJ_1、DJ_2、DJ_6 和 DJ_{15} 等不同级别。其中"DJ"分别为"大地测量"和"经纬仪"的汉字拼音第一个字母，下标数字 07、1、2、6、15 表示仪器的精度等级，即"一测回方向观测中误差的秒数"。

目前，在工程中最常用的是 DJ_6 和 DJ_2 型光学经纬仪。尽管经纬仪的精度等级或生产厂家不同，但其基本结构是大致相同的。本节主要介绍 DJ_6 型光学经纬仪。

3.2.1 DJ_6 型光学经纬仪的构造

DJ_6 型光学经纬仪主要由照准部、水平度盘和基座三部分组成，如图 3-2 所示。

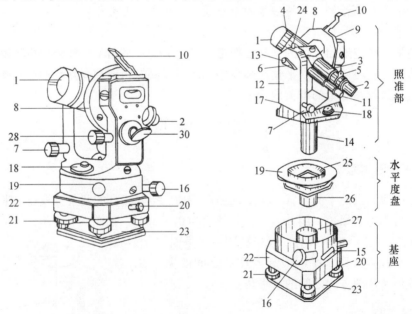

图 3-2 DJ_6 型光学经纬仪

1—望远镜物镜；2—望远镜目镜；3—望远镜调焦螺旋；4—准星；5—照门；6—望远镜固定扳手；7—望远镜微动螺旋；
8—竖直度盘；9—竖盘指标水准管；10—竖盘指标水准管反光镜；11—读数显微镜目镜；12—支架；13—水平轴；
14—竖轴；15—照准部制动扳手；16—照准部微动螺旋；17—水准管；18—圆水准器；19—水平度盘；
20—轴套固定螺旋；21—脚螺旋；22—基座；23—三角形底板；24—罗盘插座；25—度盘轴套；26—外轴；
27—度盘旋转轴套；28—竖直指标水准管微动螺旋；29—水平度盘变换手轮；30—反光镜

46

（1）照准部

照准部是指经纬仪水平度盘之上，能绕其旋转轴旋转部分的总称。照准部主要由竖轴、望远镜、竖直度盘、读数设备、照准部水准管和光学对中器等组成。

①竖轴

照准部的旋转轴称为仪器的竖轴，竖轴插入基座上的轴套中，使整个照准部绕竖轴平稳地旋转。通过调节照准部制动螺旋（或制动扳手）和微动螺旋，可以控制照准部在水平方向上的转动。

②望远镜

望远镜用于瞄准目标，其构造与水准仪的望远镜基本相同，只是物镜调焦螺旋为圆筒状。另外，为了便于精确瞄准目标，经纬仪的十字丝分划板与水准仪的稍有不同，如图3-3所示。

图3-3　经纬仪的十字丝分划板

望远镜的旋转轴称为横轴，望远镜通过横轴安装在支架上，通过调节望远镜制动螺旋（或制动扳手）和微动螺旋，可以控制望远镜的上下移动。

望远镜的视准轴垂直于横轴，横轴垂直于仪器竖轴。因此，在仪器竖轴铅直时，望远镜绕横轴转动扫出一个铅垂面。

③竖直度盘

竖直度盘用于测量垂直角，竖直度盘固定在横轴的一端，随望远镜一起转动，同时设有竖直指标水准管及微动螺旋，以控制竖盘读数指标。详细介绍见本章3.5。

④读数设备

读数设备用于读取水平度盘和竖直度盘的读数，它包括读数显微镜、测微器以及光路上一系列光学透镜和棱镜。

仪器外部光线由反光镜进入仪器后，通过一系列光学透镜和棱镜，分别把水平度盘和垂直度盘及测微器的分划影像反映到读数窗口，观测者通过读数显微镜读取度盘读数。

⑤照准部水准管

照准部水准管用于精确整平仪器，有的经纬仪上还装有圆水准器，用于粗略整平仪器。

水准管轴垂直于仪器竖轴，当照准部水准管气泡居中时，经纬仪的竖轴铅直，水平度盘处于水平位置。

⑥光学对中器

光学对中器用于使水平度盘中心位于测站点的铅垂线上，它由目镜、物镜、分划板和转向棱镜组成。当照准部水准管气泡居中时，如果对中器分划板的刻划圈中心与测站点标志重合，则说明仪器中心位于侧站点的铅垂线上。

（2）水平度盘

水平度盘用于测量水平角。它是由光学玻璃制成的圆环，环上刻有0°~360°的分划线，在整度分划线上标有注记，并按顺时针方向注记，两相邻分划线间的弧长所对圆心角，称为度盘分划值，通常为1°或30′。

水平度盘与照准部是分离的，当照准部转动时，水平度盘并不随之转动。如果需要改变水平度盘的位置，可通过照准部上的水平度盘变换手轮，将度盘变换到所需要的位置。

（3）基座

基座用于支承整个仪器，并通过中心连接螺旋将经纬仪固定在三脚架上。基座上有三个脚螺旋，用于整平仪器。在基座上还有一个轴座固定螺旋，用于控制照准部和基座之间的衔接，使用仪器时，切勿松开轴座固定螺旋，以免照准部与基座分离而坠落。

3.2.2 读数设备及读数方法

光学经纬仪上的水平度盘和竖直度盘的最小度盘分划值一般均为1°或30′，度盘上小于度盘分划值的读数要利用测微器读出，DJ₆型光学经纬仪一般采用分微尺测微器。下面介绍分微尺测微器及读数方法。

如图3-4所示，在读数显微镜内可以看到两个读数窗：注有"水平"或"H"的是水平度盘读数窗；注有"竖直"或"V"的是竖直度盘读数窗。每个读数窗上有一分微尺。

度盘分划值为1°，分微尺的长度等于度盘上1°影像的宽度，即分微尺全长代表1°。将分微尺分成60小格，每1小格代表1′，可估读到0.1′，即6″。每10小格注有数字，表示10′的倍数。

读数时，先调节读数显微镜目镜对光螺旋，使读数窗内度盘影像清晰，然后读出位于分微尺中的度盘分划线上的注记度数。最后，以度盘分划线为指标，在分微尺上读取不足1°的分数，并估读秒数。如图

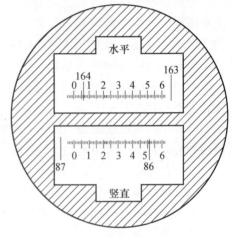

图3-4　分微尺测微器读数

3-4所示，其水平度盘读数为164°06′36″，竖直度盘读数为86°51′36″。

3.3　经纬仪的使用

经纬仪的使用包括安置仪器、瞄准目标和读数三项基本操作。

3.3.1 安置仪器

安置仪器是将经纬仪安置在测站点上，包括对中和整平两项内容。对中的目的是使仪器中心与测站点标志中心位于同一铅垂线上；整平的目的是使仪器竖轴处于铅垂位置，水平度盘处于水平位置。

安置仪器可按初步对中整平和精确对中整平两步进行。

3.3.1.1　初步对中整平

（1）用垂球对中

①将三脚架调整到合适高度，张开三脚架安置在测站点上方，在脚架的连接螺旋上挂上垂球，如果垂球尖离标志中心太远，可固定一脚移动另外两脚，或将三脚架整体平移，使垂球尖大致对准测站点标志中心，并注意使架头大致水平，然后将三脚架的脚尖踩入土中。

②将经纬仪从箱中取出，用连接螺旋将经纬仪安装在三脚架上。调整脚螺旋，使圆水准器气泡居中。

③此时，如果垂球尖偏离测站点标志中心，可旋松连接螺旋，在架头上移动经纬仪，使

垂球尖精确对中测站点标志中心，然后旋紧连接螺旋。

（2）用光学对中器对中

①使架头大致对中和水平，连接经纬仪；调节光学对中器的目镜和物镜对光螺旋，使光学对中器的分划板小圆圈和测站点标志的影像清晰。

②转动脚螺旋，使光学对中器对准测站标志中心，此时圆水准器气泡偏离，伸缩三脚架架腿，使圆水准器气泡居中，注意脚架尖位置不得移动。

3.3.1.2　精确对中整平

（1）整平

先转动照准部，使水准管平行于任意一对脚螺旋的连线，如图3-5（a）所示，两手同时向内或向外转动这两个脚螺旋，使气泡居中，注意气泡移动方向始终与左手大拇指移动方向一致；然后将照准部转动90°，如图3-5（b）所示，转动第三个脚螺旋，使水准管气泡居中。再将照准部转回原位置，检查气泡是否居中，若不居中，按上述步骤反复进行，直到水准管在任何位置，气泡偏离零点不超过一格为止。

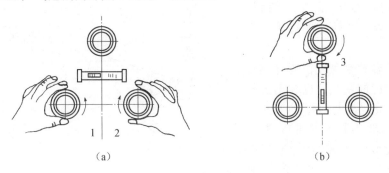

图3-5　经纬仪的整平

（2）对中

先旋松连接螺旋，在架头上轻轻移动经纬仪，使垂球尖精确对中测站点标志中心，或使对中器分划板的刻划中心与测站点标志影像重合；然后旋紧连接螺旋。垂球对中误差一般可控制在3mm以内，光学对中器对中误差一般可控制在1mm以内。

对中和整平，一般都需要经过几次"整平—对中—整平"的循环过程，直至整平和对中均符合要求。

3.3.2　瞄准目标

（1）松开望远镜制动螺旋和瞄准部制动螺旋，将望远镜朝向明亮背景，调节目镜对光螺旋，使十字丝清晰。

（2）利用望远镜上的照门和准星粗略对准目标，拧紧照准部及望远镜制动螺旋；调节物镜对光螺旋，使目标影像清晰，并注意消除视差。

（3）转动照准部和望远镜微动螺旋，精确瞄准目标。测量水平角时，应用十字丝交点附近的竖丝瞄准目标底部，如图3-6所示。

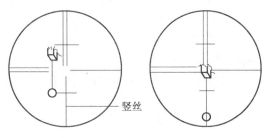

图3-6　瞄准目标

3.3.3 读数

（1）打开反光镜，调节反光镜镜面位置，使读数窗亮度适中。

（2）转动读数显微镜目镜对光螺旋，使度盘、测微尺及指标线的影像清晰。

（3）根据仪器的读数设备，按前述的经纬仪读数方法进行读数。

3.4 水平角的测量方法

水平角的测量方法，一般根据目标的多少和精度要求而定，常用的水平角测量的方法有测回法和方向观测法。

3.4.1 测回法

如图3-7所示，设 O 为测站点，A、B 为观测目标，用测回法观测 OA 与 OB 两方向之间的水平角 β，具体施测步骤如下。

（1）在测站点 O 安置经纬仪，在 A、B 两点竖立测杆或测钎等，作为目标标志。

（2）将仪器置于盘左位置（竖直度盘位于望远镜的左侧，也称正镜），转动照准部，先瞄准左目标 A（此时 A 为起始目标，OA 为起始方向），并配置水平度盘读数为 $0°00'00''$（一般略大于 0），记为 $a_左$，设读数为 $0°01'30''$，记入水平角观测手簿表3-1

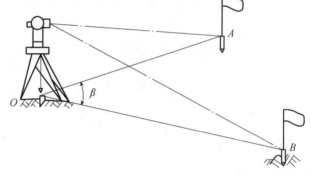

图3-7 水平角测量（测回法）

相应栏内。松开照准部制动螺旋，顺时针转动照准部，瞄准右目标 B，读取水平度盘读数 $b_左$，设读数为 $98°20'48''$，记入表3-1相应栏内。

以上称为上半测回，盘左位置的水平角角值（也称上半测回角值）为 $\beta_左$：

$$\beta_左 = b_左 - a_左 = 98°20'48'' - 0°01'30'' = 98°19'18''$$

（3）松开照准部制动螺旋，倒转望远镜成盘右位置（竖直度盘位于望远镜的右侧，也称倒镜），先瞄准右目标 B，读取水平度盘读数 $b_右$，设读数为 $278°21'12''$，记入表3-1相应栏内。松开照准部制动螺旋，逆时针转动照准部，瞄准左目标 A，读取水平度盘读数 $a_右$，设读数为 $180°01'42''$，记入表3-1相应栏内。

以上称为下半测回，盘右位置的水平角角值（也称下半测回角值）$\beta_右$ 为

$$\beta_右 = b_右 - a_右 = 278°21'12'' - 180°01'42'' = 98°19'30''$$

上半测回和下半测回构成一测回。

（4）对于 DJ₆ 型光学经纬仪，如果上、下两半测回（亦称测回内）角值之差不超过 $\pm 40''$，即 $|\beta_左 - \beta_右| \leq 40''$，认为观测合格。此时，可取上、下两半测回角值的平均值作为一测回角值 β。

在本例中，上、下两半测回角值之差为

$$\Delta\beta = \beta_左 - \beta_右 = 98°19'18'' - 98°19'30'' = -12''$$

一测回角值为

$$\beta = \frac{1}{2}(\beta_左 + \beta_右) = \frac{1}{2}(98°19'18'' + 98°19'30'') = 98°19'24''$$

将结果记入表 3-1 相应栏内。

在记录计算中应注意：由于水平度盘是顺时针刻划和注记的，所以在计算水平角时，总是用右目标的读数减去左目标的读数，如果不够减，则应在右目标的读数上加上 360°，再减去左目标的读数，决不可以倒过来减。

当测角精度要求较高时，需对一个角度观测多个测回，为了减弱度盘分划误差的影响，各测回在盘左位置观测起始方向时，应根据测回数 n，按 $180°/n$ 变换水平度盘位置。如当测回数 $n = 2$ 时，第一测回的起始方向读数可安置在略大于 0°处；第二测回的起始方向读数可安置在略大于（$180°/2$）= 90°处。各测回角值较差如果不超过 ±24″（对于 DJ_6 型），取各测回角值的平均值作为最后角值，记入表 3-1 相应栏内。

表 3-1   测回法观测手簿

日期_____   仪器_____   观测_____
天气_____   地点_____   记录_____

测站	竖盘位置	目标	水平度盘读数	半测回角值	一测回角值	各测回平均值	备注
第一测回 O	左	A	0°01′30″	98°19′18″	98°19′24″	98°19′30″	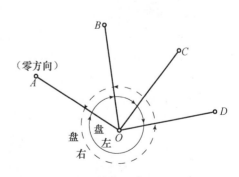
		B	98°20′48″				
	右	A	180°01′42″	98°19′30″			
		B	278°21′12″				
第二测回 O	左	A	90°01′06″	98°19′30″	98°19′36″		
		B	188°20′36″				
	右	A	270°00′54″	98°19′42″			
		B	8°20′36″				

3.4.2 方向观测法

方向观测法简称为方向法，适用于在一个测站上观测两个以上的方向。当方向数多于三个时，每半测回都从一个选定的起始方向（或称零方向）开始观测，在依次观测所需各个目标后，应再次观测起始方向（称为归零），此法也称全圆方向观测法或全圆测回法。

（1）方向观测法的观测方法

如图 3-8 所示，设 O 为测站点，A、B、C、D 为观测目标，用方向观测法观测各方向间的水平角，具体施测步骤如下：

①在测站点 O 安置经纬仪，在 A、B、C、D 观测目标处竖立观测标志。

②盘左位置。选择一个明显目标 A 作为起始方向，瞄准零方向 A，将水平度盘读数安置在稍大于 0°处，读取水平度盘读数，记入表 3-2 方向观测法观测手簿第 4 栏。

图 3-8 水平角测量（方向观测法）

51

松开照准部制动螺旋，顺时针方向旋转照准部，依次瞄准 *B*、*C*、*D* 各目标，分别读取水平度盘读数，记入表3-2第4栏，为了校核，再次瞄准零方向 *A*，称为上半测回归零，读取水平度盘读数，记入表3-2第4栏。

零方向 *A* 的两次读数之差的绝对值，称为半测回归零值，归零值不应超过表3-3中的规定，如果归零差超限，应重新观测。以上称为上半测回。

③盘右位置。逆时针方向依次照准目标 *A*、*D*、*C*、*B*，并将水平度盘读数由下向上记入表3-2第5栏，此为下半测回。

上、下两个半测回称一测回。为了提高精度，有时需要观测 *n* 个测回，则各测回起始方向仍按 $180°/n$，变换水平度盘读数。

表3-2 方向观测法观测手簿

日期_____ 仪器_____ 观测_____
天气_____ 地点_____ 记录_____

测站	测回数	目标	水平度盘读数		2c	平均读数	归零后方向值	各测回归零后方向平均值	略图及角值
			盘左	盘右					
1	2	3	4	5	6	7	8	9	10
O	1	*A*	0°02′12″	180°02′00″	+12″	(0°02′10″) 0°02′06″	0°00′00″	0°00′00″	
		B	37°44′15″	217°44′05″	+10″	37°44′10″	37°42′00″	37°42′04″	
		C	110°29′04″	290°28′52″	+12″	110°28′58″	110°26′48″	110°26′52″	
		D	150°14′51″	330°14′43″	+8″	150°14′47″	150°12′37″	150°12′33″	
		A	0°02′18″	180°02′08″	+10″	0°02′13″			
	2	*A*	90°03′30″	270°03′22″	+8″	(90°03′24″) 90°03′26″	0°00′00″		
		B	127°45′34″	307°45′28″	+6″	127°45′31″	37°42′07″		
		C	200°30′24″	20°30′18″	+6″	200°30′21″	110°26′57″		
		D	240°15′57″	60°15′49″	+8″	240°15′53″	150°12′29″		
		A	90°03′25″	270°03′18″	+7″	90°03′22″			

略图及角值：
A
B
37°42′01″
O 72°44′51″
C
39°45′41″
D

（2）方向观测法的计算方法

下面以表3-2为例，说明方向观测法的计算方法。

①计算两倍视准轴误差 $2c$ 值

$$2c = 盘左读数 - (盘右读数 \pm 180°) \tag{3-2}$$

上式中，盘右读数大于180°时取"–"号，盘右读数小于180°时取"+"号。计算各方向的 $2c$ 值，填入表3-2第6栏。一测回内各方向 $2c$ 值较差不应超过表3-3中的规定。如果超限，应在原度盘位置重测。

②计算各方向的平均读数。平均读数又称为各方向的方向值，其计算公式为

$$平均读数 = 1/2[盘左读数 + (盘右读数 \pm 180°)] \tag{3-3}$$

计算时，以盘左读数为准，将盘右读数加或减180°后，和盘左读数取平均值。计算各方向的平均读数，填入表3-2第7栏。起始方向有两个平均读数，故应再取其平均值，填入表3-2第7栏上方小括号内。

③计算归零后的方向值。将各方向的平均读数减去起始方向的平均读数（括号内数值），即得各方向的"归零后方向值"，填入表3-2第8栏。起始方向归零后的方向值为零。

④计算各测回归零后方向值的平均值。多测回观测时，同一方向值各测回较差符合表3-3中的规定，则取各测回归零后方向值的平均值，作为该方向的最后结果，填入表3-2第9栏。

⑤计算各目标间水平角角值。将第9栏相邻两方向值相减即可求得，注于第10栏略图的相应位置上。

当需要观测的方向为三个时，除不做归零观测外，其他均与三个以上方向的观测方向相同。

（3）方向观测法的技术要求

方向观测法的技术要求见表3-3。

表 3-3　方向观测法的技术要求

经纬仪型号	半测回归零差（″）	一测回内2c较差（″）	同一方向值各测回较差（″）
DJ$_2$	12	18	12
DJ$_6$	18	18	24

3.5　竖直角的测量方法

3.5.1　竖直角测量原理

（1）竖直角的概念

在同一铅垂面内，观测视线与水平线之间的夹角，称为竖直角，又称倾角，用 α 表示，其角值范围为0°～±90°。如图3-9所示，视线在水平线的上方，垂直角为仰角，符号为正（$+\alpha$）；视线在水平线的下方，垂直角为俯角，符号为负（$-\alpha$）。

（2）竖直角测量原理

同水平角一样，竖直角的角度也是度盘上两个方向的读数之差。如图3-9所示，望远镜瞄准目标的视线与水平线分别在竖直度盘上有对应读数，两读数之差即为竖直角的角值。所不同的是，竖直角的两方向中的一个方向是水平方向，无论对哪一种经纬仪来说，视线水平时的竖盘读数都应为90°的倍数。所以，测量竖直角时，只要瞄准目标读出竖盘读数，即可计算出竖直角。

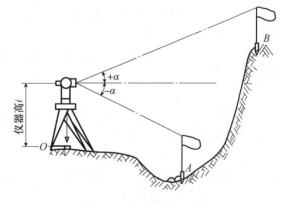

图 3-9　竖直角测量原理

3.5.2　竖直度盘构造

如图3-10所示，光学经纬仪竖直度盘的构造包括竖直度盘、竖盘指标、竖盘指标水准管和竖盘指标水准管微动螺旋。

竖直度盘固定在横轴的一端，当望远镜在竖直面内转动时，竖直度盘也随之转动，而用于读数的竖盘指标则不动。

竖盘指标与竖盘指标水准管连接在一个微动架上，转动竖盘指标水准管微动螺旋，可调整竖盘指标水准管气泡和竖盘指标的位置。当竖盘指标水准管气泡居中时，竖盘指标所处的位置称为正确位置。观测竖直角时，竖盘指标必须处于正确位置才能读数。

光学经纬仪的竖直度盘也是一个玻璃圆环，分划与水平度盘相似，读盘刻度 0°～360° 的注记有顺时针方向和逆时针方向两种。如图 3-11（a）所示为顺时针方向注记，图 3-11（b）所示为逆时针方向注记。

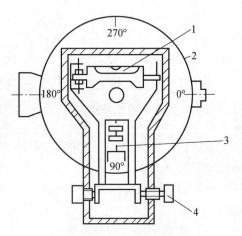

图 3-10　竖直度盘的构造
1—竖直指标水准管；2—竖直度盘；
3—读数指标；4—竖直指标水准管微动螺旋

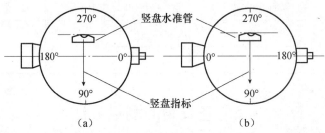

（a）　　　　　　　　　（b）

图 3-11　竖直度盘刻度注记（盘左位置）
（a）竖直度盘顺时针方向注记；（b）竖直度盘逆时针方向注记

竖直度盘构造的特点是：当望远镜视线水平，竖盘指标水准管气泡居中时，盘左位置的竖盘读数为 90°，盘右位置的竖盘读数为 270°。

3.5.3　竖直角计算公式

由于竖盘注记形式不同，竖直角计算的公式也不一样。现在以顺时针注记的竖盘为例，推导竖直角计算的公式。

如图 3-12（a）所示，盘左位置：视线水平时，竖盘读数为 90°。当瞄准一目标时，竖盘读数为 L，则盘左竖直角 $\alpha_左$ 为：

$$\alpha_左 = 90° - L \tag{3-4}$$

如图 3-12（b）所示，盘右位置：视线水平时，竖盘读数为 270°。当瞄准原目标时，竖盘读数为 R，则盘右竖直角 $\alpha_右$ 为：

$$\alpha_右 = R - 270° \tag{3-5}$$

将盘左、盘右位置的两个竖直角取平均值，即得竖直角 α 计算公式为

$$\alpha = \frac{1}{2}(\alpha_左 + \alpha_右) \tag{3-6}$$

对于逆时针注记的竖盘，用类似的方法推得竖直角的计算公式为

$$\left.\begin{array}{l} \alpha_左 = L - 90° \\ \alpha_右 = 270° - R \end{array}\right\} \tag{3-7}$$

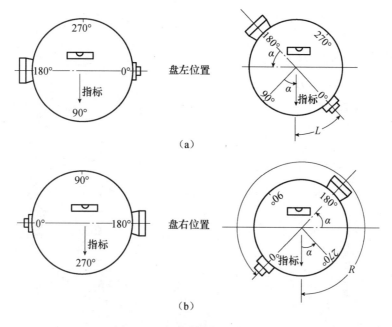

图 3-12 竖盘读数与垂直角计算

在观测竖直角之前，将望远镜大致放置水平，观察竖盘读数，首先确定视线水平时的读数；然后上仰望远镜，观测竖盘读数是增加还是减少。

若读数增加，则竖直角的计算公式为

$$\alpha = 瞄准目标时竖盘读数 - 视线水平时度盘读数$$

若读数减少，则竖直角的计算公式为

$$\alpha = 视线水平时度盘读数 - 瞄准目标时竖盘读数$$

以上规定，适合任何竖直度盘注记形式和盘左盘右观测。

3.5.4 竖盘指标差

在竖直角计算公式中，认为当视准轴水平、竖盘指标水准管气泡居中时，竖盘读数应是 $90°$ 的整数倍。但是实际上这个条件往往不能满足，竖盘指标差 x 本身有正负号，一般规定当竖盘指标偏移方向与竖盘注记方向一致时，x 取正号，反之 x 取负号。

如图 3-13 所示盘左位置，由于存在指标差，其正确的竖直角计算公式为

$$\alpha = 90° - L + x = \alpha_左 + x \tag{3-8}$$

同样如图 3-13 所示盘右位置，其正确的竖直角计算公式为

$$\alpha = R - 270° - x = \alpha_右 - x \tag{3-9}$$

将式（3-8）和式（3-9）相加并除以 2，得

$$\alpha = \frac{1}{2}(\alpha_左 + \alpha_右) = \frac{1}{2}(R - L - 180°) \tag{3-10}$$

由此可见，在竖直角测量时，用盘左、盘右观测，取平均值作为竖直角的观测结果，可以消除竖盘指标差的影响。

将式（3-8）和式（3-9）相减并除以 2，得

$$x = \frac{1}{2}(\alpha_右 - \alpha_左) = \frac{1}{2}(L + R - 360°) \tag{3-11}$$

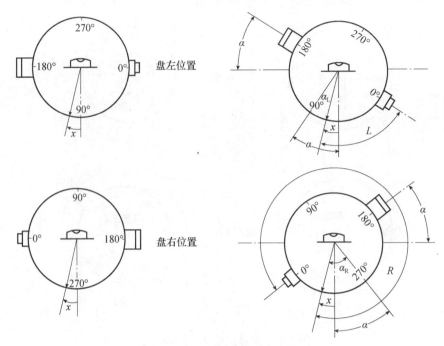

图 3-13　竖直度盘指标差

式（3-11）为竖盘指标差的计算公式。指标差较差（即所求指标差之间的差值）可以反映观测成果的精度。

指标差是由于仪器竖盘指标位置出现偏差时产生的，是仪器设备本身带来的误差，属于系统误差，当指标差不大时，可以通过盘左、盘右观测取平均的方法消除其对成果的影响。规范规定，对于 DJ_6 级光学经纬仪，同一测站上不同目标的指标差，不应超过 $25''$。对于 DJ_2 级光学经纬仪不应超过 $15''$。观测竖直角时，只有在竖盘指标水准管气泡居中的条件下，指标才处于正确位置，否则读数就有错误。然而每次读数都必须使竖盘指标水准管气泡居中是很费事的，因此，有些光学经纬仪，采用竖盘指标启动归零装置。当经纬仪整平后，竖盘指标即自动居于正确位置，这样就简化了操作程序，可提高竖直角观测的速度和精度。

3.5.5　竖直角的观测

竖直角的观测、记录和计算步骤如下：

（1）在测站点 O 安置经纬仪，在目标点 A 竖立观测标志，按前述方法确定该仪器竖直角计算公式，为方便应用，可将公式记录于竖直角观测手簿表 3-4 备注栏中。

表 3-4　竖直角观测手簿

日期＿＿＿＿＿　　仪器＿＿＿＿＿　　观测＿＿＿＿＿
天气＿＿＿＿＿　　地点＿＿＿＿＿　　记录＿＿＿＿＿

测站	目标	竖盘位置	水平度盘读数	半测回角值	一测回角值	各测回平均值	备　注
1	2	3	4	5	6	7	8
第一 测回 O	A	左	$95°22'00''$	$-5°22'00''$	$-36''$	$-5°22'36''$	竖直度盘 为顺时针 注记
		右	$264°36'48''$	$-5°23'12''$			
	B	左	$81°12'36''$	$+8°47'24''$	$-45''$	$+8°46'39''$	
		右	$278°45'54''$	$+8°45'54''$			

56

（2）盘左位置：瞄准目标 A，使十字丝横丝精确地切于目标顶端，如图 3-14 所示。转动竖盘指标水准管微动螺旋，使水准管气泡严格居中，然后读取竖盘读数 L，设为 $95°22'00''$，记入竖直角观测手簿表 3-4 相应栏内。

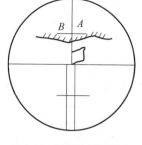

图 3-14　竖直角测量瞄准

（3）盘右位置：重复步骤（2），设其读数 R 为 $264°36'48''$，记入表 3-4 相应栏内。

（4）根据竖直角计算公式计算，得

$$\alpha_{左} = 90° - L = 90° - 95°22'00'' = -5°22'00''$$

$$\alpha_{右} = R - 270° = 264°36'48'' - 270° = -5°23'12''$$

那么，一测回竖直角为

$$\alpha = \frac{1}{2}(\alpha_{左} + \alpha_{右}) = \frac{1}{2}(-5°22'00'' - 5°23'12'') = -5°22'36''$$

竖盘指标差为

$$x = \frac{1}{2}(\alpha_{右} - \alpha_{左}) = \frac{1}{2}(-5°23'12'' + 5°22'00'') = -36''$$

将计算结果分别填入表 3-4 相应栏内，同理观测目标 B。

在竖直角观测中应注意：每次读数前必须使竖盘指标水准管气泡居中，才能正确读数。

3.6　经纬仪的检验与校正

3.6.1　经纬仪的轴线及各轴线间应满足的几何条件

如图 3-15 所示，经纬仪的主要轴线有竖轴 VV、横轴 HH、视准轴 CC 和水准管轴 LL。经纬仪各轴线之间应满足以下几何条件：

（1）水准管轴 LL 应垂直于竖轴 VV。

（2）十字丝纵丝应垂直于横轴 HH。

（3）视准轴 CC 应垂直于横轴 HH。

（4）横轴 HH 应垂直于竖轴 VV。

（5）竖盘指标差为零。

一般仪器经过加工、装配、检验等工序出厂时，经纬仪的上述几何条件是满足的，经纬仪也只有满足上述几何条件才能测出正确的水平角。但是，由于仪器长期使用或受到碰撞、振动等影响，均能导致轴线位置的变化。所以，经纬仪在使用前或使用一段时间后，应进行检验，如发现上述几何条件不满足，则需要进行校正。

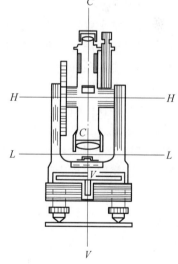

图 3-15　经纬仪的主要轴线

3.6.2　经纬仪的检验与校正

3.6.2.1　水准管轴 LL 垂直于竖轴 VV 的检验与校正

（1）检验

首先利用圆水准器粗略整平仪器，然后转动照准部使水准管平行于任意两个脚螺旋的连线方向，调节这两个脚螺旋使水准管气泡居中，再将仪器旋转 180°，如水准管气泡仍居中，

57

说明水准管轴与竖轴垂直；若气泡不再居中，则说明水准管轴与竖轴不垂直，需要校正。

（2）校正

如图 3-16（a）所示，设水准管轴与竖轴不垂直，倾斜了 α 角，当水准管气泡居中时，竖轴与铅垂线的夹角为 α。将仪器绕竖轴旋转180°后，竖轴位置不变，而水准管轴与水平线的夹角为 2α，如图 3-16（b）所示。

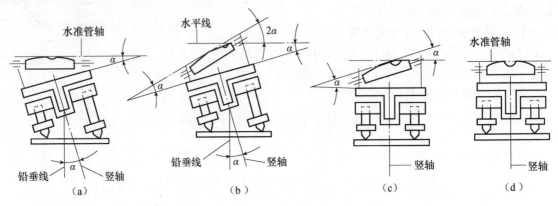

图 3-16　水准管轴垂直于竖轴的检验与校正

校正时，先相对旋转这两个脚螺旋，使气泡向中心移动偏离值的一半，如图 3-16（c）所示，此时竖轴处于竖直位置。然后用校正针拨动水准管一端的校正螺钉，使气泡居中，如图 3-16（d）所示，此时水准管轴处于水平位置。

此项检验与校正比较精细，应反复进行，直至照准部旋转到任何位置，气泡偏离零点不超过半格为止。

3.6.2.2　十字丝竖丝的检验与校正

（1）检验

首先整平仪器，用十字丝交点精确瞄准一明显的点状目标，如图 3-17 所示，然后制动照准部和望远镜，转动望远镜微动螺旋使望远镜绕横轴作微小俯仰，如果目标点始终在竖丝上移动，说明条件满足，如图 3-17（a）所示；否则需要校正，如图 3-17（b）所示。

（2）校正

与水准仪中横丝应垂直于竖轴的校正方法相同，此处只是应使纵丝竖直。如图 3-18 所示，校正时，先打开望远镜目镜端护盖，松开十字丝环的四个固定螺钉，按竖丝偏离的反方向微微转动十字丝环，直到目标点在望远镜上下俯仰时始终在十字丝纵丝上移动为止，最后旋紧固定螺钉，旋上护盖。

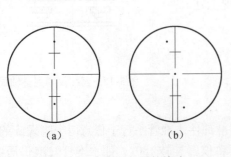

图 3-17　十字丝竖丝的检验

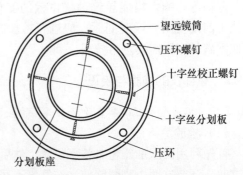

图 3-18　十字丝纵丝的校正

58

3.6.2.3　视准轴 CC 垂直于横轴 HH 的检验与校正

视准轴不垂直于水平轴时所偏离的角值 c 称为视准轴误差。具有视准轴误差的望远镜绕水平轴旋转时，视准轴将扫过一个圆锥面，而不是一个平面。这样观测同一竖直面内不同高度的点，水平度盘的读数将不相同，从而产生测角误差。

这个误差通常认为是由于十字丝交点在望远镜筒内的位置不正确而产生的，因此其检验与校正方法如下。

（1）检验

视准轴误差的检验方法有盘左盘右读数法和四分之一法两种，下面具体介绍四分之一法的检验方法。

①在平坦地面上，选择相距约 100m 的 A、B 两点，在 AB 连线中点 O 处安置经纬仪，如图 3-19 所示，并在 A 点设置一瞄准标志，在 B 点横放一根刻有毫米分划的直尺，使直尺垂直于视线 OB，A 点的标志、B 点横放的直尺应与仪器大致同高。

②用盘左位置瞄准 A 点，制动照准部，然后纵转望远镜，在 B 点尺上读得 B_1，如图 3-19（a）所示。

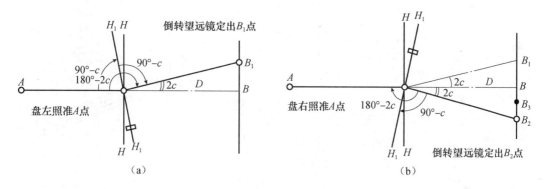

图 3-19　视准轴误差的检验（四分之一法）

③用盘右位置再瞄准 A 点，制动照准部，然后纵转望远镜，在 B 点尺上读得 B_2，如图 3-19（b）所示。

如果 B_1 与 B_2 两读数相同，说明视准轴垂直于横轴。如果 B_1 与 B_2 两读数不相同，由图3-19（b）可知，$\angle B_1OB_2 = 4c$，由此算得

$$c = \frac{B_1B_2}{4D}\rho \tag{3-12}$$

式中　D——O 到 B 点的水平距离，m；

B_1B_2——B_1 与 B_2 的读数差值，m；

ρ——1 弧度秒值，$\rho = 206265''$。

对于 DJ$_6$ 型经纬仪，如果 $c > 60''$，则需要校正。

（2）校正

校正时，在直尺上定出一点 B_3，使 $B_2B_3 = B_1B_2/4$，OB_3 便与横轴垂直。打开望远镜目镜端护盖，如图 3-18 所示，用校正针先松十字丝上、下的十字丝校正螺钉，再拨动左右两个十字丝校正螺钉，一松一紧，左右移动十字丝分划板，直至十字丝交点对准 B_3。此项检验与校正也需反复进行。

3.6.2.4 横轴 HH 垂直于竖轴 VV 的检验与校正

若横轴不垂直于竖轴，则仪器整平后竖轴虽已竖直，横轴并不水平，因而视准轴倾斜的横轴旋转所形成的轨迹是一个倾斜面。这样，当瞄准同一铅垂面内高度不同的目标点时，水平度盘的读数并不相同，从而产生测角误差，影响测角精度，因此必须进行检验与校正。

（1）检验

检验方法如下：

①在距一垂直墙面 20~30m 处，安置经纬仪，整平仪器，如图 3-20 所示。

②盘左位置，瞄准墙面上高处一明显目标 P，仰角宜在 30° 左右。

③固定照准部，将望远镜置于水平位置，根据十字丝交点在墙上定出一点 A。

④倒转望远镜成盘右位置，瞄准 P 点，固定照准部，再将望远镜置于水平位置，定出点 B。

如果 A、B 两点重合，说明横轴是水平的，横轴垂直于竖轴；否则，需要校正。

（2）校正

校正方法如下：

①在墙上定出 A、B 两点连线的中点 M，仍以盘右位置转动水平微动螺旋，照准 M 点，转动望远镜，仰视 P 点，这时十字丝交点必然偏离 P 点，设为 P' 点。

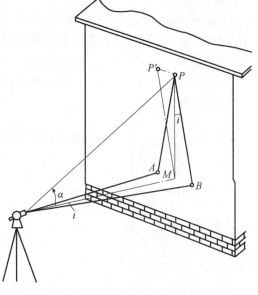

图 3-20　横轴垂直于竖轴的检验与校正

②打开仪器支架的护盖，松开望远镜横轴的校正螺钉，转动偏心轴承，升高或降低横轴的一端，使十字丝交点准确照准 P 点，最后拧紧校正螺钉。

此项检验与校正也需反复进行。

由于光学经纬仪密封性好，仪器出厂时又经过严格检验，一般情况下横轴不易变动。但测量前仍应加以检验，如有问题，最好送专业修理单位检修。近代高质量的经纬仪，设计制造时保证了横轴与竖轴垂直，故无须校正。

3.6.2.5 竖盘水准管的检验与校正

（1）检验

安置经纬仪，仪器整平后，用盘左、盘右观测同一目标点 A，分别使竖盘指标水准管气泡居中，读取竖盘读数 L 和 R，用式（3-11）计算竖盘指标差 x，若 x 值超过 1′ 时，需要校正。

（2）校正

先计算出盘右位置时竖盘的正确读数 $R_0 = R - x$，原盘右位置瞄准目标 A 不动，然后转动竖盘指标水准管微动螺旋，使竖盘读数为 R_0，此时竖盘指标水准管气泡不再居中了，用校正针拨动竖盘指标水准管一端的校正螺钉，使气泡居中。

此项检校需反复进行，直至指标差小于规定的限度为止。

3.7 角度测量误差及注意事项

同水准测量一样，角度测量也存在许多误差，其中水平角测量的误差比较复杂。讨论角度测量误差的主要目的是在实测过程，采用相应的措施，以减少或避免误差。

水平角测量误差的来源主要有：仪器误差、观测误差和外界条件的影响误差。

3.7.1 仪器误差

仪器误差是指仪器不能满足设计理论要求而产生的误差。产生误差的原因有两方面：一是由于仪器制造和加工不完善而引起的误差，如度盘刻划不均匀，水平度盘中心和仪器竖轴不重合而引起度盘偏心误差；二是由于仪器检校不完善而引起的误差，如望远镜视准轴不垂直于水平轴、水平轴不垂直于竖轴、水准管轴不垂直于竖轴等。

消除或减弱上述误差的具体方法如下：

（1）采用盘左、盘右观测取平均值的方法，可以消除视准轴不垂直于水平轴、水平轴不垂直于竖轴和水平度盘偏心差的影响。

（2）采用在各测回间变换度盘位置观测，取各测回平均值的方法，可以减弱由于水平度盘刻划不均匀给测角带来的影响。

（3）仪器竖轴倾斜引起的水平角测量误差，无法采用一定的观测方法来消除。因此，在经纬仪使用之前应严格检校，确保水准管轴垂直于竖轴；同时，在观测过程中，应特别注意仪器的严格整平。

3.7.2 观测误差

（1）仪器对中误差

在安置仪器时，由于对中不准确，使仪器中心与测站点不在同一铅垂线上所产生的误差，称为对中误差。如图 3-21 所示，A、B 为两目标点，O 为测站点，O' 为仪器中心，OO' 的长度称为测站偏心距，用 e 表示，其方向与 OA 之间的夹角 θ 称为偏心角。β 为正确角值，β' 为观测角值，由对中误差引起的角度误差 $\Delta\beta$ 为

$$\Delta\beta = \beta - \beta' = \delta_1 + \delta_2$$

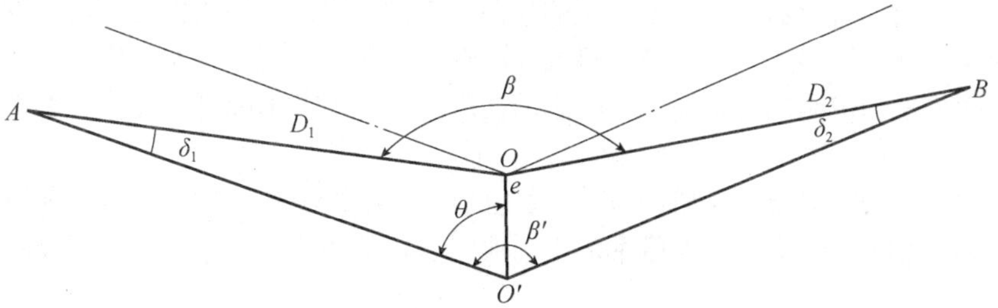

图 3-21 仪器对中误差

因 δ_1 和 δ_2 很小，故

$$\delta_1 \approx \frac{e \sin\theta}{D_1}\rho$$

$$\delta_2 \approx \frac{e \sin(\beta' - \theta)}{D_2}\rho$$

$$\Delta\beta = \delta_1 + \delta_2 = e\rho\left[\frac{\sin\theta}{D_1} + \frac{\sin(\beta' - \theta)}{D_2}\right] \tag{3-13}$$

分析上式可知，对中误差对水平角的影响有以下特点：

①$\Delta\beta$ 与偏心距 e 成正比，e 愈大，$\Delta\beta$ 愈大。

②$\Delta\beta$ 与测站点到目标的距离 D 成反比，距离愈短，误差愈大。

③$\Delta\beta$ 与水平角 β' 和偏心角 θ 的大小有关，当 $\beta' = 180°$、$\theta = 90°$ 时，$\Delta\beta$ 最大。

$$\Delta\beta = e\rho\left(\frac{1}{D_1} + \frac{1}{D_2}\right)$$

如，当 $\beta' = 180°$，$\theta = 90°$，$e = 0.003\text{m}$，$D_1 = D_2 = 100\text{m}$ 时

$$\Delta\beta = 0.003\text{m} \times 206265'' \times \left(\frac{1}{100\text{m}} + \frac{1}{100\text{m}}\right) = 12.4''$$

对中误差引起的角度误差不能通过观测方法消除，所以观测水平角时应仔细对中，当边长较短或两目标与仪器接近在一条直线上时，要特别注意仪器的对中，避免引起较大的误差。一般规定对中误差不超过 3mm。

（2）目标偏心误差

水平角观测时，常用测钎、测杆或觇牌等立于目标点上作为观测标志，当观测标志倾斜或没有立在目标点的中心时，将产生目标偏心误差。如图 3-22 所示，O 为测站，A 为地面目标点，AA 为测杆，测杆长度为 L，倾斜角度为 α，则目标偏心距 e 为

$$e = L\sin\alpha \tag{3-14}$$

目标偏心对观测方向影响为

$$\delta = \frac{e}{D}\rho = \frac{L\sin\alpha}{D}\rho \tag{3-15}$$

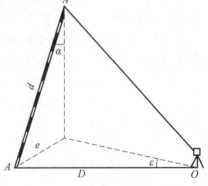

图 3-22　目标偏心误差

由式（3-15）可知，目标偏心误差对水平角观测的影响与偏心距 e 成正比，与距离成反比。为了减少目标偏心差，瞄准测杆时，测杆应立直，并尽可能瞄准测杆的底部。当目标较近，又不能瞄准目标的底部时，可采用悬吊垂线或选用专用觇牌作为目标。

（3）整平误差

整平误差是指安置仪器时竖轴不竖直的误差。在同一测站竖轴倾斜的方向不变，其对水平角观测的影响与视线倾斜角有关，倾角越大，影响也越大。因此，如前所述，应注意水准管轴与竖轴垂直的检校和使用中的整平。一般规定在观测过程中，水准管偏离零点不得超过一格。

（4）瞄准误差

瞄准误差主要与人眼的分辨能力和望远镜的放大倍率有关，人眼分辨两点的最小视角一般为 60″。设经纬仪望远镜的放大倍率为 V，则用该仪器观测时，其瞄准误差为

$$m_V = \pm\frac{60''}{V} \tag{3-16}$$

一般 DJ_6 型光学经纬仪望远镜的放大倍率 V 为 25～30 倍，因此瞄准误差 m_V 一般为 2.0″～2.4″。

另外，瞄准误差与目标的大小、形状、颜色和大气的透明度等也有关。因此，在观测中我们应尽量消除视差，选择适宜的照准标志，熟练操作仪器，掌握瞄准方法，并仔细瞄准以减小误差。

（5）读数误差

读数误差主要取决于仪器的读数设备，同时也与照明情况和观测者的经验有关。对于

DJ$_6$型光学经纬仪，用分微尺测微器读数，一般估读误差不超过分微尺最小分划的十分之一，即不超过±6″，对于 DJ$_2$型光学经纬仪一般不超过±1″。如果反光镜进光情况不佳，读数显微镜调焦不好，以及观测者的操作不熟练，则估读的误差可能会超过上述数值。因此，读数时必须仔细调节读数显微镜，使度盘与测微尺影像清晰，也要仔细调整反光镜，使影像亮度适中，然后再仔细读数。使用手测微轮时，一定要使度盘分划线位于双指标线正中央。

3.7.3 外界条件的影响

外界条件的影响很多，如大风、松软的土质会影响仪器的稳定；地面的辐射热会引起物像的跳动；观测时大气透明度和光线的不足会影响瞄准精度；温度变化影响仪器的正常状态等，这些因素都直接影响测角的精度。因此，要选择有利的观测时间和避开不利的观测条件，使这些外界条件的影响降低到较小的程度。如安置经纬仪时要踩实三脚架腿；晴天观测时要打测伞，以防止阳光直接照射仪器；观测视线应尽量避免接近地面、水面和建筑物等，以防止物像跳动和光线产生不规则的折光，使观测成果受到影响。

3.8 DJ$_2$型光学经纬仪和电子经纬仪

3.8.1 DJ$_2$型光学经纬仪

（1）DJ$_2$型光学经纬仪的特点

DJ$_2$型光学经纬仪精度较高，常用于国家三、四等三角测量和精密工程测量，与 DJ$_6$型光学经纬仪相比主要有以下特点：

①轴系间结构稳定，望远镜的放大倍数较大，照准部水准管的灵敏度较高。

②在 DJ$_2$型光学经纬仪读数显微镜中，只能看到水平度盘和竖直度盘中的一种影像，读数时，通过转动换像手轮，使读数显微镜中出现需要读数的度盘影像。

③DJ$_2$型光学经纬仪采用对径符合读数装置，相当于取度盘对径相差180°处的两个读数的平均值，可以消除偏心误差的影响，提高读数精度。

图 3-23 是苏州第一光学仪器厂生产的 DJ$_2$型光学经纬仪的外形示意图。

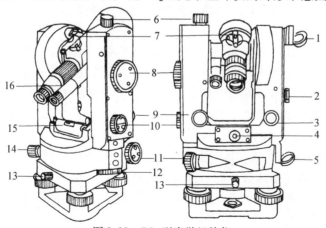

图 3-23 DJ$_2$型光学经纬仪

1—竖盘照明镜；2—竖盘指标水准管观察窗；3—竖盘指标水准管微动螺旋；4—光学对中器；5—水平度盘照明镜；
6—望远镜制动螺旋；7—粗瞄器；8—测微手轮；9—望远镜微动螺旋；10—换像手轮；11—照准部微动螺旋；
12—水平度盘变换手轮；13—轴座固定螺旋；14—照准部制动螺旋；15—照准部水准管；16—读数显微镜；

（2）DJ₂型光学经纬仪的读数方法

用对径符合读数装置通过一系列棱镜和透镜的作用，将度盘相对180°的分划线，同时反映到读数显微镜中，并分别位于一条横线的上、下方，如图3-24（a）所示，右下方为分划线重合窗，右上方读数窗中上面的数字为整度值，中间凸出的小方框中的数字为整10′数，左下方为测微尺读数窗。

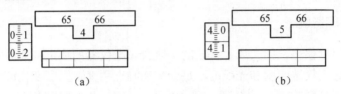

图3-24　DJ₂型光学经纬仪读数

测微尺刻划有600小格，最小分划为1″，可估读到0.1″，全程测微范围为10′。测微尺的读数窗中左边注记数字为分，右边注记数字为整10″数。读数方法如下：

①转动测微轮，使分划线重合窗中上、下分划线精确重合，如图3-24（b）所示。

②在读数窗中读出度数。

③在中间凸出的小方框中读出整10′数。

④在测微尺读数窗中，根据单指标线的位置，直接读出不足10′的分数和秒数，并估读到0.1″。

⑤将度数、整10′数及测微尺上读数相加，即为度盘读数。在图3-24（b）中所示读数为：65° + 5 × 10′ + 4′08.2″ = 65°54′08.2″。

3.8.2　电子经纬仪

电子经纬仪与光学经纬仪的根本区别在于电子经纬仪使用微机控制的电子测角系统代替了光学读数系统。其主要特点是：

①使用电子测角系统，能将测量结果自动显示出来，实现了读数的自动化和数字化。

②采用积木式结构，可与光电测距仪组合成全站型电子速测仪，配合适当的接口，可将电子手簿记录的数据输入计算机，实现数据处理和绘图自动化。

（1）电子测角原理简介

电子测角仍然是采用度盘来进行。与光学测角不同的是，电子测角是从特殊格式的度盘上取得电信号，根据电信号再转换成角度，并且自动地以数字形式输出，显示在电子显示屏上，并记录在储存器中。电子测角度盘根据取得电信号的方式不同，可分为光栅度盘测角、编码度盘测角和电栅度盘测角等。

（2）电子经纬仪的性能简介

图3-25所示为北京拓普康仪器有限公司推出的DJD₂电子经纬仪，该仪器采用光栅度盘测角，水平、垂直角度显示读数分辨率为1″，测角精度可达2″。图3-26所示为液晶显示窗和操作键盘，键盘上有6个键，可发出不同指令。液晶显示窗中可同时显示提示内容、垂直角（V）和水平角（H_R）。

DJD₂电子经纬仪装有倾斜传感器，当仪器竖轴倾斜时，仪器会自动测出并显示其数值，同时显示对水平角和垂直角的自动校正。仪器的自动补偿范围为±3′。

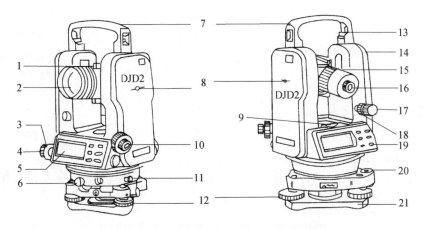

图 3-25　DJD₂ 电子经纬仪

1—粗瞄准器；2—物镜；3—水平微动螺旋；4—水平制动螺旋；5—液晶显示屏；6—基座固定螺旋；7—提手；
8—仪器中心标志；9—水准管；10—光学对点器；11—通信接口；12—脚螺旋；13—手提固定螺钉；14—电池；
15—望远镜调焦手轮；16—目镜；17—垂直微动手轮；18—垂直制动手轮；19—键盘；20—圆水准器；21—底板

（3）电子经纬仪的使用

DJD₂ 电子经纬仪使用时，首先要在测站点上安置仪器，在目标点上安置反射棱镜，然后瞄准目标，最后在操作键盘上按测角键，显示屏上即显示角度值。对中、整平以及瞄准目标的操作方法与光学经纬仪一样，键盘操作方法见使用说明书即可，在此不再详述。

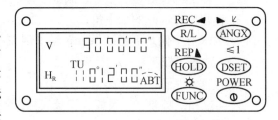

图 3-26　DJD₂ 电子经纬仪的显示窗和操作键盘

上岗工作要点

1. 学会测回法施测水平角的操作、记录及计算。
2. 掌握经纬仪安置对中、整平、瞄准的步骤。
3. 熟练掌握光学经纬仪的结构、读数及使用。
4. 能对 DJ₆ 光学经纬仪进行检验和校正。
5. 能熟练使用经纬仪对各种导线进行实测。

本章小结　角度测量是确定地面点位置的基本工作之一。角度测量的方法一是测回法，二是方向观测法。

DJ₆ 型光学经纬仪主要由照准部、水平度盘和基座三部分组成。水平度盘与照准部之间的关系；竖盘、望远镜、指标之间的关系；制动螺旋与微动螺旋的关系。还有，仪器结构的5条轴线及其几何关系。

经纬仪的使用包括安置仪器、瞄准目标和读数三项基本操作。关键在于经纬仪安置时的对中、整平操作要反复进行，严格执行操作步骤和操作方法。

测回法中，对于 DJ₆ 型光学经纬仪，如果上、下两半测回（亦称测回内）角值之差不超过 ±40″；各测回角值较差（亦称测回间）不超过 ±24″。

竖直角的计算公式 $\alpha_{左} = 90° - L$ 或 $\alpha_{右} = R - 270°$。

竖盘指标差的计算公式 $x = \dfrac{1}{2}(\alpha_左 - \alpha_右) = \dfrac{1}{2}(L + R - 360°)$。

DJ$_6$型光学经纬仪的检验与校正方法。

水平角测量误差的来源主要有：仪器误差、观测误差和外界条件的影响误差。

采用盘左、盘右观测取平均值的方法，可以消除视准轴不垂直于水平轴、水平轴不垂直于竖轴和水平度盘偏心差的影响。

采用在各测回间变换度盘位置观测，取各测回平均值的方法，可以减弱由于水平度盘刻划不均匀给测角带来的影响。

仪器竖轴倾斜引起的水平角测量误差、对中误差、目标偏心误差、整平误差和瞄准误差无法采用一定的观测方法来消除。因此，在观测过程中，应特别注意操作要严格。

技能训练三　经纬仪的认识和使用

一、目的和要求

1. 了解 DJ$_6$级光学经纬仪的基本构造和各部件的功能；

2. 练习经纬仪对中、整平、瞄准、读数及配置水平度盘的方法；

3. 测量两方向间的水平角；

4. 要求对中偏差不超过 3mm，整平误差不超过 1 格。

二、准备工作

1. 仪器和工作

经纬仪和三脚架、记录板、记录表格、铅笔。

2. 场地布置

由指导教师指定测站（每台仪器一个）和目标（两个）。

3. 阅读教材

技能训练课前，认真阅读本章 3.3 节的内容。

三、训练步骤

1. 安置三脚架于测站上，使架头初平，挂上垂球，将连接螺旋置于架头圆环中心，初步对中。

2. 装上仪器，准确对中。

3. 用脚螺旋在互相垂直的两个方向上调整照准部水准管气泡居中。

4. 用盘左位置（即竖直度盘处于望远镜的左边），先瞄准左目标，配置水平度盘为 0°00′00″，再瞄准右目标，读数，记录，计算水平角。此步骤每人操作一次。

5. 小组成员讨论，识别经纬仪的各个部件，并说出它们的功能或作用。

6. 练习用光学对中器对中及经纬仪整平的方法。

（1）初步对中：固定三脚架的一条腿于测站点旁适当位置，两手分别握住另外两条腿作前后移动或左右移动，同时从光学对中器中观察，使对中器对准测站点。若对中器分划板和测站点成像不清晰，可分别进行对中器目镜和物镜调焦。

（2）初步整平：调节三脚架腿的伸缩连接处，利用圆水准器使经纬仪大致水平。

（3）精确整平：方法与用垂球安置仪器的精确整平操作相同。

（4）精确对中：平移（不可旋转）经纬仪基座，使对中器精确对准测站点。精确整平和精确对中应反复进行，直到对中和整平都达到要求为止。

四、注意事项

1. 安置仪器时，三脚架高度适合观测者的身高设置，拧紧架腿螺旋，并将三脚架在测站上架好后，再开箱取仪器。

2. 开箱取出仪器及装上三脚架时要注意安全。精确对中时，采用将仪器在架头上滑动的方法来完成。对中完成后一定要旋紧连接螺旋。

3. 仪器转动前，一定要先松制动螺旋。用微动螺旋前，应先制动。操作动作要准确，轻捷，用力均匀。各种微动、调节作用的螺旋不能拧至尽头，以免失灵或损坏。

4. 寻找目标时应当用望远镜上的粗瞄准器，不宜用眼睛在目镜里直接寻找。精确瞄准时应当用十字丝竖丝的单丝部分去重合目标中心或目标底部；如目标较粗，可用竖丝的双线部分夹目标。由于经纬仪十字丝交点为空白，故不宜直接用十字丝中心去瞄准目标。

5. 不得松动经纬仪基座上的轴座固定螺旋。

技能训练四　测回法测量水平角

一、目的和要求

1. 掌握用测回法测水平角的方法以及记录和测站计算。进一步熟悉经纬仪的操作。

2. 每人对同一角度观测一个测回，上、下半测回角值之差 $\leq \pm 40''$，各测回角值互差 $\leq \pm 24''$。

二、准备工作

1. 仪器和工作

经纬仪和三脚架、记录板、记录表格、铅笔。

2. 场地布置

由指导教师指定测站（每组一个）和观测目标以及测回数。

3. 阅读教材

技能训练课前，认真阅读教材 3.4 节的内容。

三、训练步骤

1. 在测站上安置经纬仪，包括对中和整平。

2. 将仪器置为盘左位置，按要求配置水平度盘。读取第一目标的水平度盘读数。顺时针旋转照准部，瞄准第二目标并读数。依次记录两个目标的读数，计算出上半测回的水平角值。

3. 倒转望远镜，使仪器成为盘右位置，进行下半测回的观测。先瞄准第二目标并读数，然后逆时针旋转照准部，瞄准第一目标并读数。记录下半测回的两个读数，计算出下半测回的水平角角值。若上、下半测回角值之差 $\leq \pm 40''$，计算一测回角值。

4. 重复步骤（2）、步骤（3），依次完成各测回的观测。

5. 检查计算是否正确，观测是否合格。如计算有错应改正，观测超限应重测。

四、注意事项

1. 每人需按指导教师指定的目标和测回数，按 $180°/n$ 递增配置水平度盘。轮换操作。

2. 按正确的方法寻找目标和进行瞄准。

3. 在一个测回的观测中，除盘左起始方向外，其余各方向均不得再动用复测扳手或度盘变换手轮。

4. 一个测回观测完毕，若照准部水准管气泡偏离中心位置超过一格，可重新整平仪器。但在一个测回观测过程中不能进行整平工作。

五、记录与计算表1

表1 测回法观测手簿

测站	竖盘位置	目标	水平度盘读数 (° ′ ″)	半测回角值 (° ′ ″)	一测回角值 (° ′ ″)	各测回平均角值 (° ′ ″)	备注
第一 测回 O	左	A					
		B					
	右	A					
		B					
第二 测回 O	左	A					
		B					
	右	A					
		B					

技能训练五 竖直角测量

一、目的和要求

1. 熟悉经纬仪竖直度盘部分的构造；
2. 掌握确定竖直角计算公式的方法；
3. 练习竖直角观测、记录及计算的方法。

二、准备工作

1. 仪器和工作

经纬仪和三脚架、记录板、记录表格、铅笔。

2. 场地布置

由指导教师指定测站和观测目标。目标最好高、低都有，以便观测的竖直角有仰角和俯角。高目标可选择避雷针、电视天线等。

3. 阅读教材

技能训练课前，认真阅读第三章中竖直角测量的有关内容。

三、训练步骤

1. 在测站安置好经纬仪（对中和整平）。以盘左位置使望远镜向上仰，根据竖盘读数变化情况，写出所用仪器的竖直角计算公式，并填写于实验报告中。

2. 选择好目标后，先以盘左位置瞄准，用十字丝横丝部分切准目标顶端，转动竖盘指标水准管微动螺旋，使指标水准管气泡居中，读竖盘读数。再用盘右位置瞄准、调气泡居中、读数。将盘左、盘右的竖盘读数分别计入表中。

3. 计算 α_L、α_R、α、x。

4. 按要求的目标数或测回数继续观测（重复步骤2、步骤3）。如发现指标差互差 $|\Delta x| > 25''$ 时，说明观测误差过大，应重测。

四、注意事项

1. 对中、整平的步骤和要求与观测水平角时相同。

2. 若盘左位置时望远镜向上仰，竖盘读数比 90° 小，则盘左的竖直角计算公式为

$\alpha_L = 90° - L$，该仪器的竖盘为顺时针注记。若盘左位置时望远镜向上仰，竖盘读数比 90° 大，则盘左的竖直角计算公式为 $\alpha_L = L - 90°$，该仪器的竖盘为逆时针注记。

3. 每次竖盘读数前，一定要使竖盘指标水准管气泡居中，否则将因竖盘指标位置不正确而超限。

4. 无论竖盘是顺时针注记还是逆时针注记，计算指标差的公式均可用 $x = \frac{1}{2}(L + R - 360°)$，而且指标差的符号与实际情况相符，即 x 当为正时，竖盘指标的实际位置比理论位置偏大。

5. 竖直角观测是否超限的判断是互差 $|\Delta x|$ 是否大于 25″，而与 $|x|$ 的大小无关。只要读数前做到使竖盘指标水准管气泡准确居中，则在平均值中就消除了指标差的影响。

五、记录与计算表 1

表 1 竖直角观测手簿

测站	目标	竖盘位置	竖盘读数 (° ′ ″)	半测回竖直角 (° ′ ″)	指标差 (″)	一测回竖直角 (° ′ ″)	备注
O		左					竖盘为全圆 顺时针注记
		右					
		左					
		右					

思考题与习题

1. 何谓水平角？若某测站点与两个不同高度的目标点位于同一铅垂面内，那么其构成的水平角是多少？

2. 观测水平角时，对中、整平的目的是什么？试述用光学对中器对中整平的步骤和方法。

3. 经纬仪由哪几部分组成？

4. 为什么安置经纬仪比安置水准仪的步骤复杂？

5. 简述测回法测水平角的步骤，并整理表 1 测回法观测记录。

表 1 测回法观测手簿

测站	竖盘位置	目标	水平度盘读数 (° ′ ″)	半测回角值 (° ′ ″)	一测回角值 (° ′ ″)	各测回平均角值 (° ′ ″)	备注
第一测回 *O*	左	*A*	0°01′00″				
		B	88°20′48″				
	右	*A*	180°01′30″				
		B	268°21′12″				
第二测回 *O*	左	*A*	90°00′06″				
		B	178°19′36″				
	右	*A*	270°00′36″				
		B	358°20′00″				

6. 观测水平角时，若测三个测回，各测回盘左起始方向水平度盘读数应安置为多少？

7. 试述具有度盘变换手轮装置的经纬仪将水平度盘安置为0°00′00″的操作方法。

8. 整理表2方向观测法（也称全圆方向观测法）观测记录。

表2 方向观测法观测手簿

测站	测回数	目标	水平度盘读数		2c	平均读数	归零后方向值	各测回归零后方向平均值	略图及角值
			盘左	盘右					
O	1	A	0°02′30″	180°02′36″					
		B	60°23′36″	240°23′42″					
		C	225°19′06″	45°19′18″					
		D	290°14′54″	110°14′48″					
		A	0°02′36″	180°02′42″					
	2	A	90°03′30″	270°03′24″					
		B	150°23′48″	330°23′30″					
		C	315°19′42″	135°19′30″					
		D	20°15′06″	200°15′00″					
		A	90°03′24″	270°03′18″					

9. 计算水平角时，如果被减数不够减时为什么可以再加360°？

10. 试述垂直角观测的步骤，并完成表3的计算（注：盘左视线水平时指标读数为90°，仰起望远镜读数减小）。

表3 垂直角观测手簿

测站	目标	竖盘位置	竖盘读数 (° ′ ″)	半测回竖直角 (° ′ ″)	指标差 (″)	一测回竖直角 (° ′ ″)	备注
O	A	左	78°18′24″				
		右	281°42′00″				
	B	左	91°32′42″				
		右	268°27′30″				

11. 观测竖直角时，竖盘指标水准管的气泡为什么一定要居中？

12. 何谓竖盘指标差？观测垂直角时如何消除竖盘指标差的影响？

13. 经纬仪有哪几条主要轴线？各轴线间应满足怎样的几何关系？为什么要满足这些条件？这些条件如不满足，如何进行检校？

14. 测量水平角时，采用盘左盘右可消除哪些误差？能否消除仪器竖轴倾斜引起的误差？

15. 测量水平角时，当测站点与目标点较近时，更要注意仪器的对中误差和瞄准误差，这句话对吗？为什么？

16. 水平角测量误差来源有哪些？在观测中应如何消除或减弱这些误差的影响？

17. 测回法测量水平角时，测回内的角值差不得大于多少？测回间的角值差不得大于多少？

18. 方向观测法的归零差不得大于多少，较差不得大于多少？

第4章　距离测量与直线定向

重点提示

1. 理解水平距离的概念；了解钢尺使用的注意事项。
2. 掌握钢尺量距的一般方法。
3. 掌握钢尺量距的精密方法和相关的计算。
4. 了解钢尺量距的误差；掌握量距时的注意事项。
5. 了解光电测距仪的基本原理和光电测距仪的使用方法。
6. 掌握坐标方位角、象限角的概念及其换算关系；掌握坐标方位角的推算方法。

开章语　本章主要讲述量距和直线定向两方面的知识。具体有钢尺的量距方法和计算、直线的定线方法、直线定向、方位角、象限角等基本知识。通过对本章内容的学习，同学们应掌握距离测量和直线定向等基本专业知识和提高基本的专业操作能力。

距离测量是测量的三项基本工作之一。测量工作中所指的距离往往是指两点间位于同一高度间的距离，即水平距离。所谓水平距离是指地面上两点垂直投影到水平面上的直线距离。如图4-1所示。距离测量的方法有钢尺（或皮尺）量距、经纬仪（或水准仪）视距测量、光电测距仪（或全站仪）测距等。在实际工程测量中，除了需确定直线的长度外，往往还要确定该直线的方向，以区别不同直线间的相对位置关系，即直线定向。本章主要介绍钢尺量距和光电测距的基本方法及直线定向。

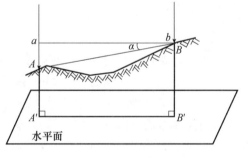

图4-1　距离测量

4.1　量 距 工 具

在建筑工程测量中，常用的距离测量的工具主要有钢尺、皮尺等。辅助工具有标杆、测钎、垂球、弹簧秤等。

4.1.1　主要工具

（1）钢尺

钢尺也称钢卷尺，由薄钢片制成的带尺，有架装和盒装两种。尺宽约 10～15mm，厚约 0.2～0.4mm，长度有 20m、30m 及 50m 等几种，卷放在圆形盒内或金属架上。钢尺的刻划方式有多种，目前使用较多的为全尺刻有毫米分划，在厘米、分米、米处有数字注记的钢卷尺。

钢尺量距的优点是：精度较高，可达 1∶5000 以上，因此钢尺是工程测量中常用的量距工具之一。钢尺量距的缺点是：钢尺抗拉强度高，不易拉伸，使用时需要在钢尺的两端加一定的拉力 P；钢尺性脆，容易折断和生锈，使用时要避免扭折、受潮湿和车轧。根据尺的零点位置不同，钢尺分为端点尺和刻线尺两种规格，端点尺以尺的最外端为尺的零点，刻线尺以尺前端的第一个刻线为尺的零点，如图 4-2（a）、（b）所示，使用时注意区别。

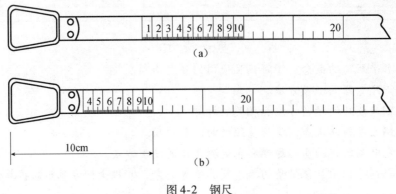

图 4-2 钢尺
（a）刻线式钢尺；（b）端点式钢尺

（2）皮尺

又称卷尺，由麻线和金属丝的混合物织成，尺宽约 10 ~ 15mm，厚约 0.2 ~ 0.4mm，长度有 15m、20m 及 30m 等几种，卷放在硬塑料盒内。尺面只有厘米分划，每分米及米处有数字注记。皮尺受潮湿收缩，受拉易伸长，因此只用于一般的或精度较低的距离丈量中。

4.1.2 辅助工具

（1）标杆

标杆又称花杆，多用木料或铝合金材料制成，直径约 3cm，全长有 2m、2.5m 及 3m 等几种。杆身上用红、白油漆漆成 20cm 间隔的色段，标杆下端装有尖头铁脚，如图 4-3（a）所示，以便插入地面，作为照准标志，也常用于标定直线的方向（目估定线）。铝合金材料制成的标杆重量轻且可以收缩，携带方便。

（2）测钎

测钎用细钢筋制成，上部弯成小圈，下部尖形。直径约 3 ~ 6mm，长度 30 ~ 40cm。钎上可用红、白油漆漆成红、白相间的色段，如图 4-3（b）所示。在精度不高的距离丈量过程中，用于标定直线方向（直线定线），即将测钎插在分段点处，用以标定尺段端点的位置，也可作为照准标志。

（3）垂球

如图 4-3（c）所示，垂球用金属制成，

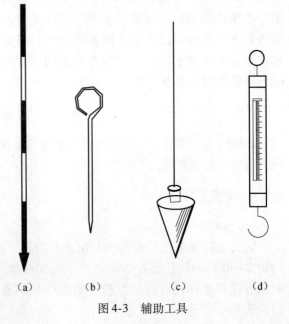

图 4-3 辅助工具

上大下尖呈圆锥形，与经纬仪对中用垂球一致，在精度不高的距离丈量中，用于辅助测量。

如图4-4所示，在倾斜地面上量水平距离时用于投点，其上端系一细绳，使用过程中，要求垂球尖与细绳在同一铅垂线上。

（4）弹簧秤

如图4-3（d）所示，在精密距离丈量中用于给钢尺两端施加固定的拉力。

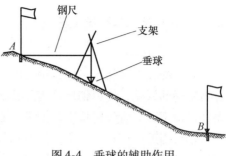

图4-4　垂球的辅助作用

4.2　钢尺量距

4.2.1　直线定线

用钢尺进行距离测量，当地面上两点间的距离超过一个尺段长或地势起伏较大时，往往需要分段丈量。为了保证量得的距离是两点间的直线距离，则需要在两点间所在的直线方向上设立若干个中间点，将该直线全长分成若干个小于或等于一个尺段长的距离，并使每个分段点均落在该直线所在的竖直面内，以便分段丈量，这项工作称为直线定线。在一般距离测量中常用目估定线法、拉线定线法进行直线定线，而在精密距离测量中则采用经纬仪定线法。

（1）目估定线法

根据三点一线的原理，在A、B两点上先立两根标杆，然后如图4-5所示，在AB直线上左右移动第三根标杆，使第三根标杆与A、B点上的标杆位于同一竖直面内，依次定出各分段点，使各分段点间距离小于或等于一个尺段长，然后进行距离丈量。此方法用于一般精度的距离丈量中。

（2）拉线定线法

距离丈量时，当地势较平坦，且两点间距离不太长时，距离丈量前，可先在A、B两点间拉一细绳，沿着线绳定出各中间点，使点与点之间的距离小于或等于一个尺段长，插上测钎，作为分段点，以便分段丈量。此方法用于一般精度的距离丈量中。

（3）经纬仪定线法

当量距精度要求较高时，应采用经纬仪定线法。如图4-6所示，欲在地面上A、B两点间精确定出1，2，3，……点的位置，可将经纬仪安置于起点A处，用望远镜瞄准终点B处，固定照准部水平制动螺旋，然后将望远镜向下俯视，在视准轴所在的竖直面与地面的交线上打木桩，在桩顶上包以白铁皮（镀锌薄钢片），在白铁皮上用小刀刻上十字丝，使桩与桩间距离小于或等于一个尺段长，然后对所钉木桩进行编号，即为经纬仪直线定线。

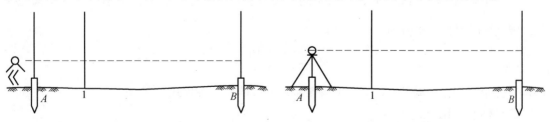

图4-5　目估定线　　　　　　　　　　图4-6　经纬仪定线

4.2.2 钢尺检定与尺长改正

（1）尺长方程式

和水准仪、经纬仪一样，钢尺由于制造误差、经常使用过程中的变形以及丈量时温度和拉力不同的影响，使得钢尺的实际长度与出厂时标定的长度不一样，因此，钢尺在使用前也要经过检定，只有经过检定的钢尺才能用于工程测量中。

钢尺出厂时，尺身上所标注的钢尺的总长度称为该钢尺的名义长度，用 L_0 表示，由于钢尺的制造材料和制造工艺等原因，钢尺的名义长度一般与钢尺使用时的实际长度有差异，两者之差称为钢尺的尺长改正数，用 ΔL 表示。根据钢尺的材料及使用时的条件，钢尺的实际长度与钢尺的材料、使用钢尺时的环境温度（t）、拉力（P）、尺长改正数（ΔL）等因素有关。由于拉力 P 可以使用拉力计施加标准拉力加以控制，因此钢尺的实际长度表达为与温度有关的函数式，称此式为尺长方程式：

$$L_t = L_0 + \Delta L + \alpha(t - t_0)L_0 \tag{4-1}$$

式中　L_t——钢尺在温度为 t_0 时的实际长度，m；

L_0——钢尺的名义长度，m；

ΔL——尺长改正数，m；

α——钢尺的膨胀系数，为一常数，与钢尺的材料有关，一般为 1.20×10^{-5} ~ 1.25×10^{-5}；

t_0——钢尺检定时的钢尺温度，℃；

t——钢尺使用时的钢尺温度，℃。

根据钢尺的尺长方程式，可方便地计算出钢尺在任意环境温度下的实际长度，便于提高距离丈量的精度。但钢尺在使用一段时间后，尺长改正数会发生变化，须重新检定，得出新的尺长方程式。

（2）钢尺检定

检定钢尺是指在标准拉力（一般为10kN）和标准温度（一般为20℃）下，所测定的钢尺的实际长度。因此，钢尺的检定，就是重新确定该钢尺的尺长改正数 ΔL，即重新确定钢尺的尺长方程式。钢尺检定应送有相应资质的专业检定单位进行检定。但若有检定过的钢尺，在精度要求不高时，可用检定过的钢尺作为标准尺来检定其他钢尺。钢尺的检定方法通常有以下两种：

①在已知长度的两固定点间量距

在平坦的地面上选择长约150m的地方，埋设两个固定点，作为基准线，用高精度的测距仪测定其长度作为该基准线的真实长度 D_0，再用被检定的钢尺在该基准线上精密丈量多次，算出平均值 D_1，则被检定钢尺每米的尺长改正数为 $\dfrac{D_0 - D_1}{D_1}$，若被检钢尺的名义长度为 L_0，则该尺的尺长改正数为：

$$\Delta l_d = \frac{D_0 - D_1}{D_1} \times l_0$$

再量得检定时的钢尺温度 t_0，从而可得被检定钢尺的尺长方程式。

②与标准尺比长

以检定过的已有尺长方程式的钢尺作为标准尺，将标准尺与被检定钢尺并排放在地面上，每根钢尺的起始端施加标准拉力，用温度计测出检定时的钢尺温度，并将两把尺子的末端刻划对齐，在零分划附近读出两尺的差数。这样就能根据标准尺的尺长方程式计算出被检定钢尺的尺长方程式。这里认为两根钢尺的膨胀系数相同。检定宜选在阴天或背阴的地方进行，以使温度变化不大。

4.2.3 平坦地面距离的丈量方法

4.2.3.1 量距方法

平坦地面的丈量工作，需由起点 A 至终点 B 沿地面按前述目估定线或拉线定线法逐个标出分段点位置，用钢尺依次丈量所有点间距离，然后算出累积和，完成往测，如图 4-7 所示。

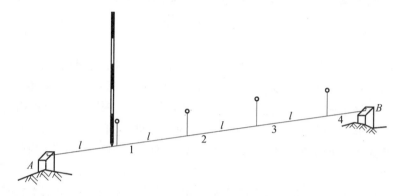

图 4-7　平坦地面钢尺一般量距

为了检核和提高测量精度，还应由终点 B 按同样的方法依次返量至起点 A，称为返测。返测时应从 B 点向 A 点重新定线并标出分段点位置，以往、返测之结果的平均值作为 AB 的最终长度 D_{AB}。由于距离丈量过程中，成果的精度与实际丈量距离的长度和丈量的分段数有关，实际丈量的长度、丈量的分段数与丈量的成果精度成反比。实际丈量成果的精度采用相对误差的概念来衡量，即：以往、返丈量距离之差的绝对值 $|\Delta D|$ 与往返测距离平均值 D_{AB} 之比，换算成分子为 1 的分数，来衡量测距的精度，通常用符号 K 表示。规范中规定了普通距离丈量中不同条件下的丈量精度要求。当相对误差 K 符合规范中要求的精度时，取往、返两次丈量结果平均值作为 AB 的距离，否则，应重测。即：

$$D_{AB} = \frac{D_{往} + D_{返}}{2} \tag{4-2}$$

相对误差：

$$K = \frac{|D_{往} - D_{返}|}{D_{平均}} = \frac{1}{\dfrac{D_{平均}}{|D_{往} - D_{返}|}} \tag{4-3}$$

注意：相对误差计算过程中，分母中的小数宜舍不宜进。否则，将夸大成果的精度。

例如：对某段线段长度进行往、返丈量，往测结果为 137.292m，返测结果为 137.248m，则该段距离的长度为 137.270m，其相对误差为 $K = 1/3100$。

相对误差分母愈大，则 K 值愈小，精度愈高；反之，精度愈低。普通距离丈量中，钢尺量距的相对误差一般不应低于 1/3000，在量距较困难的地区，其相对误差也不应低于 1/1000。

4.2.3.2　精密量距

（1）准备工作

①清理场地

清除待丈量线段间的障碍物，必要时要适当平整场地，使钢尺在每一尺段中不致因地面起伏太大而产生挠曲，便于丈量工作的进行，以提高丈量精度。

②直线定线

精密量距需用经纬仪定线，以提高丈量时的精度，如图4-6所示。

③测桩顶间高差

由于桩与桩间不易保持在同一高度上，故桩与桩间的距离是斜距，欲得到桩顶间水平距离，须测定相邻两桩顶间高差 h，然后将量到的倾斜距离 L 换算成水平距离 D。

$$D = \sqrt{L^2 - h^2} \tag{4-4}$$

（2）丈量方法

精密量距一般由5人组成，2人拉尺，2人读数，1人测定丈量时的钢尺温度兼记录员。丈量时，后尺手挂拉力计于钢尺零端，前尺手执尺子末端，两人同时拉紧钢尺，把钢尺有刻划的一侧贴于木桩顶十字线交叉点处，待拉力计指针指示在标准拉力（30m，100N）时，由后尺手发出"预备"口令，两人拉稳尺子，由前尺手喊"好"，前、后尺手在此瞬间同时读数，估读至0.5mm，记录员依次记入观测手簿，用尺末端读数减尺首端读数，即得两桩点间斜距。

前后移动钢尺约10cm，依同法再次丈量，每一尺段丈量三次，由三组读数所算得的长度之差不应超过3mm，否则应重测。如在限差之内，取三次丈量的平均值作为该尺段的观测成果。每一尺段测定温度一次，估读至0.5℃。同法丈量至终点完成往测。然后应立即依次完成返测。如图4-8所示。

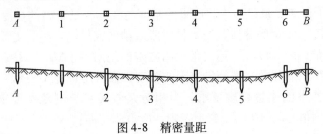

图4-8　精密量距

（3）改正数计算

①尺长改正数为

$$\Delta L_d = \frac{\Delta L}{L_0} \times L \tag{4-5}$$

式中　L——实际量测长度，m。

②温度改正数为

$$\Delta L_t = \alpha(t - t_0)L \tag{4-6}$$

③倾斜（高差）改正数为

$$\Delta L_h = -\frac{h^2}{2 \times L} \tag{4-7}$$

式中　h——测点间高差，m。

76

（4）全长计算

$$D = \Delta L_\mathrm{d} + \Delta L_\mathrm{t} + \Delta L_\mathrm{h} \tag{4-8}$$

相对误差在限差范围之内，取往、返测的平均值作为丈量的结果，否则应重测。钢尺丈量手簿见表 4-1。

表 4-1 精密量距记录计算表

钢尺号码：		钢尺膨胀系数：		钢尺检定时温度：			计算者：		
钢尺名义长度：		钢尺检定长度：		钢尺检定时拉力：			日期：		
尺段编号	实测次数	前尺读数（m）	后尺读数（m）	尺段长度（m）	温度（℃）	高差（m）	温度改正数（mm）	尺长改正数（mm）	倾斜改正数（mm）	改正后尺段长（m）
第一测段往测	1	29.5284	1.2015	28.3269	19.1	0.772	0.3	−47.2	−105.2	28.3268
	2	29.6443	1.3254	28.3189						
	3	29.7141	1.3910	28.3231						
	平均			28.3213						
…	…	…	…	…	…	…	…	…	…	…
第一测段返测	1	29.8375	1.5189	28.3186	20.6	−0.581	2.0	−47.2	−59.6	28.3316
	2	29.7363	1.3952	28.3411						
	3	29.5849	1.2540	28.3309						
	平均			28.3302						
平均										28.3292
…	…	…	…	…	…	…	…	…	…	…

$30 - 0.005 + 1.20 \times 10^{-5} \times 30 \times (t - 20℃)$

例：原始数据见表 4-1。

$D_{往1} = [28.3213 + (-0.00472) + 0.00003 + (-0.01052)] = 28.3268\mathrm{m}$

$D_{返1} = [28.3302 + (-0.00472) + 0.00020 + (-0.00596)] = 28.3316\mathrm{m}$

该段距离平均值

$$D_{平均1} = \frac{1}{2}(28.3268 + 28.3316) = 28.3292\mathrm{m}$$

该段相对误差为

$$K = \frac{|28.3268 - 28.3316|}{28.3292} \approx \frac{1}{5901} < \frac{1}{5000}$$

符合精度要求，则取往、返测的平均值为最终丈量结果。其余各段测量及计算过程同上。整个测量工作结束后需要计算出改正后距离累积和及其全长相对误差。

4.2.4 倾斜地面距离的丈量方法

常用的倾斜地面的距离丈量方法有平量法和斜量法两种，同平坦地面的距离丈量一样，根据需要应先进行直线定线。

（1）平量法

如图 4-9 所示，当地面坡度或高度起伏较大且起伏不均匀时，可采用平量法丈量两点间距离。丈量时，后尺手将钢尺的零点对准地面点 A，前尺手沿 AB 直线将钢尺前端抬高，必要时尺段中间有一人托尺，目估使尺子水平，在抬高的一端用垂球绳紧靠钢尺上某一刻划，垂球尖投影在地面上，调整前端高低，使尺子水平后，在垂球尖的投影点处插以测钎，得1点。此时垂球线在尺子上指示的读数即为该两点间的水平距离，同法继续丈量其余各尺段。当丈量至终点时，应注意垂球尖必须对准终点。为了方便丈量，一般平量法往、返测均应由高向低丈量。精度符合要求后，取往返丈量之平均值作为最后结果。

（2）斜量法

当倾斜地面的坡度较大且变化较均匀，如图4-10所示，先沿斜坡丈量出倾斜地面 AB 间的倾斜距离 L 后，测出 AB 间的高差 h 或直线 AB 的倾角 α，利用数学公式计算出倾斜地面上 AB 间的水平距离。

$$D = \sqrt{L^2 - h^2} \qquad (4\text{-}9)$$

或

$$D = L \cdot \cos\alpha \qquad (4\text{-}10)$$

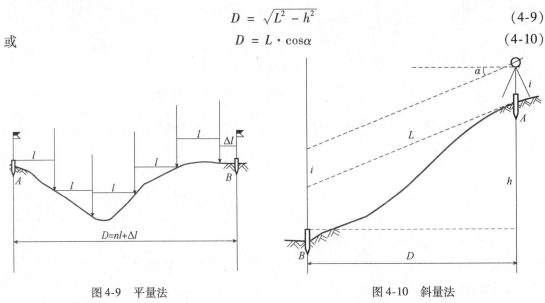

图4-9　平量法　　　　　　　　　图4-10　斜量法

4.2.5　钢尺量距误差及注意事项

由于测量工作是在野外进行，所以不可避免地存在系统误差和偶然误差，钢尺量距也是如此，其误差来源主要有钢尺本身的误差，如尺长误差；测量人员的误差，如拉力误差、钢尺不水平的误差、定线误差、丈量本身误差等；外界环境的影响，如温度变化等。下面简要分析这些误差在距离丈量中对成果的影响及为消除或减小这些误差而应采取的主要措施。

（1）尺长误差

测量工作开始前必须对所用钢尺进行检定以求得尺长改正数。尺长误差属于系统误差，在测量过程中具有系统累积性，与所量距离成正比。在一般丈量中，当尺长误差的影响不大于所量直线长度的1/10000时，可不考虑此影响。否则，要进行尺长改正。

（2）拉力误差

钢尺长度随拉力的增大而变长，当量距时对钢尺施加的拉力与检定时的拉力不同时，会使钢尺的实际长度与名义长度不一致而产生此类误差。因此，量距时应施加检定时的标准拉力。但在一般丈量时，只要用手保持拉力均匀即可满足精度要求，而作较精确丈量时，须使用弹簧秤控制拉力。

（3）尺子不水平的误差

此类误差是指水平量距时，钢尺不水平而引起的误差。在一般距离测量中，目估钢尺水平可以满足精度要求。

（4）定线误差

当两点间的距离超过一个整尺段时，需要进行直线定线。若定线不准，则所要量的直线就变成了一条折线，使得实际丈量距离增长。这一误差类似于丈量过程中钢尺不水平所产生的误差，钢尺不水平的误差是在竖直面内产生的误差，而定线误差是在水平面内产生的偏差。实践证明，对于一般量距时用目估定线可满足精度要求。

（5）丈量本身误差

如钢尺两端点刻划与地面标志点未对准所产生的误差、插测钎误差、估读误差等都属此类误差。这一误差属偶然误差，无法完全消除，作业时应认真仔细、严格对点。

（6）温度变化误差

钢尺是由薄钢片制成，随着外界气温的变化会发生微小的热胀冷缩而使钢尺的实际长度和名义长度不一致，由此给测量成果带来误差。当量距时的温度与检定温度不同时，则会产生此类误差，因此，精密量距时需要进行温度改正。需要指出的是，丈量时的空气温度与地面温度往往是不一样的，尤其是夏天在水泥地面上丈量时，尺子和空气的温度相差很大，一般量距时，为减小这一误差的影响，宜选择在温度变化较小的阴天进行。

4.3 直线定向

在实际测量工作中，往往要判定一条直线所在的位置，并且要区分不同直线间的相对位置。确定一条直线的方向的工作称为直线定向。直线定向的方法是：确定直线与标准方向间的关系。下面介绍有关直线定向的内容。

4.3.1 方向的分类

如图4-11所示，测量工作中常用的标准方向分为以下三类：

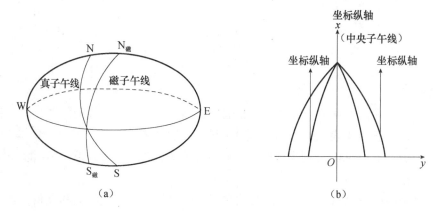

图4-11 标准方向

（1）真子午线方向

通过地球表面某点，指向地球南、北极的方向线，称为该点的真子午线方向。真子午线方向是用天文测量的方法或用陀螺经纬仪测定的 ［图4-11（a）］。

（2）磁子午线方向

磁针在地面某点自由静止时所指的方向，就是该点的磁子午线方向，磁子午线方向可用罗盘仪测定。由于地球的南、北两磁极与地球南、北极不一致（磁北极约在北极74°、西经110°附近；磁南极约在南纬69°、东经114°附近），因此，地面上任意点的磁子午线方向与真子午线方向也不一致，两者间的夹角称为磁偏角。地面上点的位置不同，其磁偏角也是不同的。以真子午线为标准，磁子午线北端偏向真子午线以东称为东偏，规定其方向为"＋"；反之，若磁子午线北端偏向真子午线以西称为西偏，规定其方向为"－"［图4-11（a）］。

（3）坐标纵线方向

测量平面直角坐标系中的坐标纵轴（x 轴）方向线，称为该点的坐标纵线方向［图4-11（b）］。

4.3.2 方向的表示方法

（1）方位角

在同一水平面内，由标准方向的北端起，顺时针方向量到某一直线的夹角，称为该直线的方位角。从 0～360°恒为正值。直线的标准方向有三种，因此，直线的方位角也有三种，如图4-12所示。

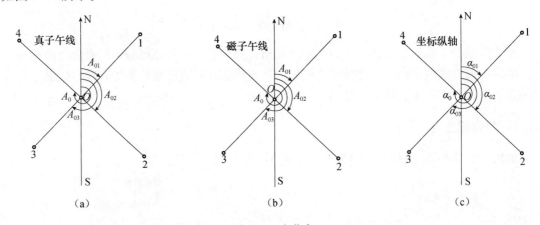

图 4-12 方位角

①真方位角

在同一水平面内，由真子午线方向的北端起，顺时针量到某直线间的平夹角，称为该直线的真方位角，一般用 A 表示，取值范围 0～360°。如图4-12（a）所示，$A_{01}=30°$、$A_{02}=120°$、$A_{03}=210°$、$A_{04}=300°$分别表示四个不同象限的方向线01、02、03、04 的真方位角。

②磁方位角

在同一水平面内，由磁子午线方向的北端起，顺时针量至某直线间的夹角，称为该直线的磁方位角，用 AM 表示，取值范围 0～360°。如图4-12（b）所示，A_{01}、A_{02}、A_{03}、A_{04}分别表示01、02、03、04 四个不同象限的方向线的磁方位角。

③坐标方位角

在同一水平面内，由坐标纵线方向的北端起，顺时针量至某直线间的夹角，称为该直线的坐标方位角，简称方位角，用 α_{AB} 表示，取值范围 0～360°。如图4-12（c）所示，α_{01}、

α_{02}、α_{03}、α_{04}分别表示01、02、03、04 四个不同象限的方向线的坐标方位角。直线 AB 和直线 BA 表示的是同一条直线的不同两个方向，其坐标方位角 α_{AB}、α_{BA} 互称为正、反坐标方位角，如图 4-13 所示，其相互关系为：

$$\alpha_{AB} = \alpha_{BA} \pm 180° \tag{4-11}$$

（2）象限角

直线的方向，有时也采用小于 90° 的锐角及其所在象限来表示。在同一水平面内，由标准方向的北端或南端起，顺时针或逆时针方向量至该直线间所夹的锐角，并标明直线所在象限，称为该直线的象限角，以 R_{AB} 表示，取值范围 0~90°。如图 4-14 所示，直线 R_{AB}、R_{AC}、R_{AD}、R_{AE} 的象限角分别为 $R_{AB} = 45°$（北偏东），$R_{AC} = 45°$（南偏东），$R_{AD} = 45°$（南偏西）及 $R_{AE} = 45°$（北偏西）。

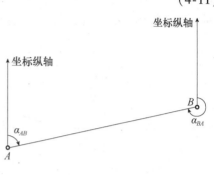

图 4-13　正反坐标方位角

4.3.3　坐标方位角与象限角间的换算关系

坐标方位角和象限角是表示直线方向的两种方法。由图 4-15 可以看出坐标方位角与象限角之间的换算关系，换算结果见表 4-2。

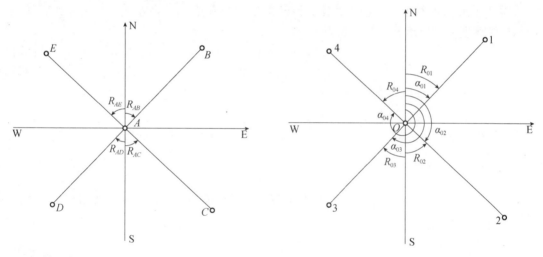

图 4-14　象限角　　　　　　　　　图 4-15　坐标方位角与象限角的关系

表 4-2　坐标方位角和象限角间的换算关系表

象限	角度	
	坐标方位角	象限角
第一象限	$\alpha_{01} = R_{01}$	$R_{01} = \alpha_{01}$
第二象限	$\alpha_{02} = 180° - R_{02}$	$R_{02} = 180° - \alpha_{02}$
第三象限	$\alpha_{03} = 180° + R_{03}$	$R_{03} = \alpha_{03} - 180°$
第四象限	$\alpha_{04} = 360° - R_{04}$	$R_{04} = 360° - \alpha_{04}$

4.3.4 方位角的推算

在实际工作中并不需要测定每条直线的坐标方位角，而是通过与已知坐标方位角的直线联测后，推算出各直线的坐标方位角。如图 4-16 所示，已知直线 12 的坐标方位角 α_{12}，观测了水平角 β_2 和 β_3，要求推算直线 23 和直线 34 的坐标方位角。

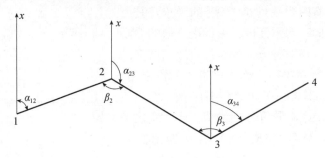

图 4-16　坐标方位角的推算

由图 4-16 可以看出

$$\alpha_{23} = \alpha_{21} - \beta_2 = \alpha_{12} + 180° - \beta_2$$
$$\alpha_{34} = \alpha_{32} + \beta_3 = \alpha_{23} + 180° + \beta_3$$

因 β_2 在推算路线前进方向的右侧，该转折角称为右角；β_3 在左侧，称为左角。从而可归纳出推算坐标方位角的一般公式为

$$\alpha_前 = \alpha_后 + 180° + \beta_左 \tag{4-12}$$
$$\alpha_前 = \alpha_后 + 180° - \beta_右 \tag{4-13}$$

式中　$\alpha_前$——前一条边的坐标方位角；

$\alpha_后$——后一条边的坐标方位角。

计算中，如果 $\alpha > 360°$，应自动减去 $360°$；如果 $\alpha < 0°$，则自动加上 $360°$。

4.3.5 罗盘仪的使用

罗盘仪是一种用来测量直线磁方位角的仪器，结构简单，使用方便，常用在精度要求不高的测量工作中。

（1）罗盘仪的构造

罗盘仪的种类较多，其构造大同小异，主要部件由望远镜、刻度盘和磁针三部分组成，如图 4-17 所示。

①望远镜是瞄准目标用的照准设备，采用外对光式。为了测量竖直角，在望远镜一侧还装有一竖直度盘。

②刻度盘

刻度盘最小分划为 $1°$ 或 $30'$，每 $10°$ 作一注记。注记形式有两种：一种是按逆时针方向从 $0° \sim 360°$，称为方位罗盘；一种是南、北两端为 $0°$，分别向逆时针和顺时针两个方向注记到 $90°$，并注有北（N）、东（E）、南（S）、西（W）等字样，称为象限罗盘。由于使用罗盘测定直线方向时，刻度盘随着望远镜转动，而磁针始终指向南北两磁极不动，为了在度盘

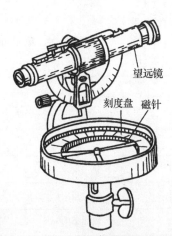

图 4-17　罗盘仪构造

望远镜

刻度盘　磁针

82

上直接读出象限角，所以东、西注记与实际情况相反。同样，磁方位角是按顺时针从北端起算的，而方位罗盘的注记则是自北端按逆时针方向注记的，从而可直接读出磁方位角。

③磁针

磁针是用磁铁制成，其中心装有镶着玛瑙的圆形球窝，在刻度盘的中心装有顶针，磁针球窝支在顶针上，可以自由转动。为了减少顶针的磨损和防止磁针脱落，不用时应用固定螺旋将磁针固定。我国处于北半球，磁针北端因受磁力影响而下倾，故在磁针南端绕有铜丝，使磁针水平，并借以分辨磁针的南北端。

罗盘盒内装有水准器，用来指示罗盘仪的水平。

（2）罗盘仪的使用

用罗盘仪测定直线的磁方位角（或磁象限角）时，先将罗盘仪安置在直线的起点对中、整平。松开磁针固定螺旋放下磁针，再松开水平制动螺旋，转动仪器，用望远镜照准直线的另一端点上所立的标杆，待磁针静止后，如刻度盘的0°对向目标时，则读出磁针北端所指的度盘读数，即为该直线的磁方位角（或磁象限角）。

罗盘仪使用时，应注意避开磁场的干扰，仪器附近不要有铁器，选择测站点应避开高压线、铁栅栏等，以免产生局部磁场干扰，影响磁针偏转，造成读数的误差。使用完毕后，应立即固定磁针，以防顶针磨损和磁针脱落。

4.4　光电测距仪

光电测距是以光波作为载波，通过测定光电波在测线两端点间往返传播的时间来测量距离。与传统的钢尺量距相比，具有测程远、精度高、作业速度快和受地形限制少等特点，是目前精密量距的主要方法。

光电测距仪按其测程可分为短程光电测距仪（2km以内）、中程光电测距仪（3～15km）和远程光电测距仪（大于15km）；按其采用的光源可分为激光测距仪和红外测距仪等。本节以普通测量工作中广泛采用的短程光电测距仪为例，介绍光电测距仪的工作原理和测距方法。

4.4.1　光电测距原理

如图4-18所示，欲测定 A、B 两点间的距离 D，可在 A 点安置能发射和接收光波的光电测距仪，在 B 点设置反射棱镜，光电测距仪发出的光束经棱镜反射后，又返回到测距仪。通过测定光波在 AB 之间传播的时间 t，根据光波在大气中的传播速度 c，按下式计算距离 D。

$$D = \frac{1}{2}ct \tag{4-14}$$

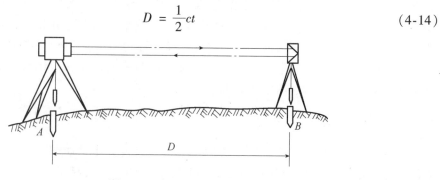

图4-18　光电测距原理

光电测距仪根据测定时间 t 的方式，分为直接测定时间的脉冲测距法和间接测定时间的相位测距法。由于脉冲宽度和电子计数器时间分辨率的限制，脉冲式测距仪测距精度较低。高精度的测距仪，一般采用相位式。

相位式光电测距仪的测距原理是：由光源发出的光通过调制器后，成为光强随高频信号变化的调制光。通过测量调制光在待测距离上往返传播的相位差 φ 来解算距离。

如果将调制光的往程和返程展开，则为如图 4-19 所示的波形。调制光的波长为 λ，光强变化 1 个周期的相位移为 2π，每秒钟光强变化的周期数为频率 f，角频率为 ω。由物理学可知

$$\varphi = \omega t = 2\pi f t$$

所以
$$t = \frac{\varphi}{2\pi f} \tag{4-15}$$

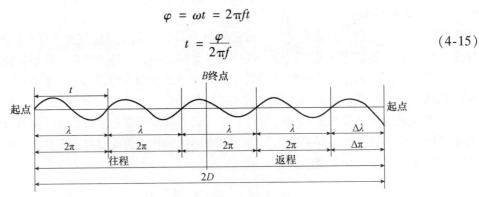

图 4-19　相位式光电测距原理

由图 4-19 还可以看出，φ 可表示为 N 个整周期的相位移和不足一个整周期的相位移尾数 $\Delta\varphi$ 之和，即 $\varphi = 2\pi N + \Delta\varphi$。将其代入式（4-15），得

$$t = \frac{2\pi N + \Delta\varphi}{2\pi f}$$

则
$$D = \frac{1}{2}ct = \frac{c}{2}\left(\frac{2\pi N + \Delta\varphi}{2\pi f}\right) = \frac{c}{2f}\left(N + \frac{\Delta\varphi}{2\pi}\right) \tag{4-16}$$

设 $\Delta N = \Delta\varphi/2\pi$，因 $\lambda = c/f$，则式（4-16）为

$$D = \frac{\lambda}{2}(N + \Delta N) \tag{4-17}$$

式（4-17）是相位式测距仪的基本公式。

相位式测距仪中，相位计只能测出相位差的尾数 ΔN，测不出整周期数 N，因此对大于光尺的距离无法测定。为了扩大测程，应选择较长的光尺。但由于仪器存在测相误差，一般为 1/1000，测相误差带来的测距误差与光尺长度成正比，光尺愈长，测距精度愈低，如 1000m 的光尺，其测距精度为 1m。为了解决扩大测程与保证精度的矛盾，短程测距仪上一般采用两个调制频率，即两种光尺。如长光尺（称为粗尺）$f_1 = 150\text{kHz}$，$\lambda_1/2 = 1000\text{m}$，用于扩大测程，测定百米、十米和米；短光尺（成为精尺）$f_2 = 15\text{MHz}$，$\lambda_2/2 = 10\text{m}$，用于保证精度，测定米、分米、厘米和毫米。

4.4.2　光电测距仪及其使用方法

下面以常州大地测距仪厂生产的 D2000 短程红外光电测距仪为例，介绍光电测距仪的结构和使用方法。其他型号的光电测距仪的结构和使用方法与此大致相同，具体可参见各仪器的使用说明书。

（1）仪器结构

D2000 短程红外光电测距仪如图 4-20 所示，主机通过连接器安置在经纬仪上部，如图 4-21 所示，经纬仪可以是普通光学经纬仪，也可以是电子经纬仪。利用光轴调节螺旋，可使主机的发射—接收器光轴与经纬仪视准轴位于同一竖直面内。另外，测距仪横轴到经纬仪横轴的高度与觇板中心到反射棱镜高度一致，从而使经纬仪瞄准觇板中心的视线与测距仪瞄准反射棱镜中心的视线保持平行，如图 4-22 所示。

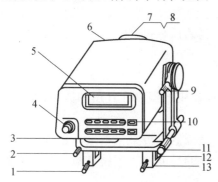

图 4-20　D2000 短程红外光电测距仪

1—座架固定手轮；2—照准轴水平调整手轮；3—电池；
4—望远镜目镜；5—显示器；6—RS—232 接口；
7—物镜；8—物镜罩；9—俯仰固定手轮；10—键盘；
11—俯仰调整手轮；12—间距调整螺丝；13—座架

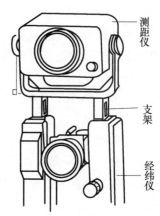

图 4-21　光电测距仪与经纬仪的连接

配合主机测距的反射棱镜如图 4-23 所示，根据距离远近，可选用单棱镜（1500m 内）或三棱镜（2500m 内），棱镜安置在三脚架上，根据光学对中器和长水准管进行对中整平。

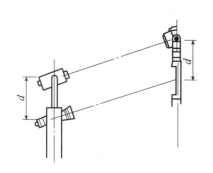

图 4-22　经纬仪瞄准觇板中心的视线与测距仪
瞄准反射棱镜中心的视线平行

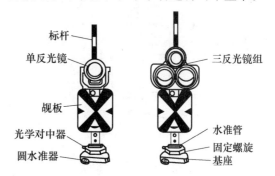

图 4-23　反射棱镜

（2）仪器主要技术指标及功能

D2000 短程红外光电测距仪的最大测程为 2500m，测距精度可达 $\pm(3mm + 2 \times 10^{-6} \times D)$（其中 D 为所测距离）；最小读数为 1mm；仪器设有自动光强调节装置，在复杂环境下测量时也可人工调节光强；可输入温度、气压和棱镜常数自动对结果进行改正；可输入垂直角自动计算出水平距离和高差；可通过距离预置进行定线放样；若输入测站坐标和高程，可自动计算观测点的坐标和高程。测距方式有正常测量和跟踪测量，其中正常测量所需时间为 3s，还能显示数次测量的平均值；跟踪测量所需时间为 0.8s，每隔一定时间间隔自动重复测距。

（3）仪器操作与使用

①安置仪器

先在测站上安置好经纬仪，对中、整平后，将测距仪主机安装在经纬仪支架上，用连接器固定螺钉锁紧，将电池插入主机底部、扣紧。在目标点安置反射棱镜，对中、整平，并使镜面朝向主机。

②观测垂直角、气温和气压

用经纬仪十字横丝照准觇板中心，如图 4-24 所示，测出垂直角 α。同时，观测、记录温度和气压计上的读数。观测垂直角、气温和气压，目的是对测距仪测量出的斜距进行倾斜改正、温度改正和气压改正，以得到正确的水平距离。

③测距准备

按电源开关键"PWR"开机，主机自检并显示原设定的温度、气压和棱镜常数值，自检通过后将显示"good"。

若修正原设定值，可按"TPC"键后输入温度、气压值或棱镜常数（一般通过"ENT"键和数字键逐个输入）。一般情况下，只要使用同一类的反光镜，棱镜常数不变，而温度、气压每次观测均可能不同，需要重新设定。

④距离测量

调节主机照准轴水平调整手轮（或经纬仪水平微动螺旋）和主机俯仰微动螺旋，使测距仪望远镜精确瞄准棱镜中心（三棱镜为三个棱镜中心），如图 4-25 所示。在显示"good"状态下，精确瞄准也可根据蜂鸣器声音来判断，信号越强声音越大，上下左右微动测距仪，使蜂鸣器的声音最大，便完成了精确瞄准，出现"＊"。

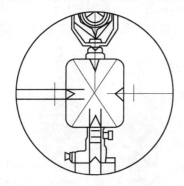 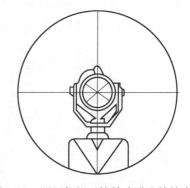

图 4-24　经纬仪十字横丝照准觇板中心　　　图 4-25　测距仪望远镜精确瞄准棱镜中心

精确瞄准后，按"MSR"键，主机将测定并显示经温度、气压和棱镜常数改正后的斜距。在测量中，若光速受挡或大气抖动等，测量将暂被中断，此时"＊"消失，待光强正常后继续自动测量；若光束中断 30s，须光强恢复后，再按"MSR"键重测。

斜距到平距的改算，一般在现场用测距仪进行，方法是按"V/H"键后输入垂直角值，再按"SHV"键显示水平距离。连续按"SHV"键可依次显示斜距、平距和高差。

D2000 测距仪的其他功能、按键操作及使用注意事项，详见有关使用说明书。

4.4.3　光电测距的注意事项

（1）气象条件对光电测距影响较大，微风的阴天是观测的良好时机。

（2）测线应尽量离开地面障碍物 1.3m 以上，避免通过发热体和较宽水面的上空。

（3）测线应避开强电磁干扰的地方，如测线不宜接近变压器、高压线等。

（4）镜站的后面不应有反光镜和其他强光源等背景的干扰。

（5）要严防阳光及其他强光直射接收物镜，避免光线经镜头聚焦进入机内将部分元件烧坏，阳光下作业应撑伞保护仪器。

上岗工作要点

1. 能够熟练利用钢尺对距离进行一般精度的测量和量距时减小误差的方法。

2. 能够正确使用钢尺对距离进行精密的测量。

3. 学会目估定线法和经纬仪定线法。

4. 学会钢尺精密量距的相关计算方法。

5. 学会坐标方位角的推算。

6. 初步了解光电测距仪的使用。

本章小结　水平距离的测量是测量的基本工作之一。钢尺量距根据要求的精度不同可分为一般量距法和精密量距法，一般量距法采用目估定线法，精密量距法采用经纬仪定线法。

丈量的精度用相对误差 K 来表示，普通距离丈量中，钢尺量距的相对误差一般不应低于 1/3000，在量距较困难的地区，其相对误差也不应低于 1/1000。精密距离丈量中，钢尺量距的相对误差一般不应低于 1/5000。

钢尺精密量距中，应注意尺长改正数、温度改正数、倾斜（高差）改正数的调整和计算。

减小量距误差应采取的主要措施有：对所用钢尺进行检定、量距时应施加检定时的标准拉力、尺子一定拉水平、定线必须满足精度要求、进行温度改正或选择在温度变化较小的阴天进行量距。

建筑测量中常用坐标方位角对直线进行定向，坐标方位角的推算公式为

$$\alpha_{前} = \alpha_{后} + 180° + \beta_{左} \quad 或 \quad \alpha_{前} = \alpha_{后} + 180° - \beta_{右}$$

光电测距与传统的钢尺量距相比，具有测程远、精度高、作业速度快和受地形限制少等特点，是精密量距的发展方向。

技能训练六　钢尺量距

一、目的要求

1. 掌握钢尺一般量距方法；

2. 学会用罗盘仪测定直线的磁方位角；

3. 量距相对误差应不大于 1/3000。

二、准备工作

1. 每一实训小组一般由 4 人组成，领取 30m 钢尺 1 把、花杆 3 根、测钎 2 根、罗盘仪 1 个、小木桩 3～4 个、小钉 5～6 个、斧头 1 把、记录板 1 块、记录纸 2 张，自备铅笔 1 根、刀片 1 个。

2. 阅读教材，认真阅读教材 4.1 节、4.2 节。

三、方法与步骤

1. 在实训场地选定相距约 80m 的 *AB* 两点，打下小木桩并在桩顶钉以小钉标记之。

2. 钢尺量距。实测时既可采用先定线后量距的方法，也可采用边定线边量距的方法，后者较方便。采用边定线边量距的方法，具体做法如下：

（1）如图 4-7 所示，先在 *A*、*B* 两点上竖立标杆，标定直线方向。后尺手先在直线起点 *A* 插上一测钎，然后持钢尺的零端位于 *A* 点的后面。前尺手持钢尺的末端并携带一束测钎，沿 *AB* 方向前进，至一尺段处时停下，依后尺手指挥前尺手将测钎立于 *AB* 方向上。

（2）后、前尺手都蹲下，后尺手以钢尺的零点对准 *A* 点，前尺手将钢尺贴靠在定线时的分点。两人同时将钢尺拉紧、拉平、拉稳后，前尺手喊"预备"，后尺手将钢尺零点准确对准 *A* 点，并喊"好"，前尺手随即将测钎对准钢尺末端刻划竖直插入地面，得 1 点。这样便量完了第一尺段 *A*1 的距离工作。

（3）后尺手拔起 *A* 点上的测钎，与前尺手共同举尺前进。后尺手走到 1 点时，即喊"停"。再用同样方法量出第二尺段 1~2 的距离工作。如此继续丈量下去，直到最后不足一整尺段 *n*~*B* 时，后尺手将钢尺零点对准 *n* 点测钎，由前尺手读 *B* 端点余尺读数，此读数即为余长长度。这样就完成了由 *A* 到 *B* 点的往测工作。往测完成后应用同样的方法进行返测。最后检查量距相对误差是否符合精度要求，若符合精度要求，可取往、返测平均数作最终结果。若精度不符合要求，即立即进行重测。

四、注意事项

1. 前、后尺手动作要配合好，定线要直，尺身要水平，尺子要拉紧，用力要均匀，待尺子稳定时再读数或插测钎。

2. 用测钎标志点位，测钎要直插下。前、后尺所量测钎的部位应一致。

3. 钢尺性脆易折断，防止打结、扭曲、拖拉，并严禁车碾、人踏，以免损坏。钢尺易锈，用毕需擦净、涂油。

表1　一般量距测量手簿

地点：　　　　　　　　钢尺号：　　　　　　　　量　距：

日期：　　　　　　　　天　气：　　　　　　　　记录者：

线段	观测次数	整尺段（m）	零尺段（m）	总计（m）	相对误差	平均值（m）
AB						

思考题与习题

1. 水平距离的定义是什么？

2. 钢尺量距的方法有哪些？其精度如何？

3. 什么是直线定线？直线定线的方法有哪几种？各在何种情况下应用？

4. 比较一般量距与精密量距有何不同？

5. 试述钢尺量距的精密方法。

6. 下列情况对距离丈量结果有何影响？使丈量结果比实际结果增大还是减小？

（1）钢尺比标准长；（2）定线不准；（3）钢尺不水平；（4）拉力忽大忽小；（5）温度

比鉴定时低；（6）读数不准；

7. 丈量 A、B 两点水平距离，用 30m 长的钢尺，丈量结果为往测 4 尺段，余长为 10.250m，返测 4 尺段，余长为 10.210m，试进行精度校核。若精度合格，求出水平距离（精度要求 $K=1/2000$）。

8. 将一根 50m 的钢尺与标准尺比长，发现此钢尺比标准尺长 13mm。已知标准钢尺的尺长方程式为 $L_t = 50m + 0.0032m + 1.25 \times 10^{-5} \times (t-20℃) \times 50m$，钢尺比较时的温度为 11℃，求此钢尺的尺长方程式。

9. 请根据表 1 中直线 AB 的外业丈量成果，计算 AB 直线全长和相对误差。钢尺的尺长方程式为：$L_t = 30m + 0.005m + 1.25 \times 10^{-5} \times (t-20℃) \times 30m$，精度要求 $K=1/10000$。

表 1　精密钢尺量距观测手簿

线段	尺段	尺段长度 （m）	温度 （℃）	高差 （m）	尺长改正 （mm）	温度改正 （mm）	倾斜改正 （mm）	水平距离 （m）
AB	$A\sim1$	29.391	10	+0.860				
	$1\sim2$	23.390	11	+1.280				
	$2\sim3$	26.680	11	−0.140				
	$3\sim4$	29.573	12	−1.030				
	$4\sim B$	17.899	13	−0.940				
	Σ往							
AB	$B\sim1$	25.300	13	+0.860				
	$1\sim2$	23.922	13	+1.140				
	$2\sim3$	25.070	11	+0.130				
	$3\sim4$	28.581	11	−1.100				
	$4\sim A$	24.050	10	−1.060				
	Σ返							

10. 什么是直线定向？直线定向的标准方向有哪几种？

11. 什么是坐标方位角？正反坐标方位角之间有什么关系？

12. 什么叫象限角？象限角和坐标方位角之间有何转换关系？

13. 设已知各直线的坐标方位角分别为 47°27′，177°37′，226°48′，337°18′，试分别求出它们的象限角和反坐标方位角。

14. 如图 1 所示，已知 $\alpha_{AB}=55°20′$，$\beta_B=126°24′$，$\beta_C=134°06′$，求其余各边的坐标方位角。

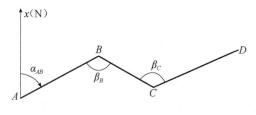

图 1

第5章 测量误差的基本知识

重点提示

1. 知道误差产生的原因及分类。
2. 重点掌握消降各项误差所采取的具体措施。
3. 了解偶然误差的特性。
4. 理解中误差的定义并能够进行一般的计算。
5. 理解为什么能将算术平均值作为最可靠值。
6. 学会正确运用误差基本理论指导测量实践。

开章语 本章主要讲述测量误差的来源、种类、分布及特性，误差的传播定律和等精度观测值的评差及精度评定，以便正确分析、判断和处理观测结果。通过对本章内容的学习，同学们应掌握消降各项测量误差的具体措施，重点在于建立实践—理论—实践一套科学的思考体系。不但要学会基本的误差理论知识，更要学会使用误差理论知识来指导实际的测量工作。

5.1 测量误差概述

在测量工作实践中我们发现，不论测量仪器多么精密，观察者多么认真，当对某一未知量，如一段距离，一个角度，或两点间的高差进行多次重复观测时，所测得的各次结果存在着差异，这些现象说明观测结果中不可避免地存在着测量误差。

研究测量误差的目的是：分析测量误差产生的原因和性质，掌握误差产生的规律，合理处理含有误差的测量结果，求出未知量的最可靠值；正确评定观测值的精度。

需要指出的是，错误（粗差）在观测结果中是不容许出现的。例如：水准测量时，转点上的水准尺发生了移动，测角时测错目标；读数时将9误读成6；记录或计算中产生的差错等。所以，含有错误的观测值应舍去不用。为了杜绝和及时发现错误，测量时必须严格按测量规范去操作，工作中要认真仔细，同时必须对观察结果采取必要的检核措施。

5.1.1 测量误差的来源

产生测量误差的原因很多，其来源概括起来有以下三方面：

（1）测量仪器

测量工作中要使用测量工具。任何仪器只具有一定限度的精密度，使观察值的精密度受到限制。例如，在用只刻有厘米分划的普通水准尺进行水准测量时，就难以保证估读的毫米值完全准确。同时，仪器制造和校正不可能十分完善，导致观测精度受到影响，使观测结果产生误差。

（2）观测者

由于观测者的感官的鉴别能力有一定的局限，所以在仪器的安置、使用中都会产生误差，如整平误差、照准误差、读数误差等。同时，观测者的工作态度、技术水平和观测时的身体状况等也是对观测结果的质量有直接影响的因素。

（3）外界环境条件

测量工作一般都是在一定的外界环境下进行的，如温度、风力、大气折光等因素，这些因素的差异和变化都会直接对观测结果产生影响，必然给观测结果带来误差。

上述三个方面通常称为观测条件。观测条件的好坏决定了观测质量的高低，在相同的观测条件下，即用同一精度等级的仪器、设备，用相同的方法和在相同的外界条件下，由具有大致相同技术水平的人进行的观测称为同精度观测，其观测值称为同精度观测值或等精度观测值。反之，则称为不同精度观测，其观测值称为不同（不等）精度观测值。在工程测量中大多采用同精度观测。本章主要讨论同精度观测的误差。

5.1.2　测量误差的分类

由于测量结果中含有各种误差，除需要分析其产生的原因，采取必要的措施消除或减弱对观测结果的影响之外，还要对误差进行分类。测量误差按照对观测结果影响的性质不同可分为系统误差和偶然误差两大类。

5.1.2.1　系统误差

（1）系统误差

在相同观测条件下，对其量进行一系列的观测，如果误差出现的符号相同，数值大小保持为常数，或按一定的规律变化，这种误差称为系统误差。例如，某钢尺的注记长度为30m，鉴定后，其实际长度为30.003m，即每量一整尺段，就会产生0.003m的误差，这种误差的数值和符号都是固定的，误差的大小和所量的距离成正比。又如，水准仪经检验和校核后，水准管轴与视准轴之间仍会存在不平衡的残余误差i角，使得观测时在水准尺上读数会产生误差，这种误差的大小与水准尺至水准仪的距离成正比，也保持同一符号。这些误差都属于系统误差。

（2）系统误差消除或减弱的方法

系统误差具有积累性，对测量结果的影响很大，所以，必须使系统误差从测量结果中消除或减弱到容许的范围之内，通常采用以下方法：

①用计算的方法加以改正。对某些误差应求出其大小，加入测量结果中，使其得到改正，消除误差影响。例如，钢尺量距时，可以对观测值加入尺长改正数和温度改正数，来消除尺长误差和温度变化对钢尺的影响。

②检校仪器。对测量时用的仪器进行检验和校正，把误差减小到最小程度。例如，水准仪中水准管轴是否平行于视准轴，平行后i角不得大于20″。

③采用合理的观测方法，可使误差自行消除或减弱。例如，水准测量中，用前后视距相等的方法能消除i角的影响；在水平角测量中，用盘左、盘右观测值取中数的方法，可以消除视准轴不垂直于横轴和横轴不垂直于竖轴及照准部偏心差等影响。

5.1.2.2　偶然误差

（1）偶然误差

在相同观测条件下，对某量进行一系列的观测，如果误差在符号和大小都没有表现出一致的倾向，即每个误差从表面上来看，不论其符号上或数值上都没有任何规律性，这种误差称为偶然误差。例如，测角时照准误差，水准测量在水准尺上的估读误差等。

由于观测结果中系统误差和偶然误差是同时产生的，但系统误差可以用计算改正数或适当的观测方法等消除或减弱，所以，本章中讨论的误差以偶然误差为主。

（2）偶然误差的特性

偶然误差就其单个而言，看不出有任何规律，但是随着对同一量观测次数的增加，大量的偶然误差就能表现出一种统计规律性，观测次数越多，这种规律就越明显。例如，在相同观测条件下，观测了某测区内 168 个三角形的全部内角，由于观测值存在着偶然误差，使三角形内角观测值之和 l 不等于真值 180°，其差值 Δ 称为真误差，可由下式计算，真值用 x 表示。

$$\Delta = l - x \tag{5-1}$$

由上式计算出 168 个真误差，按其绝对值的大小和正负，分区间统计相应真误差的个数，列于表 5-1 中。

表 5-1　误差个数统计表

误差区间	正误差个数	负误差个数	总数
0″~0.4″	25	24	49
0.4″~0.8″	21	22	43
0.8″~1.2″	16	15	31
1.2″~1.6″	10	10	20
1.6″~2.0″	6	7	13
2.0″~2.4″	3	3	6
2.4″~2.8″	2	3	5
2.8″~3.2″	0	1	1
3.2″以上	0	0	0
总和	83	85	168

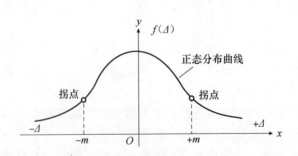

图 5-1　偶然误差正态分布曲线

从表 5-1 和图 5-1 可以看出，绝对值小的误差比绝对值大的误差出现的个数多，例如误差在 0″~0.4″内有 49 个，而 2.8″~3.2″内只有 1 个。绝对值相同的正、负误差个数大致相等，例如表 5-1 中正误差为 83 个，负误差为 85 个。本例中最大误差不超过 3.2″。

大量的观测统计资料结果表明，偶然误差具有如下特性：

①在一定的观测条件下，偶然误差的绝对值不会超过一定的限值。

②绝对值较小的误差比绝对值较大的误差出现的机会多。

③绝对值相等的正负误差出现的机会相同。

④偶然误差的算术平均值，随着观测次数的无限增加而趋近于零，即

$$\lim_{n \to \infty} \frac{[\Delta]}{n} = 0 \tag{5-2}$$

式中　n——观测次数。

$$[\Delta] = \Delta_1 + \Delta_2 + \cdots + \Delta_n$$

偶然误差的第四个特性是由第三个特性导出的，说明大量的正负误差有相互抵消的可能，当观测次数无限增加时，偶然误差的算术平均值必然趋近于零。事实上对任何一个未知量不可能进行无限次的观测，因此，偶然误差不能用计算改正或用一定的观测方法简单的加以消除。只能根据偶然误差的特性，合理处理观测数据，减少偶然误差的影响，求出求知量的最可靠值，并衡量其精度。

5.2　观察精度的衡量标准

精度又称精密度，它是指在对某一量的多次测量中，各个观测值之间的离散程度。若观测值非常集中，则精密度高；反之，则精密度低。由于精度主要取决于偶然误差，这样就可把在相同观测条件下得到的一组观测误差排列起来，进行比较，以确定精度高低。例如，有两组对同一个三角形的内角各做十次观测，其真误差列于表5-2中。

表5-2　观测值及其误差

第一组观测			第二组观测		
次　序	观测值1	真误差 Δ''	次　序	观测值1	真误差 Δ''
1	180°00′03″	−3	1	180°00′00″	0
2	180°00′02″	−2	2	179°59′59″	+1
3	179°59′58″	+2	3	180°00′07″	−7
4	179°59′56″	+4	4	180°00′02″	−2
5	180°00′01″	−1	5	180°00′01″	−1
6	180°00′00″	0	6	179°59′59″	+1
7	180°00′04″	−4	7	179°59′52″	+8
8	179°59′57″	+3	8	180°00′00″	0
9	179°59′58″	+2	9	179°59′57″	+3
10	180°00′03″	−3	10	180°00′01″	−1
Σ｜　｜		24	Σ｜　｜		24

由表中数据可以看出，第一组的偶然误差较第二组分布为密集，故第二组观测精密度较低。但在实际中这样做很麻烦，也很困难。为了使人们对精密度有一个数字概念，并且使该数字能反映误差的密集或离散程度，易于正确比较每个观测值的精度，通常用以下几种指标，作为衡量精度的标准。

5.2.1 中误差

在相同条件下，对某一量（真值为 x）进行 n 次观测，观测 l_1，l_2，……，l_n，偶然误差（真误差）Δ_1，Δ_2，……，Δ_n，则中误差可由各真误差平方的平均值进行计算，用 m 表示，用来衡量观测值精密度的高低，定义式为：

$$m = \pm \sqrt{\frac{[\Delta\Delta]}{n}} \tag{5-3}$$

式中，$[\Delta\Delta] = \Delta_1^2 + \Delta_2^2 + \cdots + \Delta_n^2$，$\Delta_i = l_i - x$

【例 5-1】 根据表 5-2 中的数据，分别计算各组观测值的中误差。

【解】 第一组观测值的中误差为：

$$m_1 = \pm \sqrt{\frac{(-3)^2 + (-2)^2 + 2^2 + 4^2 + (-1)^2 + 0^2 + (-4)^2 + 3^2 + 2^2 + (-3)^2}{10}} = \pm 2.7''$$

第二组观测值的中误差为：

$$m_2 = \pm \sqrt{\frac{0^2 + 1^2 + (-7)^2 + (-2)^2 + (-1)^2 + 1^2 + 8^2 + 0^2 + 3^2 + (-1)^2}{10}} = \pm 3.6''$$

由此可见，第二组观测值的中误差 m_2 大于第一组观测值的中误差 m_1。虽然这两组观测值的误差绝对值之和是相等的，但是在第二组观测值中出现了较大的误差（$-7''$，$+8''$），因此，计算出来的中误差就较大，说明第一组的观测精度高于第二组的精度。

由中误差的定义可以看出中误差与真误差之间的关系，中误差不等于真误差，它仅是一组真误差的代表值，用它来表明一组观测值的精度，故通常把 m 称为观测值中误差。

5.2.2 相对误差

中误差和真误差都是绝对误差。在衡量观测值精度时，单纯用绝对误差有时还不能完全表达精度的高低。例如，分别测量了长度为 100m 和 200m 的两段距离，中误差皆为 ± 0.02m。虽然不能认为两段距离测量精度相同，此时，为了客观地反映实际精度，必须引入相对误差的概念。相对误差 K 是中误差 m 的绝对值与相应观测值 D 的比值。它是一个无名数，常用分子为 1 的分式表示：

$$K = \frac{|m|}{D} = \frac{1}{D/|m|} \tag{5-4}$$

式中当 m 为中误差时，K 称为相对中误差。在上例中用相对误差来衡量，就可容易地看出，后者比前者精度高。相对误差是相对真误差，它反映往、返测量的符合程度。显然，相对误差愈小，观测结果愈可靠。

还应该指出，用经纬仪测角时，不能用相对误差来衡量测角精度，因为测角误差与角度大小无关。

5.2.3 容许误差

由偶然误差的特性 1 可知，在一定的观测条件下，偶然误差的绝对值不会超过一定的限值。这个限值就是极限误差。我们知道，中误差是衡量观测精度的一种指标，它不能代表个别观测值真误差的大小，但从统计意义上来讲，它们存在着一定的联系。

表 5-3 列出由观测的 40 个三角形各自内角和计算的真误差，由此可算出观测值的中误差。

表 5-3　真误差统计

三角形号数	真误差 Δ''	三角形号数	真误差 Δ''	三角形号数	真误差 Δ''	三角形号数	真误差 Δ''
1	+1.5	11	−13.0	21	−1.5	31	−5.8
2	−0.2	12	−5.6	22	−5.0	32	+9.5
3	−11.5	13	+5.0	23	+0.2	33	−15.5
4	−6.6	14	−5.0	24	−2.5	34	+11.2
5	+11.8	15	+8.2	25	−7.2	35	−6.6
6	+6.7	16	−12.9	26	−12.8	36	+2.5
7	−2.8	17	+1.5	27	+14.5	37	+6.5
8	−1.7	18	−9.1	28	−0.5	38	−2.2
9	−5.2	19	+7.1	29	−24.2	39	+16.5
10	−8.3	20	−12.7	30	+9.8	40	+1.7

$$m = \pm \sqrt{\frac{[\Delta\Delta]}{n}} = \pm \sqrt{\frac{3252.68''}{40}} = \pm 9.0''$$

从表 5-3 中可以看出，真误差的绝对值大于中误差 9″ 的有 14 个，占总数的 35%；绝对值大于两倍中误差的只有一个，占总数的 2.5%；而绝对值大于三倍中误差的没有出现。表中所列真误差个数是有限的。根据误差理论和大量的实践证明：绝对值大于中误差的偶然误差约占总数的 32%；绝对值大于两倍中误差的约占总数的 4.5%；而绝对值大于三倍中误差的仅占 0.27%。因此，在测量实践中，通常以三倍中误差作为偶然误差的容许值，即：

$$\Delta_{容} = 3m \tag{5-5}$$

在现行规范中，往往提出更严格的要求，而以两倍中误差作为容许误差，即：

$$\Delta_{容} = 2m \tag{5-6}$$

5.3　误差传播定律

在实际测量工作中，有些量往往不是直接观测值，而是与直接观测值构成函数关系计算出来，这些量称为间接观测值。如用水准仪测量 A、B 两点的高差 $h = a - b$，读数 a、b 是直接观测值，h 是 a、b 的函数，a、b 的误差必然影响 h 而产生误差。阐述独立观测值中误差与函数中误差之间关系的定律，称为误差传播定律。

下面按不同的函数关系分别讨论如下。

5.3.1　观测值的线性函数的中误差

设有线性函数：

$$z = k_1 x_1 \pm k_2 x_2 \pm k_3 x_3 \pm \cdots \pm k_n x_n$$

即线性函数的中误差为：

$$m_z = \pm \sqrt{k_1^2 m_1^2 + k_2^2 m_2^2 + k_3^2 m_3^2 + \cdots + k_n^2 m_n^2} \tag{5-7}$$

由此可知，线性函数中误差等于各常数与相应观测值中误差乘积平方和的平方根。

5.3.2 倍函数的中误差

如果某线性函数只有一个自变量：

$$z = kx$$

则成为倍函数。式（5-7）和式（5-13）的倍函数的中误差为：

$$m_z = \pm k m_x \qquad (5-8)$$

【例5-2】 在比例尺 1∶500 的地形图上量得某两点间的距离 $d = 134.7$mm，图上量距的中误差 $m_d = \pm 0.2$mm，求换算为实地两点间的距离 D 及其中误差 m_D。

【解】

$$D = 500 \times 134.7\text{mm} = 67.35\text{m}$$

$$m_D = 500 \times (\pm 0.2\text{mm}) = \pm 0.1\text{m}$$

则这段距离及其中误差可以写成为：

$$D = 67.35 \pm 0.1\text{m}$$

5.3.3 和差函数的中误差

设有和差函数：

$$z = x_1 \pm x_2 \pm \cdots \pm x_n$$

式中 x_1，$\cdots$，x_2——独立变量，其中误差为 m_1，$\cdots m_n$。

和差函数也属于线性函数，因此可按式（5-7）计算，并顾及 $k_1 = k_2 = \cdots = k_n = \pm 1$，得到和差函数的中误差：

$$m_z = \pm \sqrt{m_1^2 + m_2^2 + \cdots + m_n^2} \qquad (5-9)$$

【例5-3】 分段丈量一直线上的两段距离 AB、BC，丈量结果及其中误差为 $AB = 150.15 \pm 0.12$m，$BC = 210.24 \pm 0.16$m，求全长 AC 及其中误差 m_{AC}。

【解】

$$AC = AB + BC = 150.15 + 210.24 = 360.39\text{m}$$

$$m_{AC} = \pm \sqrt{0.12^2 + 0.16^2} = \pm 0.20\text{m}$$

和差函数中的各个自变量如果具有相同的精度，则在式（5-9）中 $m_1 = m_2 = \cdots = m_n = m$，因此，等精度自变量的和差函数的中误差为：

$$m_z = \pm m \sqrt{n}$$

【例5-4】 用 30m 的钢尺丈量一段 240m 的距离 D，共量 8 尺段。设每一尺段丈量的中误差为 ± 5mm，求丈量全长 D 的中误差。

【解】 丈量全长 D 的中误差为：

$$m_D = \pm 5 \times \sqrt{8} = \pm 14\text{mm}$$

和差函数的中误差是一种最简单的误差传播形式。在测量工作中，还会遇到下列情况：一个观测的结果往往受到几种独立的误差来源的影响。例如，进行水平角观测时，每一观测方向同时受到对中、瞄准、读数、仪器误差和大气折光的影响。此时，不一定能用式（5-7）或式（5-9）来表示所观测方向与这些因素的函数关系，但是可以认为观测结果中所含的偶然误差为这些因素的偶然误差的代数和，即：

$$\Delta_{\text{方}} = \Delta_{\text{中}} + \Delta_{\text{瞄}} + \Delta_{\text{读}} + \Delta_{\text{仪}} + \Delta_{\text{气}}$$

如果可以估算出每种误差来源的中误差，则可以用和差函数的中误差的公式来估算方向观测值的中误差为：

$$m_{方} = \pm \sqrt{m_{中}^2 + m_{瞄}^2 + m_{读}^2 + m_{仪}^2 + m_{气}^2}$$

瞄准误差和读数误差为方向观测中主要误差来源，设其中误差各为 $\pm 2''$，其余因数的中误差为 $\pm 1''$，则方向观测的中误差为：

$$m_{方} = \sqrt{1^2 + 2^2 + 2^2 + 1^2 + 1^2} = \pm 3.3''$$

水平角值是由两个方向观测值相减而得，按照等精度的和差函数中误差计算公式（5-9），得到水平角的中误差：

$$m_{角} = \pm m_{方} \sqrt{2''} = \pm 3.3 \sqrt{2''} = \pm 4.7''$$

在实际工作中，可以根据所用经纬仪的规格和实验数据，确定各项误差来源的具体数值，以估算 $m_{方}$ 和 $m_{角}$。

5.3.4 一般函数的中误差

设有一般函数

$$z = f(x_1, x_2, \cdots, x_n)$$

式中 x_1，x_2，$\cdots$，x_n 为独立观测值，其中误差分别为 m_1，m_2，$\cdots$，m_n，求 z 的中误差。

当 $x_i (i = 1, 2, \cdots, n)$ 具有真误差 $\Delta_{xi} (i = 1, 2, \cdots, n)$ 时，函数 z 相应地产生真误差 Δ_z。将上式取全微分，得：

$$d_z = \frac{\partial f}{\partial x_1} dx_1 + \frac{\partial f}{\partial x_2} dx_2 + \cdots + \frac{\partial f}{\partial x_n} dx_n$$

因误差 Δ_{xi} 及 Δ_z 都很小，故在上式中，可以近似用 Δ_{xi} 及 Δ_z 代替 dx_i 及 dz，于是有：

$$\Delta_z = \frac{\partial f}{\partial x_1} \Delta_{x1} + \frac{\partial f}{\partial x_2} \Delta_{x2} + \frac{\partial f}{\partial x_n} \Delta_{xn}$$

式中 $\frac{\partial f}{\partial x_i} (i = 1, 2, \cdots, n)$ 为函数 F 对各自变量的偏导数，以观测值代入所算出的数值，它们是常数，因此上式是线性函数，按式（5-9）得

$$m_z = \pm \sqrt{\left(\frac{\partial f}{\partial x_1}\right)^2 m_1^2 + \left(\frac{\partial f}{\partial x_2}\right)^2 m_2^2 + \cdots + \left(\frac{\partial f}{\partial x_n}\right)^2 m_n^2} \tag{5-10}$$

上式是误差传播定律的一般形式。前述的式（5-7）、式（5-8）、式（5-9）都可以看作是上式的特例。

【例5-5】 在地面上有一矩形 $ABCD$，$AB = 40.38\text{m} \pm 0.03\text{m}$，$BC = 33.42\text{m} \pm 0.02\text{m}$，求面积及其中误差。

【解】 设 $AB = a = 40.38$，$m_a = \pm 0.03\text{m}$，$BC = b = 33.42\text{m}$，$m_b = \pm 0.02\text{m}$。

面积计算如下

$$S = ab = 40.38\text{m} \times 33.42\text{m} = 1349.50\text{m}^2$$

对函数式求其偏导数得

$$\frac{\partial S}{\partial a} = b, \qquad \frac{\partial S}{\partial b} = a$$

由式（5-10），得面积的中误差为

$$m_s = \pm \sqrt{b^2 m_a^2 + a^2 m_b^2} = \pm \sqrt{(33.42\text{m})^2 \times (\pm 0.03\text{m})^2 + (40.38\text{m})^2 \times (\pm 0.02\text{m})^2}$$

$$= \pm 1.29\text{m}^2$$

【例5-6】 如图5-2所示，测得 AB 的垂直角为 $\alpha = 30°00'00'' \pm 30''$，平距 AC 为 $D = 200.00\text{m} \pm 0.05\text{m}$，求 A、B 两点间高差 h 及其中误差 m_h。

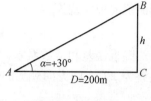

图 5-2 例 5-6 图

【解】 A、B 两点间高差为

$$h = D\tan\alpha = 200.00\text{m} \times \tan30° = 115.47\text{m}$$

对函数式求其偏导数得

$$\frac{\partial h}{\partial D} = \tan\alpha = \tan30° = 0.577$$

$$\frac{\partial h}{\partial \alpha} = D\sec^2\alpha = 200\text{m} \times \sec^230° = 266.670\text{m}$$

由式（5-10）得高差的中误差为

$$m_h = \pm \sqrt{\left(\frac{\partial h}{\partial D}\right)^2 m_D^2 + \left(\frac{\partial h}{\partial \alpha}\right)^2 \left(\frac{m_\alpha}{\rho}\right)^2}$$

$$= \pm \sqrt{0.577^2 \times (\pm 0.05\text{m})^2 + (266.67\text{m})^2 \times \left(\frac{\pm 30''}{206265''}\right)^2}$$

$$= \pm 0.048\text{m}$$

5.4 算术平均值及其中误差

5.4.1 算术平均值

在相同的观测条件下，对某量进行多次重复观测，根据偶然误差特性，可取其算术平均值作为最终观测结果。

设对某量进行了 n 次等精度测量，观测值分别为 l_1，l_2，$\cdots$，l_n，其算术平均值为

$$\bar{x} = \frac{l_1 + l_2 + \cdots + l_n}{n} = \frac{[l]}{n} \tag{5-11}$$

设观测量的真值为 X，观测值为 l_i，则观测值的真误差为

$$\left.\begin{aligned} \Delta_1 &= l_1 - X \\ \Delta_2 &= l_2 - X \\ &\vdots \\ \Delta_n &= l_n - X \end{aligned}\right\}$$

将上式两边相加，并除以 n，得

$$\frac{[\Delta]}{n} = \frac{[l]}{n} - X$$

将式（5-11）代入上式，并移项，得

$$\bar{x} = X + \frac{[\Delta]}{n} \tag{5-12}$$

根据偶然误差的特性，当观测次数 n 无限增大时，则有

$$\lim_{n \to \infty} \frac{[\Delta]}{n} = 0$$

由式（5-12）可知，当观测次数 n 无限增大时，算术平均值趋近于真值。但在实际测量工作中，观测次数总是有限的，因此，算术平均值较观测值更接近于真值。我们将最接近于

真值的算术平均值称为最或然值或最可靠值。

5.4.2 观测值改正数

观测量的算术平均值与观测值之差，称为观测值改正数，用 v 表示。当观测次数为 n 时，有

$$\left.\begin{array}{l} v_1 = \bar{x} - l_1 \\ v_2 = \bar{x} - l_2 \\ \vdots \\ v_n = \bar{x} - l_n \end{array}\right\}$$

将上式内各式两边相加，得

$$[v] = n\bar{x} - [l]$$

将 $\bar{x} = \dfrac{[l]}{n}$ 代入上式，得

$$[v] = 0 \tag{5-13}$$

式（5-13）说明了观测值改正数的一个重要特性，即对于等精度观测，观测值改正数的总和为零。

5.4.3 由观测值改正数计算观测值中误差

按式（5-13）计算中误差时，需要知道观测值的真误差。但在测量值中，有时我们并不知道观测量的真值，因此也无法求得观测值的真误差。在实际工作中，多利用观测值改正数来计算观测值的中误差。

由真误差与观测值改正数的定义可知

$$\left.\begin{array}{l} \Delta_1 = l_1 - X \\ \Delta_2 = l_2 - X \\ \vdots \\ \Delta_n = l_n - X \end{array}\right\}$$

$$\left.\begin{array}{l} v_1 = \bar{x} - l_1 \\ v_2 = \bar{x} - l_2 \\ \vdots \\ v_n = \bar{x} - l_i \end{array}\right\}$$

将上两式两边相加，整理后得

$$\left.\begin{array}{l} \Delta_1 = (\bar{x} - X) - v_1 \\ \Delta_2 = (\bar{x} - X) - v_2 \\ \vdots \\ \Delta_n = (\bar{x} - X) - v_n \end{array}\right\}$$

将上式两边同时平方并相加，得

$$[\Delta\Delta] = n(\bar{x} - X)^2 + [vv] - 2(\bar{x} - X)[v]$$

因为 $[v] = 0$，令 $\delta = (\bar{x} - X)$，代入上式，得

$$[\Delta\Delta] = [vv] = n\delta^2$$

上式两边再除以 n，得

$$\frac{[\Delta\Delta]}{n} = \frac{[vv]}{n} + \delta^2 \tag{5-14}$$

又因为 $\delta = \bar{x} - X$，$\bar{x} = \frac{[l]}{n}$，所以

$$\delta = \bar{x} - X = \frac{[l]}{n} - X = \frac{[l - X]}{n} = \frac{[\Delta]}{n}$$

故

$$\delta^2 = \frac{[\Delta]^2}{n^2} = \frac{1}{n^2}(\Delta_1^2 + \Delta_2^2 + \cdots + \Delta_n^2 + 2\Delta_1\Delta_2 + 2\Delta_2\Delta_3 + \cdots + \Delta_{n-1}\Delta_n)$$

$$= \frac{[\Delta\Delta]}{n^2} + \frac{2}{n^2}(\Delta_1\Delta_2 + \Delta_2\Delta_3 + \cdots + \Delta_{n-1}\Delta_n)$$

由于 Δ_1，Δ_2，$\cdots$，Δ_n 为真误差，所以 $\Delta_1\Delta_2 + \Delta_2\Delta_3 + \cdots + \Delta_{n-1}\Delta_n$ 也具有偶然误差的特征。当 $n \to \infty$ 时，则有

$$\lim_{n \to \infty} \frac{(\Delta_1\Delta_2 + \Delta_2\Delta_3 + \cdots + \Delta_{n-1}\Delta_n)}{n} = 0$$

所以

$$\delta^2 = \frac{[\Delta\Delta]}{n^2} = \frac{1}{n} \times \frac{[\Delta\Delta]}{n}$$

将上式代入式（5-14），得

$$\frac{[\Delta\Delta]}{n} = \frac{[vv]}{n} + \frac{1}{n} \times \frac{[\Delta\Delta]}{n}$$

又由式（5-3）知 $m^2 = \frac{[\Delta\Delta]}{n}$，代入上式，得

$$m^2 = \frac{[vv]}{n} + \frac{m^2}{n}$$

整理后，得

$$m = \pm\sqrt{\frac{[vv]}{n - 1}} \tag{5-15}$$

这就是用观测值改正数求观测值中误差的计算公式，称为白塞尔公式。

5.4.4 算术平均值的中误差

对某一量进行 n 次等精度观测，根据误差传播定律得：

$$M = \pm\sqrt{\left(\frac{1}{n}\right)^2 m_1^2 + \left(\frac{1}{n}\right)^2 m_2^2 + \cdots + \left(\frac{1}{n}\right)^2 m_n^2}$$

由于是等精度观测，因此，$m_1 = m_2 = \cdots = m_m = m$，$m$ 为观测值的中误差。由此得到算术平均值的中误差为：

$$M = \pm\frac{m}{\sqrt{n}} = \pm\sqrt{\frac{[vv]}{n(n - 1)}} \tag{5-16}$$

由此可见，算术平均值的中误差是观测值中误差的 $\frac{1}{\sqrt{n}}$ 倍，因此，对于某一量进行多次

等精度观测而取其算术平均值，是提高观测成果精度的最有效的方法。设当观测值的中误差 $m = 1$ 时，则算术平均值的中误差 M 与观测次数 n 的关系如图 5-3 所示。由图中可以看出随着观测次数的增加，算术平均值的精度随之提高，但当观测次数增加到一定数值后，算术平均值精度的提高是很微小的。因此，不能单依靠增加观测次数来提高观测成果精度，还应设法提高观测本身精度，例如，采用精度较高的仪器。

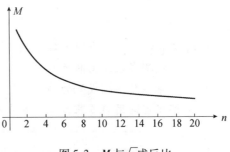

图 5-3 M 与 $\sqrt{n}$ 成反比

【例 5-7】 设对某角进行 5 次同精度观测，观测结果见表 5-4，试求其观测值的中误差及算术平均值的中误差。

表 5-4 例 5-7 表

观测值	v	vv	观测值	v	vv
$l_1 = 35°18'28''$	$+3$	9	$l_5 = 35°18'24''$	-1	1
$l_2 = 35°18'25''$	0	0			
$l_3 = 35°18'26''$	$+1$	1	$\bar{x} = \dfrac{[l]}{n} = 35°18'25''$	$[v] = 0$	$[vv] = 20$
$l_4 = 35°18'22''$	-3	9			

【解】 观测值的中误差为：

$$m = \pm \sqrt{\frac{[vv]}{n-1}} = \pm \sqrt{\frac{20}{5-1}} = \pm 2.2''$$

最或然值中误差为：

$$m_{\bar{x}} = \pm \frac{m}{\sqrt{n}} = \pm \frac{2.2}{\sqrt{5''}} = \pm 1.0''$$

【例 5-8】 某一段距离共丈量了 6 次，结果见表 5-5，求算术平均值、观测中误差、算术平均值的中误差及相对误差。

【解】 计算过程见表 5-5。

表 5-5 例 5-8 表

测次	观测值（m）	观测值改正数 v（mm）	vv	计算
1	148.643	-15	225	$L = \dfrac{[l]}{n} = 148.628\text{m}$
2	148.590	$+38$	1444	
3	148.610	$+18$	324	$m = \pm \sqrt{\dfrac{[vv]}{n-1}} = \pm \sqrt{\dfrac{3046}{6-1}}\text{mm} = \pm 24.7\text{mm}$
4	148.624	$+4$	16	
5	148.654	-26	676	$M = \pm \sqrt{\dfrac{[vv]}{n(n-1)}} = \pm \sqrt{\dfrac{3046}{6(6-1)}}\text{mm} = \pm 10.1\text{mm}$
6	148.647	-19	361	
平均值	148.628	$[v] = 0$	3046	$m_k = \dfrac{|M|}{D} = \dfrac{0.0101}{148.628} = \dfrac{1}{14716}$

101

```
┌─────────────────────────────────────────────────────────────────┐
│                      上岗工作要点                                   │
│   1. 学会在测量工作中消降各项测量误差的具体措施。                       │
│   2. 学会观测成果误差的计算。                                        │
│   3. 学会等精度观测成果的精度评定。                                   │
│   4. 能够正确运用误差基本理论指导测量实践。                           │
└─────────────────────────────────────────────────────────────────┘
```

本章小结　测量误差产生的原因主要有以下三方面：仪器误差、观测误差、外界环境条件引起的误差。

测量误差按其特性可分为系统误差和偶然误差两大类。在测量实践中，系统误差可以采取相应的措施消除或降低；偶然误差唯有多测几次，取其算术平均值来降低。

在测量实践中，测角和测高差的精度用绝对误差中误差来衡量；测距的精度用相对误差来衡量。

在测量实践中，通常以三倍中误差作为偶然误差的容许值，即：$\Delta_容 = 3m$，在现行规范中，往往提出更严格的要求，而以两倍中误差作为容许误差，即：$\Delta_容 = 2m$。

误差传播定律的讨论，主要在于说明误差的累积性和传递性，以便在测量工作中，步步校核，步步平差，以免测量误差越积越大，影响测量精度。

思考题与习题

1. 说明测量误差产生的原因。在测量中如何对待粗差？

2. 什么是系统误差？什么是偶然误差？偶然误差的特性是什么？

3. 什么是中误差、极限误差和相对误差？

4. 实测中如何减小系统误差？如何减小偶然误差？

5. 实测中的容许误差为中误差的多少倍？

6. 为什么等精度观测的算术平均值是最可靠值？

7. 用等精度对 16 个独立的三角形进行观测，其三角形闭合差分别为 $+4''$，$+16''$，$-14''$，$+10''$，$+9''$，$+2''$，$-15''$，$+8''$，$+3''$，$-22''$，$-13''$，$+4''$，$-5''$，$+24''$，$-7''$，$-4''$，试计算其观测精度。

8. 用钢尺丈量 AB 两点距离，共量 6 次，观测值分别为：187.337m、187.342m、187.334m、187.339m、187.344m 及 187.338m。求算术平均值 D，观测值中误差 m、算术平均值中误差 M 及相对中误差 m_k。

9. 在 $\triangle ABC$ 中，C 点不易到达，测 $\angle A = 74°32'15'' \pm 20''$，$\angle B = 42°38'50'' \pm 30''$，求 $\angle C$ 值及中误差。

10. 在一直线上依次有 A、B、C 三点，用钢尺丈量得 $AB = 87.245m \pm 10mm$，$BC = 125.347m \pm 15mm$，求 AC 的长度及中误差。在这三段距离中，哪一段的精度高？

11. DJ_6 型光学经纬仪第一测回的方向中误差 $m = \pm 6''$，求用该仪器观测角度，第一测回的测角中误差是多少？如果要求某角度算术平均值的中误差 $M = \pm 5''$，用这种仪器需要观测几个测回？

12. 在三角形 ABC 中，已知 $AB = 148.278m \pm 20mm$，$\angle A = 58°40'52'' \pm 20''$，$\angle B = 53°33'20'' \pm 20''$，求 BC、AC 的边长及其中误差。

第6章 小地区控制测量

重点提示

1. 了解平面控制测量和高程控制测量的基本理论。
2. 了解城市平面控制网分级及特点，理解图根测量及其主要技术要求。
3. 学会导线测量外业施测工作。
4. 学会闭合导线、附合导线测量的各种计算、检核及精度计算方法。
5. 掌握四等水准仪测量的观测、记录与计算方法。
6. 学会运用坐标正算法、坐标反算法。

开章语 本章主要讲述用导线测量方法建立小地区平面控制网，以及用四等水准测量及图根水准测量方法建立小地区高程控制网。内容有导线测量的外业工作和导线测量的内业计算。通过对本章内容的学习，同学们应学会导线测量外业施测等基本的专业操作技能；学会导线测量内业计算等基本的专业知识。

6.1 控制测量概述

我们知道，无论是工程规划设计前的地形图测绘，还是建筑物的施工放样和施工后的变形观测等工作，都必须遵循"从整体到局部，先控制后细部"的原则。即首先在整个测区范围内用比较精密的仪器和方法测定少量大致均匀分布点位的精确位置，包括平面位置 (x, y) 和高程 (H)。这些精确测定位置的点称为控制点，由这些点组成的网状几何图形称为控制网。控制网有国家控制网、城市控制网、小地区控制网和施工控制网。为建立测量控制网而进行的测量工作称控制测量，分为平面控制测量和高程控制测量。控制测量是其他各种测量的基础，具有控制全局和限制测量误差传播及积累的重要作用。

6.1.1 平面控制测量

测量控制点平面坐标 (x, y) 所进行的测量工作称为平面控制测量。我国的国家平面控制网首先是建立一等天文大地锁网，在全国范围内大致沿经线和纬线方向布设成格网形式，格网间距 200km，在格网中部用二等连续网填充，构成全国范围内的全面控制网。

然后，按地区需要测绘资料的轻重缓急，再用三、四等逐步进行加密，其布网形式有三角网、三边网和导线网。三角网和三边网都以三角形为基本图形（图6-1），导线网以多边形格网（图6-2）、附合线路或闭合线路为基本图形。

平面控制网的建立，除了三角测量和导线测量这些传统测量方法外，还可应用 GPS（全球定位系统）测量。GPS 测量能测定地面点的三维坐标，其具有全天候、高精度、自动化、高效益等显著特点。

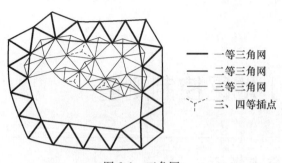

图 6-1　三角网

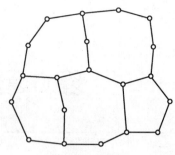

图 6-2　导线网

我国各城镇的范围占有大小不等的面积，但是，为了进行城镇的规划、建设、土地管理等，都需要测绘大比例尺地形图、地籍图和进行市政工程和房屋建筑等的施工放样，为此，需要布设控制网。在国家的控制下，城市平面控制网分为二、三、四等（按城镇面积的大小从其中某一等开始布设），一、二级小三角网、小三边网，或一、二、三级导线网，最后再布设直接为测绘大比例尺地形图等用的图根控制网和直接为施工放样等用的工程控制网。

按照我国《城市测量规范》规定，城市平面控制测量的主要技术要求见表6-1、表6-2。

表 6-1　城市三角网的主要技术要求

等级	附合导线长度（km）	平均边长（m）	每边测距中误差（mm）	测角中误差（"）	导线全长相对闭合差
三等	15	3000	±18	±1.5	1/60000
四等	10	1600	±18	2.5	1/40000
一级	3.6	300	±15	5	1/14000
二级	2.4	200	±15	8	1/10000
三级	1.5	120	±15	12	1/6000

表 6-2　城市导线的主要技术要求

等级	平均边长（m）	测角中误差（"）	起始边边长相对中误差	最弱边边长相对中误差
二等	9	±1	1/300000	1/120000
三等	5	±1.8	1/200000（首级）1/120000（加密）	1/80000
四等	2	±2.5	1/120000（首级）1/80000（加密）	1/45000
一级小三角	1	±5	1/40000	1/20000
二级小三角	0.5	±10	1/20000	1/10000

6.1.2　高程控制测量

高程控制网的建立主要用水准测量的方法，布设的原则类似于平面控制网，也是由高级到低级、由整体到局部。国家水准测量分为一、二、三、四等。一、二等水准测量称为精密水准测量，在全国范围内沿主要干道、河流等整体布设，然后用三、四等水准测量进行加密，作为全国各地的高程控制（图6-3）。

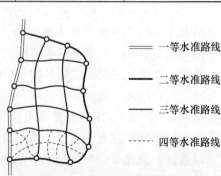

图 6-3　高程控制网

城市水准测量分为二、三、四等，根据城市范围的大小及所在地区国家水准的分布情况，从某一等级开始布设。在四等以下，再布设直接为测绘大比例尺地形图所用的图根水准测量，或为某一工程建设所用的工程水准测量。城市二、三、四等水准测量及图根水准测量的主要技术要求见表6-3。

表6-3　城市水准网主要技术要求

等级	每千米高差中误差（mm）	附合路线长度（km）	水准仪级别	测段往返测高差不符值（mm）	附合路线或环线闭合差（mm）
二等	±2	400	DS_1	$±4\sqrt{L}$	$±4\sqrt{L}$
三等	±6	45	DS_3	$±12\sqrt{L}$	$±12\sqrt{L}$
四等	±10	15	DS_3	$±20\sqrt{L}$	$±20\sqrt{L}$
图根	±20	8	DS_6		$±40\sqrt{L}$

注：L 为附合路线或环线的长度，均以"km"为单位。

6.1.3　小地区控制测量

面积小于 $10km^2$ 范围内建立的控制网，称为小地区控制网。

建立小地区控制网时，应尽量与国家（或城市）已建立的高级控制网联测，将高级控制点的坐标和高程，作为小地区控制网的起算和校核数据。如果周围没有国家（或城市）控制点，或附近有这种国家控制点而不便联测时，可以建立独立控制网。此时，控制网的起算坐标和高程可自行假定，坐标方位角可用测区中央的磁方位角代替。

小地区平面控制网，应根据测区面积的大小按精度要求分级建立。在全测区范围内建立的精度最高的控制网，称为首级控制网；直接为测图而建立的控制网，称为图根控制网。

首级控制网和图根控制网的关系见表6-4。

表6-4　首级控制网和图根控制网

测区面积（km^2）	首级控制网	图根控制网
1~10	一级小三角或一级导线	两级图根
0.5~2	二级小三角或二级导线	两级图根
<0.5	图根控制	

小地区高程控制网也应根据测区面积大小和工程要求采用分级的方法建立。在全测区范围内建立三、四等水准路线和水准网，再以四等水准点为基础，测定图根的高程。图根控制点的密度应根据测图比例尺和地形条件而定，一般平坦开阔地区可按表6-5中的规定。

表6-5　图根点的密度

测图比例尺	1:500	1:1000	1:2000	1:5000
图根点密度（点/km^2）	150	50	15	5

本章主要介绍用导线测量方法建立小地区平面控制网，以及用四等水准测量及图根水准测量方法建立小地区高程控制网。

6.2　导线测量的外业工作

将测区内相邻控制点用直线连接而成的折线图形，称为导线。构成导线的控制点，称为导线点。导线测量就是依次测定各导线边的长度和各转折角值，再根据起算数据，推算出各边的坐标方位角，从而求出各导线点的坐标。

导线测量是建立小地区平面控制网通常用的一种方法，特别是在地物分布复杂的建筑区、视线障碍较多的隐藏区和带状地区，多采用导线测量的方法。

用经纬仪测量转折角，用钢尺测量导线边长，称为经纬仪导线；若用光电测距仪测定导线边长，则称为光电测距导线。

6.2.1　导线测量的等级与技术要求

用导线测量方法建立小地区平面控制网，通常分为一级导线、二级导线、三级导线和图根导线几个等级，各级导线的主要技术要求见表 6-5、表 6-6、表 6-7、表 6-8、表 6-9。

表 6-6　经纬仪导线的主要技术要求

等级	测图比例尺	附合导线长度（m）	平均边长（m）	往返丈量较差相对误差	测角中误差（″）	导线全长相对闭合差	测回数 DJ$_2$	测回数 DJ$_3$	方位角闭合差（″）
一级		2500	250	≤1/20000	≤±5	≤1/10000	2	4	≤±$10\sqrt{n}$
二级		1800	180	≤1/15000	≤±8	≤1/7000	1	3	≤±$16\sqrt{n}$
三级		1200	120	≤1/10000	≤±8	≤1/5000	1	2	≤±$24\sqrt{n}$
图根	1:500	500	75			≤1/2000		1	≤±$60\sqrt{n}$
	1:1000	1000	110						

注：n 为测站数。

表 6-7　光电测距导线的主要技术要求

等级	测图比例尺	附合导线长度（m）	平均边长（m）	测距中误差（mm）	测角中误差（″）	导线全长相对闭合差	测回数 DJ$_2$	测回数 DJ$_3$	方位角闭合差（″）
一级		3600	300	≤±15	≤±5	≤1/14000	2	4	≤±$10\sqrt{n}$
二级		2400	200	≤±15	≤±8	≤1/1000	1	3	≤±$16\sqrt{n}$
三级		1500	120	≤±15	≤±12	≤1/6000	1	2	≤±$24\sqrt{n}$
图根	1:500	900	80			≤1/4000		1	≤±$40\sqrt{n}$
	1:1000	1800	150						
	1:2000	3000	250						

注：n 为测站数。

表6-8　钢尺量距导线的主要技术要求

等级	附合导线长度（km）	平均边长（m）	往返丈量较差相对误差	测角中误差（"）	导线全长相对闭合差
一级	2.5	250	≤1/20000	≤±5	≤1/10000
二级	1.8	180	≤1/15000	≤±8	≤1/7000
三级	1.2	120	≤1/10000	≤±12	≤1/5000

表6-9　图根钢尺量距导线测量的技术要求

比例尺	附合导线长度（m）	平均边长（m）	导线相对闭合差	测回数 DJ$_6$	方位角闭合差
1:500	500	75			
1:1000	1000	120	≤1/2000	1	≤±60"$\sqrt{n}$
1:2000	2000	200			

注：n 为测站数。

6.2.2　导线的布设形式

根据测区的情况和工程建设的需要，最简单的导线分布形式有以下三种。

6.2.2.1　闭合导线

如图6-4所示，导线从已知控制点 B 和已知方向 BA 出发，经过1、2、3、4最后仍回到起点 B，形成一个闭合多边形，这样的导线称为闭合导线。闭合导线本身存在着严密的几何条件，具有检核作用。

6.2.2.2　附合导线

如图6-5所示，导线从已知控制点 B 和已知方向 AB 出发，经过1、2、3点，最后附合到另一已知点 C 和已知方向 CD 上，这样的导线称为附合导线。这种布设形式，具有检核观测成果的作用。

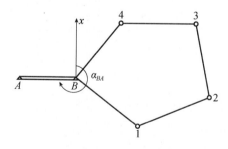

图6-4　闭合导线

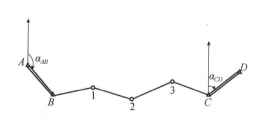

图6-5　附合导线

6.2.2.3　支导线

支导线是由一已知点和已知方向出发，既不附合到另一已知点，又不回到原起始点的导线。如图6-6所示，B 为已知控制点，α_{BA} 为已知方向，1、2为支导线点。由于支导线缺乏检核条件，不易发现错误，因此其点数一般不

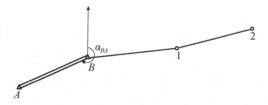

图6-6　支导线

超过两个，它仅用于图根导线测量。

6.2.3 导线测量的外业工作

导线测量的外业包括踏勘选点、量边、测角和联测等项工作。

6.2.3.1 踏勘选点及建立标志

选点前，应先到有关部门收集资料，并在图上规划导线的布设方案，然后踏勘现场，根据测区的范围、地形条件、已有的控制点和施工要求，合理选定导线点。选点时，应注意以下事项：

（1）相邻导线点间应通视良好，地面较平坦，便于测角和量距。

（2）导线点应选在土质坚实，便于保存标志和安置仪器的地方。

（3）导线点应选在视野开阔处，以便施测周围地形。

（4）导线各边的长度应尽可能大致相等，其平均边长应符合表6-7、表6-9之规定。

（5）导线点应有足够的密度，分布均匀合理，以便能够控制整个测区。具体要求见表6-5。

导线点的位置选定后，一般可用临时性标志将点固定，即在每个点位打下一个大木桩，桩顶钉一个铁钉，周围浇筑混凝土，如图6-7所示。如果导线点需要长期保存，应埋设混凝土桩或石桩，桩顶刻一"十"字，以"十"字的交点作为点位的标志，如图6-8所示。导线点建立完后，应该统一编号。为了便于寻找，应该做点之记，如图6-9所示。

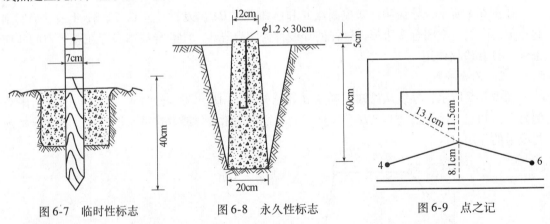

图6-7 临时性标志　　　　图6-8 永久性标志　　　　图6-9 点之记

6.2.3.2 量边

导线边长可以用光电测距仪测定，也可以用鉴定过的钢尺按精度量距的方法进行丈量，有关要求见表6-7、表6-9。对于图根导线应往返丈量一次。当尺长改正数小于尺长的1/10000时，量距时的平均尺温与检定时温度之差小于±10℃、尺面倾斜小于1.5%时，可不进行尺长、温度和倾斜改正。取其往返丈量的平均值作为结果，测量精度不得低于1/3000。

6.2.3.3 测角

导线的转折角有左角和右角之分，位于前进方向左侧的水平角，称为左角，反之则为右角。对于附合导线，通常观测左角。对于闭合导线，应观测内角。测角的技术要求见表6-6。图根导线测量水平角一般用DJ₆型光学经纬仪观测一测回，盘左、盘右测得角值互差要小于±40″，取其平均值作为最后结果。

6.2.3.4 联测

为了使测区的导线点坐标与国家或地区相统一，取得坐标、方位角的起算数据，布设的
导线应与高级控制点进行联测。连接方式有直接
连接和间接连接两种。图 6-4、图 6-5、图 6-6 为
直接连接，只需测量连接角 β。如果导线距离高级
控制点较远，可采用间接连接方法，如图 6-10 所
示。若连接角 β_B、β_1 和连接边 D_{B1} 的测量出现错
误，会使整个导线网的方向旋转和点位平移，所
以，联测时，角度和距离的精度均应比实测导线
高一个等级。

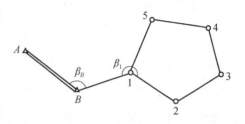

图 6-10　联测

6.3　导线测量的内业计算

导线测量的内业的目的就是根据已知的起始数据和外业的观测成果计算出导线点的坐
标。进行内业工作以前，要仔细检查所有外业成果有无遗漏、记错、算错，成果是否都符合
精度要求，保证原始资料的准确性。然后绘制导线略图，在相应位置上注明已知数据及观测
数据，以便进行导线的计算，如图 6-11 所示。

6.3.1　坐标计算的基本公式

6.3.1.1　坐标正算

根据直线起点的坐标、直线长度及其坐标方位角计算直线终点的坐标，称为坐标正算。
如图 6-12 所示，已知直线 AB 起点 A 的坐标为 $(x_A，y_A)$，AB 边的边长及坐标方位角分别为
D_{AB} 和 α_{AB}，需计算直线终点 B 的坐标。直线两端点 A、B 的坐标值之差，称为坐标增量，用
Δx_{AB}、Δy_{AB} 表示。由图 6-12 可看出坐标增量的计算公式为

$$\left.\begin{array}{l} \Delta x_{AB} = x_B - x_A = D_{AB}\cos\alpha_{AB} \\ \Delta y_{AB} = y_B - y_A = D_{AB}\sin\alpha_{AB} \end{array}\right\} \tag{6-1}$$

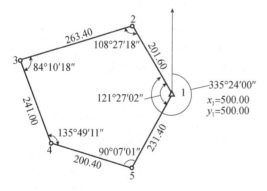

图 6-11　闭合导线略图

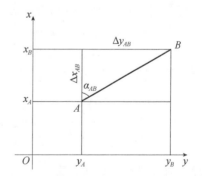

图 6-12　坐标增量计算

根据式（6-1）计算坐标增量时，$\sin x$ 和 $\cos x$ 函数值随着 α 角所在象限而有正负之分，
因此算得的坐标增量同样具有正、负号。坐标增量正、负号的规律见表 6-10。

$$\left.\begin{array}{l} x_B = x_A + \Delta x_{AB} = x_A + D_{AB}\cos\alpha_{AB} \\ y_B = y_A + \Delta y_{AB} = y_A + D_{AB}\sin\alpha_{AB} \end{array}\right\} \tag{6-2}$$

表 6-10　坐标增量正、负的规律

象限	坐标方位角 α	Δx	Δy
I	0°~90°	+	+
II	90°~180°	−	+
III	180°~270°	−	−
IV	270°~360°	+	−

【例 6-1】　已知 AB 边的边长及坐标方位角为 $D_{AB}=135.62\text{m}$，$\alpha_{AB}=80°36'54''$，若 A 的坐标为 $x_A=435.56\text{m}$，$y_A=658.82\text{m}$，试计算终点 B 的坐标。

【解】　根据式（6-2）得

$$x_B = x_A + D_{AB}\cos\alpha_{AB} = 435.56\text{m} + 135.62\text{m} \times \cos80°36'54'' = 457.68\text{m}$$

$$y_B = y_A + D_{AB}\sin\alpha_{AB} = 658.82\text{m} + 135.62\text{m} \times \sin80°36'54'' = 792.62\text{m}$$

6.3.1.2　坐标反算

根据直线起点和终点的坐标，计算直线的边长和坐标方位角，称为坐标反算。如图 6-12 所示，已知直线 AB 两端点的坐标分别为 (x_A, y_A) 和 (x_B, y_B)，则直线边长 D_{AB} 和坐标方位角 α_{AB} 的计算公式为

$$D_{AB} = \sqrt{\Delta x_{AB}^2 + \Delta y_{AB}^2} \tag{6-3}$$

$$\alpha_{AB} = \arctan \frac{\Delta y_{AB}}{\Delta x_{AB}} \tag{6-4}$$

应该注意的是坐标方位角的角值范围在 0°~360° 间，而 arctan 函数的角值范围在 −90°~+90° 间，两者是不一致的。按式（6-4）计算坐标方位角时，计算出的是象限角，因此，应根据坐标增量 Δx、Δy 的正、负号，按表 6-10 决定其所在象限，再把象限角换算成相应的坐标方位角。

【例 6-2】　已知 A、B 两点坐标分别为

$$x_A=342.99\text{m}, \quad y_A=814.29\text{m}, \quad x_B=304.50\text{m}, \quad y_B=525.72\text{m}$$

试计算 AB 的边长及坐标方位角。

【解】　计算 A、B 两点的坐标增量

$$\Delta x_{AB} = x_B - x_A = 304.50\text{m} - 342.99\text{m} = -38.49\text{m}$$

$$\Delta y_{AB} = y_B - y_A = 525.72\text{m} - 814.29\text{m} = -288.57\text{m}$$

根据式（6-3）和式（6-4）得

$$D_{AB} = \sqrt{\Delta x_{AB}^2 + \Delta y_{AB}^2} = \sqrt{(-38.49\text{m})^2 + (-288.57\text{m})^2} = 291.13\text{m}$$

$$\alpha_{AB} = \arctan \frac{\Delta y_{AB}}{\Delta x_{AB}} = \arctan = \frac{-288.57\text{m}}{-38.49\text{m}} = 262°24'09''$$

6.3.2　闭合导线的坐标计算

现以图 6-11 所注的数据为例（该例为图根导线），结合"闭合导线坐标计算表"的使用，说明闭合导线坐标计算的步骤。

将校核过的外业观测数据及起算数据填入"闭合导线坐标计算表"中，见表 6-11，起算数据用双线标明。

表6-11 闭合导线坐标计算表

点号	观测角(左角)	改正数(")	改正角	坐标方位角	距离 D(m)	增量计算值 Δx(m)	增量计算值 Δy(m)	改正后增量 Δx(m)	改正后增量 Δy(m)	坐标值 x(m)	坐标值 y(m)	点号
1	2	3	4	5	6	7	8	9	10	11	12	13
1	108°27′18″	−10	108°27′08″							500.00	500.00	1
				335°24′00″	201.6	+5 / +183.30	+2 / −83.92	+183.35	−83.90			
2	84°10′18″	−10	84°10′08″							683.35	416.1	2
				263°51′08″	263.4	+7 / −28.21	+2 / −261.89	−28.14	−261.87			
3	135°49′11″	−10	135°49′01″							655.21	154.23	3
				168°01′16″	241.00	+7 / −235.75	+2 / +50.02	−235.68	+50.04			
4	90°07′01″	−10	90°06′51″							419.53	204.27	4
				123°50′17″	200.4	+5 / −111.59	+1 / +166.46	−111.54	+166.47			
5	121°27′02″	−10	121°26′52″							307.99	370.74	5
				33°57′08″	231.4	+6 / +191.95	+2 / +129.24	+192.01	+129.26			
1										500.00	500.00	1
				335°24′00″								
Σ	540°00′50″	−50	540°00′00″		1137.8			0	0			

辅助计算

$\Sigma\beta_{测} = 540°00'50''$

$\Sigma\beta_{理} = 540°00'00''$

$f_{\beta测} = \Sigma\beta_{测} - \Sigma\beta_{理} = +50''$

$f_{\beta容} = \pm 60''\sqrt{5} = \pm 134''$

$|f_\beta| < |f_{\beta容}|$

$f_x = \Sigma\Delta x_{测} = -0.30m$

$f_y = \Sigma\Delta y_{测} = -0.09m$

导线全长闭合差 $f_D = -\sqrt{f_x^2+f_y^2} = 0.31m$

导线全长相对闭合差 $K = \dfrac{0.31}{1137.80} = \dfrac{1}{3600} \approx \dfrac{1}{3600} < K_容 = \dfrac{1}{2000}$

6.3.2.1 角度闭合差的计算与调整

（1）计算角度闭合差

如图 6-11 所示，n 边形闭合导线内角和的理论值为

$$\Sigma\beta_{理} = (n-2) \times 180° \tag{6-5}$$

式中　n——导线边数或转折角数。

由于观测水平不可避免地含有误差，致使实测的内角之和 $\Sigma\beta_{测}$ 不等于理论值 $\Sigma\beta_{理}$，两者之差，称为角度闭合差，用 f_β 表示，即

$$f_\beta = \Sigma\beta_{测} - \Sigma\beta_{理} = \Sigma\beta_{测} - (n-2) \times 180° \tag{6-6}$$

（2）计算角度闭合差的容许值

角度闭合差的大小反映了水平角观测的质量。各级导线角度闭合差的容许值 $f_{\beta容}$ 的计算公式为

$$f_\beta = \pm 60'' \sqrt{n} \tag{6-7}$$

如果 $|f_\beta| > |f_{\beta容}|$，说明所测水平角不符合要求，应对水平角重新检查或重测。

如果 $|f_\beta| \leqslant |f_{\beta容}|$，说明所测水平角符合要求，可对所测水平角进行调整。

（3）计算水平角改正数

如角度闭合差不超过角度闭合差的容许值，则将角度闭合差反号平均分配到各观测水平角中，也就是每个水平角加相同的改正数 v_β，v_β 的计算公式为

$$v_\beta = \frac{f_\beta}{n} \tag{6-8}$$

计算检核：水平角改正数之和应与角度闭合差大小相等符号相反，即

$$\Sigma v_\beta = -f_\beta$$

（4）计算改正后的水平角

改正后的水平角 β_i' 等于所测水平角加上水平角改正数

$$\beta_i' = \beta_i + v_\beta \tag{6-9}$$

计算检核：改正后的闭合导线内角之和应等于 $(n-2) \times 180°$，本例为 $540°$。

本例中 f_β、$f_{\beta容}$ 的计算见表 6-11 辅助计算栏，水平角的改正数和改正后的水平角见表 6-11 第 3、4 栏。

6.3.2.2 推算各边的坐标方位角

根据起始边的已知坐标方位角及改正后的水平角，按式（4-11）或式（4-13）推算其他各导线边的坐标方位角。

本例按式（4-12）推算出导线各边的坐标方位角，填入表 6-11 的第五栏内。

计算检核：最后推算出起始边坐标方位角，它应与原有的起始边已知坐标方位角相等，否则应重新检核计算。

6.3.2.3 坐标增量的计算及其闭合差的调整

（1）计算坐标增量

根据已推算出的导线各边的坐标方位角和相应边的边长，按式（6-1）计算各边的坐标增量。如图 6-11 中导线边 1、2 的坐标增量为

$$\Delta x_{12} = D_{12}\cos\alpha_{12} = 201.60\text{m} \times \cos335°24'00'' = +183.30\text{m}$$

$$\Delta y_{12} = D_{12}\sin\alpha_{12} = 201.60\text{m} \times \sin335°24'00'' = -83.92\text{m}$$

112

用同样的方法，计算出其他各边的坐标增量值，填入表 6-11 的第 7、8 两栏的相应格内。

（2）计算坐标增量闭合差

如图 6-13（a）所示，闭合导线纵、横坐标增量代数和的理论值应为零，即

$$\left.\begin{aligned}\Sigma\Delta x_{理} &= 0\\ \Sigma\Delta y_{理} &= 0\end{aligned}\right\} \tag{6-10}$$

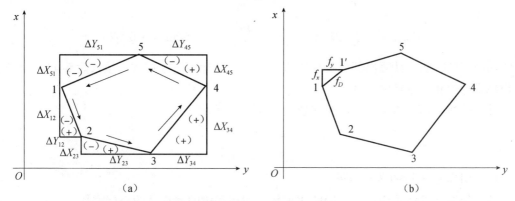

图 6-13　坐标增量闭合差

实际上由于导线边长测量误差和角度闭合差调整后的残余误差，使得实际计算所得的 $\Sigma\Delta x_{测}$，$\Sigma\Delta y_{测}$ 不等于零，从而产生纵坐标增量闭合差 f_x 和横坐标增量闭合差 f_y，即

$$\left.\begin{aligned}f_x &= \Sigma\Delta x_{测}\\ f_x &= \Sigma\Delta y_{测}\end{aligned}\right\} \tag{6-11}$$

（3）计算导线全长闭合差 f_D 和导线全长相对闭合差 K

从图 6-13 可以看出，由于坐标增量闭合差 f_x，f_y 的存在，使导线不能闭合，$f_x - f_y$ 之长度 f_D 称为导线全长闭合差，并用下式计算

$$f_D = \sqrt{f_x^2 + f_y^2} \tag{6-12}$$

仅从 f_D 值的大小还不能说明导线测量的精度，衡量导线测量的精度还应该考虑到导线的总长。将 f_D 与导线全长 ΣD 相比，以分子为 1 的分数表示，称为导线全长相对闭合差 K，即

$$K = \frac{f_D}{\Sigma D} = \frac{1}{\dfrac{\Sigma D}{f_D}} \tag{6-13}$$

以导线全长相对闭合差 K 来衡量导线测量的精度，K 的分母越大，精度越高。不同等级的导线，其导线全长相对闭合差的容许值 $K_容$ 参见表 6-6 和表 6-7，图根导线的 $K_容$ 为 1/2000。

如果 $K \le K_容$，说明测量成果符合精度要求，可以进行调整。

本例中 f_x、f_y、f_D 及 K 的计算见表 6-11 辅助计算栏。

（4）调整坐标增量闭合差

调整的原则是将 f_x、f_y 反号，并按与边长成正比的原则，分配到各边对应的纵、横坐标增量中去。以 v_{xi}、v_{yi} 分别表示第 i 边的纵、横坐标增量改正数，即

113

$$v_{xi} = -\frac{f_x}{\sum D} \cdot D_i \Bigg\}$$
$$v_{yi} = -\frac{f_y}{\sum D} \cdot D_i \Bigg\}$$
(6-14)

本例中导线边 1、2 的坐标增量改正数为

$$v_{x12} = -\frac{f_x}{\sum D}D_{12} = -\frac{-0.30\text{m}}{1137.80\text{m}} \times 201.60\text{m} = +0.05\text{m}$$

$$v_{y12} = -\frac{f_y}{\sum D}D_{12} = -\frac{-0.09\text{m}}{1137.80\text{m}} \times 201.60\text{m} = +0.02\text{m}$$

用同样的方法，计算出其他各导线边的纵、横坐标增量改正数，填入表 6-11 的第 7、8 栏坐标增量值相应方格的上方。

计算检核：纵、横坐标增量改正数之和应满足下式

$$\sum v_x = -f_x \Bigg\}$$
$$\sum v_y = -f_y \Bigg\}$$
(6-15)

（5）计算改正后的坐标增量

各边坐标增量计算值加上相应的改正数，即得各边的改正后的坐标增量。

$$\Delta x_i' = \Delta x_i + v_{xi} \Bigg\}$$
$$\Delta y_i' = \Delta y_i + v_{yi} \Bigg\}$$
(6-16)

本例中导线边 1、2 改正后的坐标增量为

$$\Delta x_{12}' = \Delta x_{12} + v_{x12} = +183.30\text{m} + 0.05\text{m} = +183.35\text{m}$$

$$\Delta y_{12}' = \Delta y_{12} + v_{y12} = -83.92\text{m} + 0.02\text{m} = -83.90\text{m}$$

用同样的方法，计算出其他各导线边的改正后坐标增量，填入表 6-11 的第 9、10 栏内。

计算检核：改正后纵、横坐标增量之代数和应分别为零。

6.3.2.4 计算各导线点的坐标

根据起始点 1 的已知坐标和改正后各导线边的坐标增量，按下式依次推算出各导线点的坐标。

$$x_i = x_{i-1} + \Delta x_{i-1}' \Bigg\}$$
$$y_i = y_{i-1} + \Delta y_{i-1}' \Bigg\}$$
(6-17)

将推算出的各导线点坐标，填入表 6-11 中的第 11、12 栏内。最后还应再次推算起始点 1 的坐标，其值应与原有的已知值相等，以作为计算检核。

6.3.3 附合导线坐标计算

附合导线的坐标计算与闭合导线的坐标计算基本相同，仅在角度闭合差的计算与坐标增量闭合差的计算方面稍有差别，下面只介绍这两项计算方法。

6.3.3.1 角度闭合差的计算与调整

（1）计算角度闭合差

如图 6-14 所示，根据起始边 AB 的坐标方位角 α_{AB} 及观测的各右角，按式（4-13）推算 CD 边的坐标方位角 α_{CD}'。

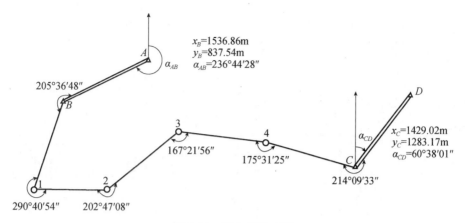

图 6-14　附合导线略图

从图中可知

$$a_{B1} = \alpha_{AB} + 180° - \beta_B$$
$$a_{12} = \alpha_{B1} + 180° - \beta_1$$
$$a_{23} = \alpha_{12} + 180° - \beta_2$$
$$a_{34} = \alpha_{23} + 180° - \beta_3$$
$$a'_{CD} = \alpha_{34} + 180° - \beta_C$$

将以上各式相加，则

$$\alpha'_{CD} = \alpha_{AB} + 5 \times 180° - \Sigma\beta_{\mathrm{m}}$$

写成一般公式为：

$$\alpha'_{终} = \alpha_{始} + n \times 180° - \Sigma\beta_{右} \tag{6-18}$$

式中　$\alpha_{始}$——起始边的坐标方位角；

　　　$\alpha'_{终}$——终边的推算坐标方位角。

若观测左角，则按下式计算

$$\alpha'_{终} = \alpha_{始} + n \times 180° + \Sigma\beta_{左} \tag{6-19}$$

附合导线的角度闭合差 f_β 为

$$f_\beta = \alpha'_{终} - \alpha_{终} \tag{6-20}$$

式中　$\alpha_{终}$——终边的已知坐标方位角。

（2）调整角度闭合差

当角度闭合差在容许范围内，如果观测的是左角，则将角度闭合差反号平均分配到各左角上；如果观测的右角，则角度闭合差同号平均分配到各右角上。

6.3.3.2　坐标增量闭合差的计算

附合导线的坐标增量代数和的理论值应等于终、始两点的已知坐标值之差，即

$$\left.\begin{array}{l}\Sigma\Delta x_{理} = x_{终} - x_{始}\\ \Sigma\Delta y_{理} = y_{终} - y_{始}\end{array}\right\} \tag{6-21}$$

式中　$x_{始}$、$y_{始}$——起始点的纵、横坐标；

　　　$x_{终}$、$y_{终}$——终点的纵、横坐标。

纵、横坐标增量闭合差为

$$\left.\begin{array}{l}f_x = \Sigma\Delta x_{测} - \Sigma\Delta x_{理} = \Sigma\Delta x_{测} - (x_{终} - x_{始})\\ f_y = \Sigma\Delta y_{测} - \Sigma\Delta y_{理} = \Sigma\Delta y_{测} - (y_{终} - y_{始})\end{array}\right\} \tag{6-22}$$

图 6-14 所示附合导线坐标计算，见表 6-12。

表 6-12　附合导线坐标计算表

点号	观测角(左角)	改正数(")	改正角	坐标方位角	距离 D(m)	增量计算值 Δx(m)	增量计算值 Δy(m)	改正后增量 Δx(m)	改正后增量 Δy(m)	坐标值 x(m)	坐标值 y(m)	点号
1	2	3	4=2+3	5	6	7	8	9	10	11	12	13
A				236°44′28″								A
B	205°36′48″	-13	205°36′35″	211°07′53″	125.36	+4 / -107.31	-2 / -64.81	-107.27	-64.83	1536.86	837.54	B
1	290°40′54″	-12	290°40′42″	100°27′11″	98.76	+3 / -17.92	-2 / +97.12	-17.89	+97.10	1429.59	772.71	1
2	202°47′08″	-13	202°46′55″	77°40′16″	144.63	+4 / +30.88	-2 / +141.29	+30.92	+141.27	1411.7	869.81	2
3	167°21′56″	-13	167°21′43″	90°18′33″	116.44	+3 / -0.63	-2 / +116.44	-0.60	+116.42	1442.62	1011.08	3
4	175°31′25″	-13	175°31′12″	94°47′21″	156.25	+5 / -13.05	-3 / +155.07	-13.00	+155.67	1442.02	1127.50	4
C	214°09′33″	-13	214°09′20″	60°38′01″						1429.02	1283.17	C
D												D
Σ	1256°07′44″	-77	1256°06′27″		641.44	-108.03	+445.74	-107.84	+445.63			Σ

辅助计算

$\alpha'_{终} = \alpha_{始} + 6 \times 180° - \Sigma\beta_{右} = 60°36'44''$, $f_{\beta} = \alpha'_{终} - \alpha_{终} = +1'17''$, $f_{\beta容} = \pm 60''\sqrt{6} = \pm 147''$, $|f_{\beta}| < |f_{\beta容}|$, $\Sigma\Delta x_{理} = x_{终} - x_{始} = -107.84$

$\Sigma\Delta y_{理} = y_{终} - y_{始} = +445.63$, $\Sigma\Delta x_{测} = -108.03$, $\Sigma\Delta y_{测} = +445.74$, $f_{x} = \Sigma\Delta x_{测} - \Sigma\Delta x_{理} = -0.19\text{m}$, $f_{y} = \Sigma\Delta y_{测} - \Sigma\Delta y_{理} = +0.11\text{m}$

导线全长闭合差 $f_{D} = \sqrt{f_{x}^{2} + f_{y}^{2}} = 0.22\text{m}$,　导线全长相对闭合差 $K = \dfrac{0.22}{641.44} \approx \dfrac{1}{2900} \approx \dfrac{1}{2900} < K_{容} = \dfrac{1}{2000}$

6.3.4 支导线的坐标计算

支导线中没有检核条件，因此没有闭合差产生，导线转折角和计算的坐标增量均不需要进行改正。支导线的计算步骤为：

（1）根据观测的转折角推算各边的坐标方位角。

（2）根据各边坐标方位角和边长计算坐标增量。

（3）根据各边的坐标增量推算各点的坐标。

6.4 高程控制测量

小地区高程控制测量的方法主要有水准测量和三角高程测量。如果测区地势比较平坦，可采用四等或图根水准测量，三角高程测量则主要用于山区或丘陵地区的高程控制。四等与图根水准测量的主要技术要求见表 6-13。

表 6-13 四等与图根水准测量的主要技术要求

等级	附合路线长度（km）	水准仪	视线长度（km）	视线高度	水准尺	观测次数		往返较差、附合或环线闭合差	
						与已知点联测的	附合或环线的	平地（mm）	山地（mm）
四等	15	DS$_1$	100	三丝能读数	钢瓦	往返各一次	往一次	$\pm 20\sqrt{L}$	$\pm 6\sqrt{n}$
		DS$_3$	80		双面、单面				
图根	5	DS$_3$	100	中丝能读数	单面	往返各一次	往一次	$\pm 40\sqrt{L}$	$\pm 12\sqrt{n}$
		DS$_{10}$							

注：表中 L 为水准路线长度，以 km 为单位；n 为测站个数。

6.4.1 图根水准测量

图根水准测量其精度低于四等水准测量，故称为等外水准测量，用于加密高程控制网与测定图根点的高程。图根水准路线可根据图根点的分布情况，布设成闭合路线、附合路线或结点网形式。当水准路线布设成支线时，应进行往返观测，其路线总长要小于 2.5km。图根水准点一般可埋设临时标志。图根水准测量通常采用第 2 章所述方法施测。

6.4.2 四等水准测量

四等水准测量除用于建立小地区的首级高程控制网外，还可以作为大比例尺测图和建筑施工区域内的工程测量以及建（构）筑物变形观测的基本控制。四等水准测量应埋设永久性标志。四等水准测量见第 2 章施测方法。

6.4.3 三角高程测量

用水准测量的方法测定控制点的高程，精度较高。但是在山区或丘陵地区，控制点间的高差难以用水准测量方法测得，可以采用三角高程测量的方法。这样比较迅速简便，又可保证一定的精度。图 6-15 所示，用三角高程测量方法测定 A、B 两点之间的高差 h_{AB}，方法如下：

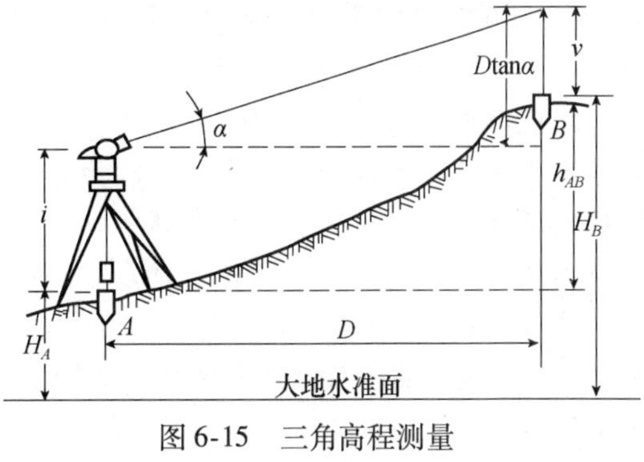

图 6-15 三角高程测量

（1）在 A 点安置经纬仪，B 点竖立标杆。

（2）量出标杆高 v 及仪器高 i。

（3）用望远镜中横丝照准标杆顶部，测得竖直角 α。

（4）如果 A、B 两点间水平距离 D_{AB} 为已知，则由图6-15可有

$$h_{AB} = D\tan\alpha + i - v \tag{6-23}$$

上式中要注意 α 的正、负号，当 α 为仰角时取正号，俯角时取负角。

（5）设 A 点的高程为 H_A，则 B 点的高程为

$$H_B = H_A + D\tan\alpha + i - v \tag{6-24}$$

三角高程测量，一般应进行对向观测，即由 A 向 B 观测，又由 B 向 A 观测，这样是为了消除地球曲率和大气折光的影响。对于图根三角高程测量，对向观测两次测得高差较差应不得超过 $0.1 \times D$（D 为平距，以 km 为单位）。取两次高差的平均值作为最后结果。

如果进行单向观测，而且两点间距离大于400m时，应考虑加上地球曲率和大气折光改正数（球气差）f，有

$$f = 0.43 \frac{D^2}{R} \tag{6-25}$$

式中　D——所测两点间的水平距离；

　　　R——地球半径。

当用三角高程测量方法测定图根控制点高程时，应组成闭合或附合路线的形式，其闭合差的容许值可按下式计算

$$f_{h容} = \pm 0.05 \sqrt{[s^2] \cdot m}$$
$$f_{h容} = \pm 40 \sqrt{[D]} \, \text{mm} \tag{6-26}$$

式中　s——边长，以 km 为单位；

　　　$[D]$——测距边边长总和，以 km 为单位。

式（6-26）前者适用于经纬仪三角高程测量，后者适用于光电测距三角高程测量。

目前，由于广泛适用了光电测距仪测量距离，使三角高程测量的精度大幅度提高，可以达到四等水准测量精度。

上岗工作要点

1. 能够合理地选择控制点和布设导线。

2. 能够熟练地进行高程控制测量和平面控制测量外业施测工作。

3. 能够熟练地进行闭合导线、附合导线测量的各种计算及检核和精度评定。

4. 学会四等水准仪测量的观测、记录与计算方法。

5. 学会运用坐标正算法、坐标反算法解决测量中的实际问题。

本章小结　面积小于 10km^2 范围内建立的控制网，称为小地区控制网。将测区内相邻控制点用直线连接而成的折线图形，称为导线。构成导线的控制点，称为导线点。导线测量就是依次测定各导线边的长度和各转折角值，再根据起算数据，推算出各边的坐标方位角，从而求出各导线点的坐标。建筑场地多采用导线测量的方法。

导线测量的外业包括踏勘选点、量边、测角和联测等项工作。量边精度不得低于1/3000；测角盘左、盘右测得角值互差要小于 $\pm 40''$，取其平均值作为最后结果。外业测量中一定注意测站校核。

导线测量的内业的目的就是根据已知的起始数据和外业的观测成果计算出导线点的坐标。坐标计算分为坐标正算法和坐标反算法。

以闭合导线为例，说明导线坐标计算的方法和步骤：

（1）角度闭合差的计算与调整

①计算角度闭合差

$$f_\beta = \Sigma\beta_{测} - \Sigma\beta_{理} = \Sigma\beta_{测} - (n - 2) \times 180°$$

②计算角度闭合差的容许值

$$f_{\beta容} = \pm 60'' \sqrt{n}$$

③计算水平角改正数

$$v_\beta = -\frac{f_\beta}{n}$$

④计算改正后的水平角

$$\beta_i' = \beta_i + v_\beta$$

（2）推算各边的坐标方位角

（3）坐标增量的计算及其闭合差的调整

①计算坐标增量

$$\left.\begin{array}{l} \Delta x_{AB} = x_B - x_A = D_{AB}\cos\alpha_{AB} \\ \Delta y_{AB} = y_B - y_A = D_{AB}\cos\alpha_{AB} \end{array}\right\}$$

②计算坐标增量闭合差

$$\left.\begin{array}{l} f_x = \Sigma\Delta x_{测} \\ f_y = \Sigma\Delta y_{测} \end{array}\right\}$$

③计算导线全长闭合差 f_D 和导线全长相对闭合差 K

$$f_D = \sqrt{f_x^2 + f_y^2}$$

$$K = \frac{f_D}{\Sigma D} = \frac{1}{\dfrac{\Sigma D}{f_D}}$$

④调整坐标增量闭合差

$$\left.\begin{array}{l} v_{xi} = -\dfrac{f_x}{\Sigma D} \cdot D_i \\ v_{yi} = -\dfrac{f_y}{\Sigma D} \cdot D_i \end{array}\right\}$$

⑤计算改正后的坐标增量

$$\left.\begin{array}{l} \Delta x_i' = \Delta x_i + v_{xi} \\ \Delta y_i' = \Delta y_i + v_{yi} \end{array}\right\}$$

（4）计算各导线点的坐标

$$\left.\begin{array}{l} x_i = x_{i-1} + \Delta x_{i-1}' \\ y_i = y_{i-1} + \Delta y_{i-1}' \end{array}\right\}$$

导线测量的内业计算中特别应注意步步校核，上一步未进行校核计算，下一步计算就不能进行。

技能训练七 导线测量计算

一、目的与要求

（1）掌握闭合导线和附合导线坐标的计算

基本方法步骤；

（2）要求计算结果满足导线测量的精度。

二、准备工作

（1）全面检查导线测量的外业记录；

（2）绘制导线略图；

（3）将已知数据填入计算表中；

（4）阅读本章教材第 6.3 节。

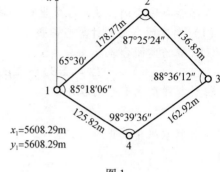

图 1

三、计算步骤

1. 闭合导线坐标计算实例

（1）将图 1 的已知数据填入表 1 中

（2）计算 f_β 并对其进行调整

$$f_\beta = \Sigma\beta_测 - (n - 2) \cdot 180° = -42''$$

$$f_{\beta容} = \pm 60''\sqrt{n} = \pm 120''$$

满足限差要求，可以对 f_β 进行调整，1、4 角为 +11″，2、3 角为 +10″，见表 1 的第 2 栏。

（3）由 α_{12} 和改正后的内角推算各边方位角，见表 1 的 3 栏

（4）求 f_x、f_y 并对其调整

$$f_x = \Sigma\Delta x_测 = -0.12, f_y = \Sigma\Delta y_测 = -0.17$$

$$f_D = \sqrt{f_x^2 + f_y^2} = \sqrt{0.12^2 + 0.17^2} = 0.21$$

$$K = \frac{f_D}{\Sigma D} = \frac{0.21}{604.36} \approx \frac{1}{2800} < \frac{1}{2000}(合格)$$

$$\delta_{x_{12}} = -\frac{-0.12}{604.36} \times 178.77 = +0.04$$

$$\delta_{y_{12}} = -\frac{-0.17}{604.36} \times 178.77 = +0.05$$

$$\Sigma\Delta x_改 = 0, \Sigma\Delta y_改 = 0$$

见表 1 的辅助计算及 6、7、8、9 栏

（5）求各点的 x、y

$$x_2 = x_1 + \Delta x_{12} = 5608.29 + 74.17 = 5682.46$$

$$y_2 = y_1 + \Delta y_{12} = 5608.29 + 162.72 = 5771.01$$

$$\vdots$$

见表 1 的 10、11 栏

2. 附合导线坐标计算实例

将图 2 的已知数据填入表 2，下面仅介绍与闭合导线计算的两点不同之处。

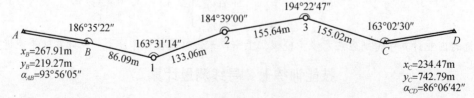

图 2

120

表1 闭合导线坐标计算表

闭合导线坐标计算表

点号	转折角（右角）		方位角	边长	增量计算值（m）		改正后增量（m）		坐标（m）		点号
	观察角（° ′ ″）	改正后值（° ′ ″）	（° ′ ″）	（m）	Δx′	Δy′	Δx	Δy	x	y	
1	2	3	4	5	6	7	8	9	10	11	12
1	+10″ 87 25 24	87 25 34	65 30 00	178.77	+4 +74.13	+5 +162.67	+74.17	+162.72	5608.29	5608.29	1
2	+10″ 88 36 12	88 36 22	158 04 26	136.85	+3 −126.95	+4 +51.10	−126.92	+51.14	5682.46	5771.01	2
3	+11″ 98 39 36	98 39 47	249 28 04	162.92	+3 −57.14	+4 −152.57	−57.11	−152.53	5555.54	5822.15	3
4	+11″ 85 18 06	85 18 17	330 48 17	125.82	+2 +109.84	+4 −61.37	+109.86	−61.33	5498.43	5669.62	4
1			65 30 00						5608.29	5608.29	1
2	359 59 18	360 00 00			$f_x=-0.12$	$f_y=-0.17$					
Σ				604.36			0	0			

辅助计算

$$f_\beta = -42''$$

$$f_{\beta容} = \pm 60''\sqrt{n} = \pm 120''$$

$$f_x = \sum \Delta x' = 0.12$$

$$f_y = \sum \Delta y' = 0.17$$

$$f_D = \sqrt{f_x^2 + f_x^2} = 0.21$$

$$K = \frac{f_D}{\sum D} = \frac{0.21}{604.36} \approx \frac{1}{2800} < \frac{1}{2000}$$

121

表2 附合导线坐标计算表

点号 (1)	转折角（右角）观察角 (2)	改正后值 (3)	方位角 (°′″) (4)	边长 (m) (5)	增量计算值 Δx′ (m) (6)	增量计算值 Δy′ (m) (7)	改正后增量 Δx (m) (8)	改正后增量 Δy (m) (9)	坐标 x (m) (10)	坐标 y (m) (11)	点号 (12)
A			93 56 05								A
B	−3″ 186 35 22	186 35 19	100 31 24	86.09	−15.72	−0.01 +84.64	−15.72	+84.63	267.91	219.27	B
1	−4″ 163 31 14	163 31 10	84 02 34	133.06	+13.81	−0.01 +132.34	+13.81	+132.33	252.19	303.9	1
2	−3″ 184 39 00	184 38 57	88 41 31	155.64	−0.01 +3.55	−0.02 +155.60	+3.54	+155.58	266	436.23	2
3	−3″ 194 22 47	194 22 44	103 04 15	155.02	−0.01 −35.06	−0.02 +151.00	−35.07	+150.98	269.54	519.81	3
C	−3″ 163 02 30	163 02 27	86 06 42						234.47	742.79	C
D				529.81			−33.44	+523.52			D
Σ	892 10 53	892 10 37			−33.42	+523.58					

辅助计算

$$f_\beta = \partial'_{CD} - \partial_{CD} = +16''$$

$$f_{\beta容} = \pm 60''\sqrt{n} = \pm 60''\sqrt{5} = \pm 2'14''$$

$$f_x = \Sigma\Delta x' - (x_c - x_B) = +0.02$$

$$f_y = \Sigma\Delta y' - (y_c - y_B) = +0.06$$

$$f_D = \sqrt{f_x^2 + f_y^2} = +0.06$$

$$K = \frac{f_D}{\Sigma D} = \frac{0.06}{529.81} \approx \frac{1}{8800} < \frac{1}{2000}$$

(1) 计算 f_β 并对其进行调整

$$f_\beta = \alpha'_{CD} - \alpha_{CD} = +16''$$

$$f_{\beta容} = \pm 60'' \sqrt{n} = \pm 60'' \sqrt{5} = \pm 2'14''$$

满足限差要求，可以对 f_β 进行调整。因为观测角为左角，所以，f_β 反号平均分配，即 1 角为 $-4''$（短边相邻夹角），其余角为 $-3''$，见表 2 中 2 栏。

(2) 求 f_x、f_y 并对其调整

$$f_x = \Sigma \Delta x' - (x_C - x_B) = +0.02$$

$$f_y = \Sigma \Delta y' - (y_C - y_B) = +0.06$$

$$f_D = \sqrt{f_x^2 + f_y^2} = 0.06$$

$$K = \frac{f_D}{\Sigma D} = \frac{0.06}{529.81} \approx \frac{1}{8800} < \frac{1}{2000}（合格）$$

$$\delta_{x_{B1}} = -\frac{+0.02}{529.81} \times 86.09 = 0$$

$$\delta_{y_{B1}} = -\frac{+0.06}{529.81} \times 86.09 = -0.01$$

$$\Sigma \Delta x_改 = x_C - x_B, \ \Sigma \Delta y_改 = y_C - y_B$$

见表 2 的辅助计算及 6、7、8、9 栏

四、注意事项

(1) 导线测量计算必须在导线计算表中进行。辅助计算应写全，各项检核认真进行。

(2) 计算中要遵循 "4 舍 6 入，5 前单进双舍" 的取位原则。

思考题与习题

1. 控制测量分为哪几种？各有什么作用？
2. 导线的布设形式有几种？分别需要哪些起算数据和观测数据？
3. 选择导线点应注意哪些问题？导线测量的外业工作包括哪些内容？
4. 在导线测量内业计算时，怎样衡量导线测量的精度？
5. 四等水准测量怎样观测？怎样记录和计算？
6. 根据表 1 中所列数据，计算图根闭合导线各点坐标。

表 1　闭合导线的已知数据

点号	角度观测值（右角）	坐标方位角	边长（m）	坐标	
				x(m)	y(m)
1				500.00	600.00
		42°45′00″	103.85		
2	139°05′00″				
			114.57		
3	94°15′54″				
			162.46		
4	88°36′36″				
			133.54		
5	122°39′30″				
			123.68		
1	95°23′30″				

7. 根据图1所示数据，计算图根附合导线各点坐标。

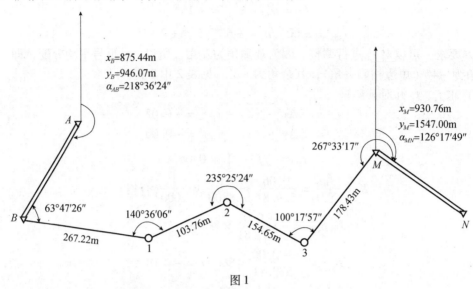

图1

8. 如图 6-15 所示，已知 A、B 两点间的水平距离 $D_{AB} = 224.346\text{m}$，A 点的高程 $H_A = 40.48\text{m}$。在 A 点设站照准 B 点测得垂直角为 $+54°25'16''$，仪器高 $i = 1.52\text{m}$，标杆高 $v = 1.10\text{m}$，求 B 点的高程。

第7章 大比例尺地形图的基本知识及应用

重点提示

1. 了解地形图的图名、编号、图廓和接合图表、地物符号等。
2. 了解比例尺的概念和比例尺的精度及应用。
3. 了解等高线的基本知识。
4. 掌握地形图应用的基本内容。
5. 掌握地形图在工程规划设计中的应用。

开章语 本章主要讲述地形图的基本概念、地形图应用的基本内容、地形图在工程规划设计中的应用等基本知识。通过对本章内容的学习，同学们应了解地形图的基本知识，掌握地形图在建筑工程规划设计中的应用等专业知识。

地球表面十分复杂，有高山、平原、河流、湖泊，还有各种人工建筑物，通常把它们分为地物和地貌两大类。地面上有明显轮廓的、天然形成或人工建造的各种固定物体，如江河、湖泊、道路、桥梁、房屋和农田等称为地物；地球表面的高低起伏状态，如高山、丘陵、平原、洼地等称为地貌。地物和地貌总称为地形。

通过实地测量，将地面上各种地物和地貌沿垂直方向投影到水平面上，并按一定比例尺，用《地形图图式》统一规定的符号和注记，将其缩绘在图纸上，这种表示地物的平面位置和地貌起伏情况的图，称为地形图。在图上主要表示地物平面位置的地形图，称为平面图。

地形图是包含丰富的自然地理、人文地理和社会经济信息的载体，它是进行建筑工程规划、设计和施工的重要依据。借助地形图既可以了解该地区地势、山川河流、交通线路、建筑物的相对位置以及森林分布等情况，又可以在图样上进行距离、方位、坡度和土方的计算。因此，正确地应用地形图，是建筑工程技术人员必须具备的基本技能。本章主要介绍大比例尺地形图的基本知识及应用。

7.1 地形图的基本知识

7.1.1 地形图的比例尺

地形图上任意一条线段的长度与它所代表的实地水平距离之比，称为地形图比例尺。比例尺是地形图最重要的参数，它既决定了地形图图上长度与实地长度的换算关系，又决定了地形图的精度与详细程度。

7.1.1.1 比例尺的种类

（1）数字比例尺

数字比例尺是用分子为1，分母为整数的分数表示。设图上一段长度为 d，相应实地的

水平距离为 D，则该地形图的比例尺为

$$\frac{d}{D} = \frac{1}{\dfrac{D}{d}} = \frac{1}{M} \qquad (7\text{-}1)$$

式中　M——比例尺分母。

比例尺的大小是以比例尺的比值来衡量的。比例尺分母 M 越小、比例尺越大，比例尺越大，表示地物地貌越详尽。数字比例尺通常标注在地形图下方。

（2）图示比例尺

常见的图示比例尺为直线比例尺。如图 7-1 所示为 1:500 的直线比例尺，由间距为 2mm 的两条平行直线构成，以 2cm 为单位分成若干大格，左边第一大格十等分，大小格分界处注以 0，右边其他大格分界处标记按绘图比例尺换算的实际长度。图示比例尺绘制在地形图下方，可以减少图纸伸缩对用图的影响。

使用时，先用分规在图上量取某线段的长度，然后用分规的右针头对准右边的某个整分划，使分规的左针头落在最左边的基本单位内。该取整分划的读数再加上左边 1/10 分划对应的读数即为该直线的实地水平距离。见图 7-1 中的两个示例。

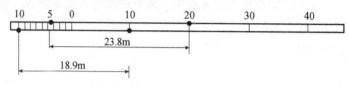

图 7-1　图示比例尺

7.1.1.2　地形图的分类

地形图按比例尺可分为以下几种：

（1）小比例尺地形图

1:20 万、1:50 万、1:100 万比例尺的地形图为小比例尺地形图。

（2）中比例尺地形图

1:2.5 万、1:5 万、1:10 万比例尺的地形图称为中比例尺地形图。

（3）大比例尺地形图

1:500、1:1000、1:2000、1:5000、1:10000 比例尺的地形图为大比例尺地形图。工程建筑类各专业通常使用大比例尺地形图。

7.1.1.3　比例尺精度

通常人眼能分辨的图上最小距离为 0.1mm。因此，地形图上 0.1mm 的长度所代表的实地水平距离，称为比例尺精度，用 ε 表示，即

$$\varepsilon = 0.1M \qquad (7\text{-}2)$$

几种常用地形图的比例尺精度如表 7-1 所示。

表 7-1　几种常用地形图的比例尺精度

比例尺	1:5000	1:2000	1:1000	1:500
比例尺精度（m）	0.50	0.20	0.10	0.05

根据比例尺的精度，可确定测绘地形图时测量距离的精度；另外，如果规定了地物图上要表示的最短长度，根据比例尺的精度，可确定测图的比例尺。

7.1.2 地形图的图名、图号、图廓

7.1.2.1 地形图的图名

每幅地形图都应标注图名，通常以图幅内最著名的地名、厂矿企业或村庄的名称作为图名。图名一般标注在地形图北图廓外上方中央，如图7-2中，图名为"白吉树村"。

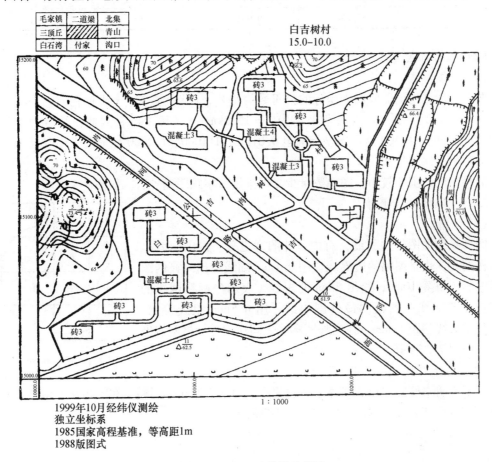

图 7-2 1:1000 地形图示意图

7.1.2.2 图号

为了区别各幅地形图所在的位置，每幅地形图上都编有图号。图号就是该图幅相应分幅方法的编号，标注在北图廓上方的中央、图名的下方，如图7-2所示。

（1）分幅方法

1:500 地形图的图幅一般为 50cm×50cm，一幅图所含实地面积为 0.0625km²，1km² 的测区至少要测 16 幅图，这样就需要将地形图分幅和编号，以测绘、使用和保管。大比例尺地形图常采用正方形分幅法，它是按照统一的直角坐标纵、横坐标格网线划分的。

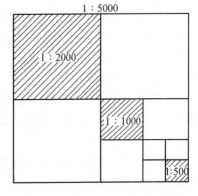

图 7-3 大比例尺地形图正方形分幅

如图 7-3 所示，是以 1:5000 地形图为基础进行的正方形分幅。各种大比例尺地形图图幅大小如表 7-2 所示。

127

表 7-2　几种大比例尺地形图的图幅

比例尺	图幅大小（cm × cm）	实地面积（km²）	1∶500 图幅内的分幅数	每平方公里图幅数
1∶5000	40 × 40	4	1	0.25
1∶2000	50 × 50	1	4	1
1∶1000	50 × 50	0.25	16	4
1∶500	50 × 50	0.0625	64	16

（2）编号方法

①坐标编号法

图号一般采用该图幅西南坐标的公里数为编号，x 坐标在前，y 坐标在后，中间有短线连接。如图 7-2 所示，其西南角坐标为 $x = 15.0$km，$y = 10.0$km，因此，编号为"15.0—10.0"。编号时，1∶500 地形图坐标取至 0.01km，1∶1000、1∶2000 地形图坐标取至 0.1km。

②数字顺序编号法

如果测区范围比较小，图幅数量少，可采用数字顺序编号法。如图 7-4 所示。

7.1.2.3　图廓和接合图表

（1）图廓

图廓是地形图的边界线，有内、外图廓之分。内图廓就是坐标格网线，也是图幅的边界线，用 0.1mm 细线绘出。在内图廓线内侧，每隔 10cm，绘出 5mm 的短线，表示坐标格网线的位置。外图廓线为图幅的最外围边线，用 0.5mm 粗线绘出。内、外图廓线相距 12mm，在内外图廓线之间注记坐标格网线坐标值，如图 7-2 所示。

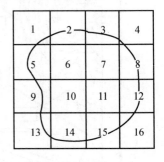

图 7-4　数字顺序编号法

（2）接合图表

为了说明本幅图与相邻图幅之间的关系，便于索取相邻图幅，在图幅左上角列出相邻图幅图名，斜线部分表示本图位置，如图 7-2 所示。

7.1.3　地物符号

地形图上表示地物类别、形状、大小及位置的符号称为地物符号。表 7-3 列举了一些地物符号，这些符号摘自国家测绘局 1988 年颁发的《1∶500、1∶1000、1∶2000 地形图图式》。表中各符号旁的数字表示该符号的尺寸，以 mm 为单位。根据地物形状、大小和描绘方法的不同，地物符号可分为以下几种。

7.1.3.1　比例符号

地物的形状和大小均按测绘图比例尺缩小，并用规定的符号绘在图纸上，这种地物符号称为比例符号，如房屋、湖泊、农田、森林等。在表 7-3 中，从编号 1-12 号都是比例符号。

7.1.3.2　非比例符号

有些地物，轮廓较小，无法将其形状和大小按比例缩绘到图上，而采用相应的规定符号表示，这种符号称为非比例符号。非比例符号只能表示物体的位置和类别，不能用来确定物体的尺寸。在表 7-3 中，编号 27-40 号均为非比例符号。非比例符号的中心位置与地物实际中心位置随地物的不同而异，在测绘和用图时注意以下几点：

（1）规则几何图形符号，如圆形，三角形或正方形等，以图形几何中心代表实地地物

128

中心位置，如水平点、三角点、钻点等。

（2）宽底符号，如烟囱、水塔等，以符号底部中心点作为地物的中心位置。

（3）底部为直角形的符号，如独立树、风车、路标等，以符号的直角顶点代表地物中心位置。

（4）几种几何图形组合成的符号，如气象站、消火栓等，以符号下方图形的几何中心代表地物中心位置。

（5）下方没有底线的符号，如亭、窑洞等，以符号下方两端点连线的中心点代表实地地物的中心位置。

7.1.3.3 半比例符号

地物的长度可按比例尺缩绘，而宽度按规定尺寸绘出，这种符号称为半比例符号。用半比例符号表示的地物都是一些带状地物，如管线、公路、铁路、围墙、通信线路等。在表7-3中，编号13-26号都是半比例符号。这种符号的中心线，一般表示其实地地物的中心位置，但是城墙和垣栅等，地物中心位置在其符号的底线上。

表7-3　地物符号

编号	符号名称	图例	编号	符号名称	图例
1	坚固房屋 4-房屋层数	坚4　　1.5	7	经济作物地	0.8　3.0　蔗　10.0　10.0
2	普通房屋 2-房屋层数	2　　1.5	8	水生经济作物地	3.0 藕　0.5
3	窑洞 1. 住人的 2. 不住人的 3. 地面下的	1　2.5　2 2.0 3	9	水稻田	0.2　2.0　10.0　10.0
4	台阶	0.5　0.5　0.5	10	旱地	1.0　2.0　10.0　10.0
5	花园	1.5　1.5　10.0　10.0	11	灌木林	0.5　1.0
6	草地	1.5　0.8　10.0　10.0	12	菜地	2.0　2.0　10.0　10.0

编号	符号名称	图例	编号	符号名称	图例
13	高压线	4.0 →•→→→	23	公路	0.3 ————— 0.3 沥|砾
14	低压线	4.0 →○→→→	24	简易公路	⊢8.0⊣ 2.0
15	电杆	1.0 ⊐	25	大车路	0.15 ———— 0.3 碎石
16	电线架	→●→→→ ○	26	小路	0.3 ⌐4.0⌐ 1.0
17 18	砖、石及 混凝土围墙 土围墙	10.0 0.5 10.0 0.3 10.0 0.5	27	三角点 凤凰山-点名 394.488-高程	△凤凰山 394.488 3.0
19	栅栏、栏杆	1.0 ○—●—● 10.0	28	图根点 1. 埋石的 2. 不埋石的	1 2.0 ⊐□ N16 84.46 2 1.5 ⊐○ 25 62.74 2.5
20	篱笆	1.0 →⊢→⊢ 10.0	29	水准点	2.0 ⊗ Ⅱ京石5 32.804
21	活树篱笆	3.5 0.5 10.0 ○○●·○●·○·● 1.0 0.8	30	旗杆	1.5 4.0 ⊏1.0 α⊏1.0
22	沟渠 1. 有堤岸的 2. 一般的 3. 有沟堑的	1 2 0.3 3	31	水塔	2.0 3.0 ⊔1.0 1.2

130

编号	符号名称	图例	编号	符号名称	图例
32	烟囱	3.5 ⊕ 1.0	40	岗亭、岗楼	90° 3.0 1.5
33	气象站（台）	3.0 4.0 1.2	41	等高线 1. 首曲线 2. 计曲线 3. 间曲线	0.15 ⌒⌒ 87 ─ 1 0.3 ─── 85 ─ 2 0.15 ─ 6.0 ─ 3 1.0
34	消火栓	1.5 1.5 ○ 2.0	42	示坡线	0.8
35	阀门	1.5 1.5 ○ 2.0	43	高程点及其注记	0.5 163.2 ▲ 75.4
36	水龙头	3.5 2.0 1.2	44	滑坡	
37	钻孔	3.0 ◎ 1.0	45	陡崖 1. 土质的 2. 石质的	1 2
38	路灯	1.5 1.0	46	冲沟	
39	独立树 1. 阔叶 2. 针叶	1.5 1 3.0 ○ 0.7 2 3.0 ⊥ 0.7			

上述三种符号在使用时不是固定不变的，同一地物，在大比例尺图上采用比例符号，而在中比例尺上可能采用非比例符号或半比例符号。

7.1.3.4　地物注记

对地物加以说明的文字、数字或特有符号，称为地物注记。如城镇、工厂、河流、道路的名称；桥梁的尺寸及载重量；江河的流向、流速及深度；道路的去向及森林、果树的类别等，都以文字或特定符号加以说明。

131

7.1.4 地貌符号

地貌的表示方法很多，大比例尺地形图中常用等高线表示地貌。用等高线表示地貌不仅能表示出地面的高低起伏状态，且可根据它求得地面的坡度和高程等。

7.1.4.1 等高线的概念

地面上高程相同的相邻各点连成的闭合曲线，称为等高线。如雨后地面上静止的积水面与地面的交线就是一条等高线。如图 7-5 所示，设想有一小山被若干个高程为 H_1、H_2 和 H_3 的静止水面所截，并且相邻水面之间的高差相同，每个水面与小山表面的交线就是与该水面高程相同的等高线。将这些等高线沿铅垂方向投影到水平面 H 上，并用规定的比例尺缩绘在图纸上，这就将小山用等高线表示在地形图上了。

7.1.4.2 等高距和等高线平距

相邻等高线之间的高差称为等高距，也称为等高线间隔，用 h 表示，如图 7-5 所示；相邻等高线之间的水平距离称为等高线平距，用 d 表示；h 与 d 比值就是地面坡度 i，即

$$i = \frac{h}{dM} \tag{7-3}$$

式中 M——比例尺分母。

由于在同一幅地形图上等高距 h 是相同的，所以，地面坡度 i 与等高线平距 d 成反比。如图 7-6 所示，地面坡度较缓的 AB 段，其等高线平距较大，等高线显得稀疏；地面坡度较陡的 CD 段，其等高线平距较小，等高线十分密集。因此，可根据等高线的疏密判断地面坡度的缓与陡，即在同一幅地形图上，等高线平距 d 越大，坡度 i 越小；等高线平距 d 越小，坡度 i 越大，如果等高线平距相等时，则坡度相同。

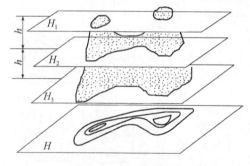

图 7-5　等高线

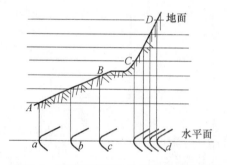

图 7-6　等高线平距与地面坡度的关系

绘图时，如果等高线距选择过小，会使图上的等高线过密；如果等高线距选择过大，则不能正确反映地面的高低起伏状况。所以，基本等高距的大小应根据测图比例尺与测区地形情况来确定，等高距的选用可参见表 7-4。

表 7-4　地形图的基本等高距

地形类别	比例尺			
	1:500	1:1000	1:2000	1:5000
平地（地面倾角：$\alpha < 3°$）	0.5	0.5	1	2
丘陵（地面倾角：$3° \leqslant \alpha < 10°$）	0.5	1	2	5
山地（地面倾角：$10° \leqslant \alpha < 25°$）	1	1	2	5
高山地（地面倾角：$\alpha \geqslant 25°$）	1	2	2	5

7.1.4.3 几种基本地貌的等高线

地面的形状虽然复杂多样，但都可以看成是山头、洼地、山脊、山谷、鞍部或陡崖和峭

132

壁组成的。如果掌握了这些基本地貌的等高线特点，就能比较容易地根据地形图上的等高线，分析和判断地面的起伏状态，以利于读图、用图和测绘地形图。

（1）山头和洼地的等高线

山头和洼地（又称盆地）的等高线都是一组闭合曲线。如图7-7（a）所示，山头内圈等高线高程大于外圈等高线的高程；洼地则相反，如图7-7（b）所示。这种区别也可用示坡线表示。示坡线是垂直于等高线并指示坡度降落方向的短线，示坡线往外标注是山头，往内标注的则是洼地。

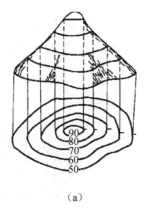
（a）

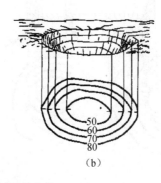
（b）

图 7-7　山头与洼地的等高线

（a）山头的等高线；（b）洼地的等高线

（2）山脊与山谷的等高线

沿着一个方向延伸的高地称为山脊，山脊上最高点的连线称为山脊线或分水线。山脊的等高线是一组凸向低处的曲线，如图7-8（a）所示。

在两山脊间沿着一个方向延伸的洼地称为山谷，山谷中最低点的连线称为山谷线。山谷的等高线是一组凸向高处的曲线，如图7-8（b）所示。

山脊线、山谷线与等高线正交。

（3）鞍部的等高线

相邻两山头之间呈马鞍形的低凹部分称为鞍部，鞍部是两个山脊和两个山谷汇合的地方。鞍部的等高线由两组相对的山脊和山谷的等高线组成，即在一圈大的闭合曲线内，套有两组小的闭合曲线，如图7-9所示。

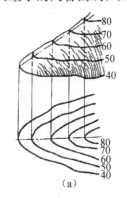
（a）

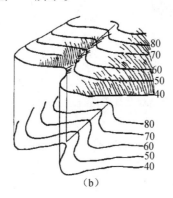
（b）

图 7-8　山脊和山谷的等高线

（a）山脊等高线；（b）山谷等高线

图 7-9　鞍部的等高线

133

（4）陡崖和悬崖的表示方法

坡度在70°以上或为90°的陡峭崖壁称为陡崖。陡崖处的等高线非常密集，甚至会重叠，因此，在陡崖处不再绘制等高线，改用陡崖符号表示，如图7-10所示。图7-10（a）为石质陡崖，如7-10（b）为土质陡崖。

上部向外突出，中间凹进的陡崖称为悬崖，上部的等高线投影到水平面时与下部的等高线相交，下部凹进的等高线用虚线表示。悬崖的等高线如图7-11所示。

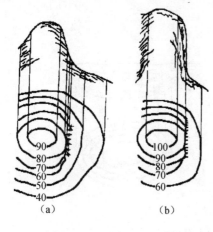

图7-10　陡崖的表示方法

（a）石质陡崖；（b）土质陡崖

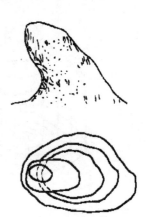

图7-11　悬崖的等高线

如图7-12所示为一综合性地貌的透视图及相应的地形图，可对照前述基本地貌的表示方法进行阅读。

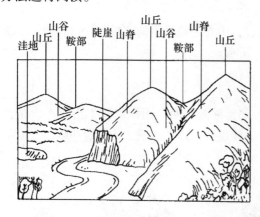

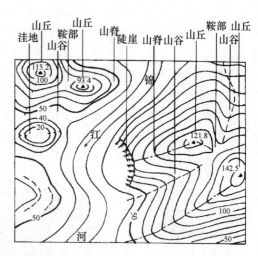

图7-12　综合地貌及其等高线表示方法

7.1.4.4　等高线的分类

为了更详尽地表示地貌的特征，地形图上的等高线分为首曲线、计曲线、间曲线、助曲线四种，如图7-13所示。

（1）首曲线

在同一幅地形图上，按规定的基本等高距描绘的等高线称为首曲线，也称基本等高线。

134

首曲线用 0.15mm 的细实线描绘，如图 7-13 中高程为 38m、42m 的等高线。

（2）计曲线

凡是高程能被 5 倍基本等高距整除的等高线称为计曲线，也称加粗等高线。为了计算和阅读的方便，计曲线要加粗描绘并注记高程，计曲线用 0.3mm 粗实线绘出，如图 7-13 中高程为 40m 的等高线。

（3）间曲线

为了显示首曲线不能表示出的局部地貌，按二分之一基本等高距描绘的等高线称为间曲线，也称半距等高线。间曲线用 0.15mm 的细长虚线表示，如图 7-13 中高程为 39m、41m 的等高线。

（4）助曲线

用间曲线还不能表示出的局部地貌，可按四分之一基本等高距描绘，这种等高线称为助曲线。助曲线用 0.15mm 的细短虚线表示，如图 7-13 中高程为 38.5m 的等高线。

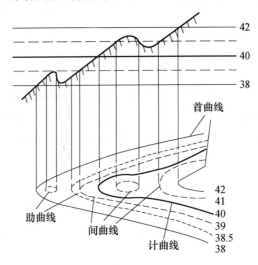

图 7-13　四种类别的等高线

7.1.4.5　等高线的特性

（1）等高性

同一等高线上各点的高程相同。

（2）闭合性

等高线必定是闭合曲线，如不在本图幅内闭合，则必在相邻的图幅内闭合。所以，在描绘等高线时，凡在本图幅内不闭合的等高线，应绘到内图廓线，不能在图幅内中断。

（3）非交性

除在悬崖、陡崖处外，不同高程的等高线不能相交。

（4）正交性

山脊、山谷的等高线与山脊线、山谷线正交。

（5）密陡稀缓性

等高线平距 d 与地面坡度 i 成反比。

7.2 地形图的识读

地形图是用各种规定的图式符号和注记表示地物、地貌及其他有关资料的。要想正确地使用地形图，首先要能熟悉地形图。通过对地形图上的符号和注记的识读，可以判断地貌的自然形态和地物间的相互关系，这也是地形图识读的主要目的。在地形图识读时，应注意以下几方面的问题。

7.2.1 熟悉图式符号

在地形图识读前，首先要熟悉一些常用的地物符号的表示方法，区分比例符号、半比例符号和非比例符号的不同，以及这些地物符号和地物注记的含义。对于地貌符号要能根据等高线判断出各类地貌特征（例如，山头、山脊、鞍部、冲沟等），了解地形坡度变化。

7.2.2 图廓外信息识读

地形图反映的是测图时的地表现状。因此，应首先根据测图的时间判定地形图的新旧程度，对于不能完全反映最新现状的地形图，应及时修测或补测，以免影响用图。然后要了解地形图的比例尺、坐标系统、高程系统、图幅范围。根据接图表了解相邻图幅的图名、图号。

7.2.3 地物的识读

图 7-14 是一幅森林公园 1:2000 地形图。在图幅的西北角是赫都山，山顶有一座电视转播塔，附近是两个小亭。从山顶向东南有一条石阶路经中山堂向南可通往公园宾馆。红岩村在图的东北角，是一较大的居民点，村内有一景点广济寺。在图中部偏东位置有一森林公园的高地水池和一个瞭望塔。依山而建的围墙将图上最大的居民点靠山屯以及公园宾馆与森林公园隔开。森林公园内一低压电力线路将靠山屯、公园宾馆、红岩村和赫都山峰连接起来，保证了整个森林公园地区的照明用电。此外，森林公园内还有鹿园、猴山、花房、松林等旅游景点。

7.2.4 地貌的识读

根据图 7-14 中等高线的注记可以看出，本幅图的基本等高距为 1m，整个森林公园为北高南低、西高东低的走势。其中部偏东南沿公园宾馆一带山谷地势最低，公园宾馆高程约为 12.9m。图幅西北的赫都山峰最高，其最高点高程为 84.7m。图幅内的高差最大不超过 72m。在图幅北部，山地的形态比较明显，山势由西向东逐渐降低，中部偏西有一鞍部。根据山脊线和山谷线的位置、走向以及等高线的疏密可以看出整个山地地貌的起伏变化。

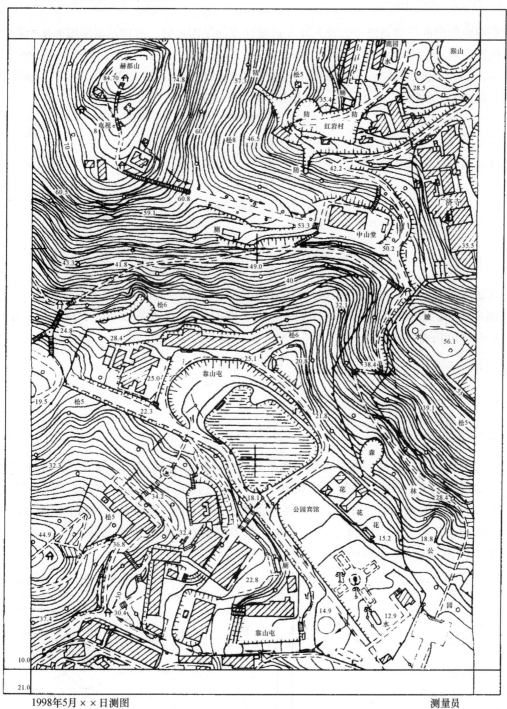

1998年5月××日测图

独立直角坐标系   1 : 2000

1985国家高程基准

测量员

绘图员

检查员

图 7-14　地形图

7.3　地形图应用的基本内容

7.3.1　求图上某点坐标

利用地形图进行规划设计，首先要知道设计点的平面位置，通常是根据图廓坐标和点的图上位置，内插出设计点的平面直角坐标。

如图 7-15 欲确定图上 p 点坐标，首先绘出坐标方格 $abcd$，过 p 点分别作 x、y 轴的平行线与方格 $abcd$ 分别交于 m、n、f、g，根据图廓内方格网坐标可知

$$x_d = 21200\text{m}$$
$$y_d = 40200\text{m}$$

再根据地形图比例尺（1:2000）量得 dm、dg 实际水平长度

$$D_{dm} = 120.2\text{m}$$
$$D_{dg} = 100.3\text{m}$$

则

$$x_p = x_d + D_{dm} = 21200 + 120.2 = 21320.2\text{m}$$
$$y_p = y_d + D_{dg} = 40200 + 100.3 = 40300.3\text{m}$$

考虑到图纸伸缩变形的影响，量取的方格边长 da 往往不等于理论长度 l（10cm）。为了提高测量精度，还应量取 ma 和 gc 的长度。若量取的边长 da 不等于理论长度 l 时，为了使求得的坐标值精确，可采用下式计算

$$x_p = x_d + (l/da) \cdot dm \cdot M$$
$$y_p = y_d + (l/dc) \cdot dg \cdot M \tag{7-4}$$

式中　M——地形图比例尺的分母。

7.3.2　求图上某一点高程

对于地形图上一点的高程，可以根据等高线及高程注记确定之。如该点正好在等高线上，可以直接从图上读出其高程，例如图 7-16 中 q 点高程为 64m。如果所求点不在等高线上，根据相邻等高线间的等高线平距与其高差成正比例原则，按等高线勾绘的内插方法求得该点的高程。如图 7-16 中所示，过 p 点作一条大致垂直于两相邻等高线的线段 mn，量取 mn 的图上长度 d_{mn}，然后再量取 mp 的图上长度 d_{mp}，则 p 点的高程

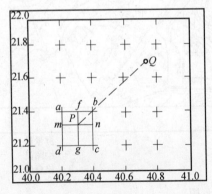

图 7-15　确定图上点的坐标（比例尺 1:2000）

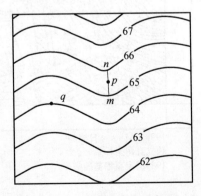

图 7-16　确定图上点的高程

138

$$H_p = H_m + h_{mp}$$
$$h_{mp} = (d_{mp}/d_{mn}) \cdot h_{mn} \qquad (7\text{-}5)$$

式中，$h_{mn} = 1\text{m}$，为本图幅的等高距，$d_{mp} = 3.5\text{mm}$，$d_{mn} = 7.0\text{mm}$，则

$$h_{mp} = (3.5/7.0) \cdot 1 = 0.5\text{m}$$
$$H_p = 65 + 0.5 = 65.5\text{m}$$

根据等高线勾绘的精度要求，也可以用目估的方法确定图上一点的高程。

7.3.3 确定图上直线的长度

如图 7-15 所示，为了消除图纸变形的影响，可根据两点的坐标计算水平距离。首先，按式（7-4）求出图上 P、Q 两点的坐标 (x_P, y_P)，(x_Q, y_Q)，然后按式（7-6）计算水平距离 D_{PQ}

$$D_{PQ} = \sqrt{\Delta x_{PQ}^2 + \Delta y_{PQ}^2} = \sqrt{(x_Q - x_P)^2 + (y_Q - y_P)^2} \qquad (7\text{-}6)$$

也可以用毫米尺量取图上 P、Q 两点间距离，再按比例尺换算为水平距离，但后者受图纸伸缩的影响较大。

7.3.4 确定图上直线的坐标方位角

如图 7-17 所示，欲求直线 AB 的坐标方位角。依反正切函数，先求出图上 A、B 两点的坐标 (x_A, y_A)、(x_B, y_B)，然后按下式计算出直线 AB 坐标方位角。

$$\alpha_{AB} = \arctan(\Delta y_{AB}/\Delta x_{AB}) \qquad (7\text{-}7)$$

当直线 AB 距离较长时，按式（7-7）可取得较好的结果。也可以用图解的方法确定直线坐标方位角。首先过 A、B 两点精确地作坐标格网 X 方向的平行线，然后用量角器测得直线 AB 的坐标方位角。

同一直线的正、反坐标方位角之差应为 $180°$。

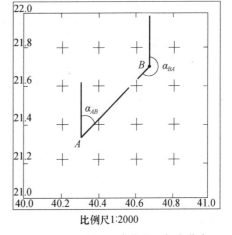

图 7-17 确定图上直线的坐标方位角

7.3.5 确定直线的坡度

设地面两点 m、n 间的水平距离为 D_{mn}，高差为 h_{mn}，直线的坡度 i 为其高差与相应水平距离之比：

$$i_{mn} = h_{mn}/D_{mn} = h_{mn}/(d_{mn} \cdot M) \qquad (7\text{-}8)$$

式中　d_{mn}——地形图上 m、n 两点间的长度，m；

　　　M——地形图比例尺分母；

坡度 i 常以百分率表示。

图 7-16 中 m、n 两点间高差为 $h_{mn} = 1.0\text{m}$，量得直线 mn 的图上距离为 7mm，并设地形图比例尺为 1:2000，则直线 mn 的地面坡度为 $i = 7.14\%$。如果两点间的距离较长，中间通过疏密不等的等高线，则上式所求地面坡度为两点间的平均坡度。

7.3.6 面积的计算

在规划设计和工程建设中，常常需要在地形图上测算某一区域范围的面积，如求平整土地的填挖面积；规划设计城镇一区域的面积、厂矿用地面积，渠道和道路工程的填、挖断面

的面积、汇水面积等。下面我们介绍几种量测面积的常用方法。

7.3.6.1 解析法

在要求测定的面积具有较高精度，且图形为多边形，各顶点的坐标值为已知值时，可采用解析法计算面积。

如图 7-18 所示，欲求四边形 1234 的面积，已知其顶点坐标为 $1(x_1, y_1)$、$2(x_2, y_2)$、$3(x_3, y_3)$ 和 $4(x_4, y_4)$，则其面积相当于相应梯形面积的代数和，即

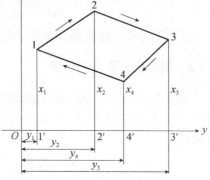

图 7-18　坐标解析法

$$S_{1234} = S_{122'1'} + S_{233'2'} - S_{144'1'} - S_{433'4'}$$

$$= \frac{1}{2}\left[(x_1 + x_2)(y_2 - y_1) + (x_2 + x_3)(y_3 - y_2) - (x_1 + x_4)(y_4 - y_1) - (x_3 + x_4)(y_3 - y_4)\right]$$

整理得

$$S_{1234} = \frac{1}{2}\left[x_1(y_2 - y_4) + x_2(y_3 - y_1) + x_3(y_4 - y_2) + x_4(y_1 - y_3)\right]$$

对于 n 点多边形，其面积公式的一般式

$$S = \frac{1}{2}\sum_{i=1}^{h} x_i(y_{i+1} - y_{i-1}) \tag{7-9}$$

$$S = \frac{1}{2}\sum_{i=1}^{n} y_i(x_{i+1} - x_{i-1}) \tag{7-10}$$

式中　i——多边形各顶点的序号。当 i 取 1 时，$i-1$ 就为 n，当 i 为 n 时，$i+1$ 就为 1。

式（7-9）和式（7-10）的运算结果应相等，可作校核。

7.3.6.2 几何图形法

若图形是由直线连接的多边形，可将图形划分为若干个简单的几何图形，如图 7-19 所示的三角形、矩形、梯形等；然后用比例尺量取计算所需的元素（长、宽、高），应用面积计算公式求出各个简单几何图形的面积；最后取代数和，即为多边形的面积。

图形边界为曲线时，可近似地用直线连接成多边形，再计算面积。

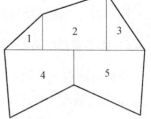

图 7-19　几何图形计算法

7.3.6.3 透明方格网

对于不规则曲线围成的图形，可采用透明方格法进行面积量算。用透明方格网纸（方格边长一般为 1mm、2mm、5mm、10mm）蒙在要量测的图形上，先数出图形内的完整方格数，然后将不够一整格的用目估折合成整格数，两者相加乘以每格所代表的面积，即为所量算图形的面积，即

$$S = nA \tag{7-11}$$

式中　S——所量图形的面积；

　　　n——方格总数；

　　　A——1 个方格的面积。

7.3.6.4 平行线法

方格法的量算受到方格凑整误差的影响，精度不高，为了减少边缘因目估产生的误差，可采用平行线法。

如图 7-20 所示，量算面积时，将绘有间距 $d = 1\text{mm}$ 或 2mm 的平行线组的透明纸覆盖在待算的图形上，则整个图形被平行线切割成若干等高 d 的近似梯形，上、下底的平均值以 l_i 表示，则图形的总面积为

$$S = dl_1 + dl_2 + \cdots + dl_n$$

则
$$S = d\sum l$$

图形面积 S 等于平行线间距乘以梯形各中位线的总长。最后，再根据图的比例尺将其换算为实地面积，其值为

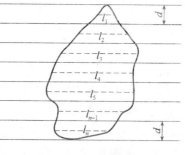

图 7-20　平行线法

$$S = d\sum l M^2 \tag{7-12}$$

式中　M——地形图的比例尺分母。

另外，也可以用电子求积仪直接测量图形面积，求积仪是一种专门用来量算图形面积的仪器，其优点是量算速度快，操作简便，适用于各种不同几何图形的面积量算而且能保持一定的精度要求。

7.4　地形图在工程规划设计中的应用

7.4.1　绘制已知方向线的纵断面图

纵断面图是反映指定方向地面起伏变化的剖面图。在道路、管道等工程设计中，为进行填、挖土（石）方量的概算，合理确定线路的纵坡等，均需详细地了解沿线路方向上的地面起伏变化情况，为此常根据大比例尺地形图的等高线绘制线路的纵断面图。

如图 7-21 所示，欲绘制直线 AB、BC 纵断面图，具体步骤如下。

（1）在图纸上绘出表示平距的横轴 PQ，过 A 点作垂线，作为纵轴，表示高程。平距的比例尺与地形图的比例尺一致；为了明显地表示地面起伏变化情况，高程比例尺往往比平距比例尺放大 $10 \sim 20$ 倍。

（2）在纵轴上标注高程，在图上沿断面方向量取两相邻等高线间的平距，依次在横轴上标出，得 b、c、d、$\cdots$、l 及 C 等点。

（3）从各点作横轴的垂线，在垂线上按各点的高程，对照纵轴标注的高程确定各点在剖面上的位置。

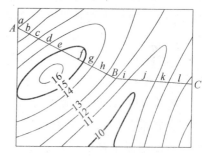

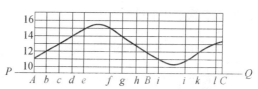

图 7-21　绘制已知方向的纵断面图

（4）用光滑的曲线连接各点，即得已知方向线 A—B—C 的纵断面图。

7.4.2　按规定坡度选定最短路线

在道路、管道等工程规划中，一般要求按限制坡度选定一条最短路线。如图 7-22 所示，设从公路旁 A 点到山头 B 点选定一条路线，限制坡度为 4%，地形图比例尺为 $1:2000$，等高距为 1m，具体选定最短离线的方法如下。

（1）确定线路上的两相邻等高线间的最小等高线平距，其值为

$$d = \frac{h}{iM} = \frac{1\text{m}}{0.04 \times 2000} = 12.5\text{mm}$$

（2）先以 A 点为圆心，以 d 为半径，用圆规画弧，交81m等高线于1点，再以1点为圆心同样以 d 为半径画弧，交82m等高线于2点，依次到 B 点。连接相邻点，便得同坡度路线 $A—1—2—\cdots—B$。

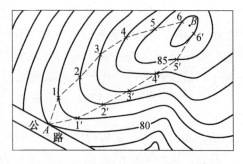

图7-22 按规定坡度选定最短路线

在选线过程中，有时会遇到两相邻等高线间的最小平距大于 d 的情况，即所作圆弧不能与相邻等高线相交，说明该处的坡度小于指定的坡度，则以最短距离定线。

（3）在图上还可以沿另一方向定出第二条线路 $A'—1'—2'—\cdots—B$，可作为方案的比较。在野外实际工作中，还需要考虑工程上其他因素，如少占或不占耕地，避开不良地质构造，减少工程费用等，最后确定一条最佳路线。

7.4.3 确定汇水面积

在设计桥梁、涵洞、水利等工程时，都需要知道有多大面积的雨水汇聚到这里，这个面积叫汇水面积。

由于地表上的雨水是沿山脊线向两侧分流，所以汇水范围的确定，就是在地形图上自选定的断面起，沿山脊或其他分水线而求得，如图7-23所示，为某水库库区的地形图，坝址上游分水线所围成的面积，即虚线所包围的部分为汇水面积。

确定汇水范围时应注意以下两点：

（1）边界线应与山脊一致，且与等高线垂直。

（2）边界线是经过一条到山头和鞍部的曲线，并与河谷的指定断面闭合。图上汇水范围确定后，可用面积求算方法求得汇水面积。

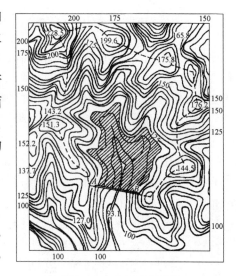

图7-23 确定汇水面积

7.4.4 地形图在平整场地中的应用

工程建设中，常常要将建筑区的自然地貌改造成水平面或倾斜平面，以满足各类建筑物的平面布置、地表水的排放、地下管线敷设和公路铁路施工等需要。在大型工程的规划设计中，一项重要的工作是估算土（石）方的工程量，即利用地形体进行挖填土（石）方的概算，方格网法是其中应用最广泛的一种。下面分两种情况介绍该方法。

7.4.4.1 水平场地平整

水平场地平整是按挖、填土（石）方量平整的原则，将建筑区内的原地形改造成水平场地。主要工作是首先根据设计要求计算出设计平面高程，然后估算挖填土（石）方量。其具体步骤如下：

（1）在场地图上绘制方格网

如图7-24所示，在地形图上的拟建场地内绘制方格网。方格边长的大小取决于地形图比例尺、地形复杂程度以及土（石）方估算的精度要求。根据地形情况，边长一般取为10m或20m。

（2）设计平面的高程计算

为保证挖、填土（石）方量平衡，设计平面的高程应等于建筑区内的原地形的平均高程。平均高程的计算方法如下：

首先根据地形图上的高程线内插求出各方格顶点的高程，并注记在相应方格顶点的左上方，然后根据方格顶点的高程计算各方格的平均高程，再把每个方格的平均高程相加除以方格总数。结合图7-24，分析设计高程H_0的计算过程可以看出：方格网的角点$A1$、$A5$、$E1$、$E5$的高程在计算H_0中只用了一次，边点$A2$、$A3$、$A4$、$B1$、$B5$、$C1$、$C5$、…的高程用了两次，拐点的高程用了三次，而中间点$B2$、$B3$、$B4$、$C2$、$C3$、$C4$、…的高程都用了四次，因此，设计高程的计算公式可总结为：

$$H_0 = \left\{ \sum H_角 + 2\sum H_边 + 3\sum H_拐 + 4\sum H_中 \right\}/4n \qquad (7\text{-}13)$$

将图7-24中方格网顶点的高程代入式（7-13），可计算出设计高程是63.7m。在地图上内插出63.7m等高线，也称为挖、填边界线。

（3）计算挖、填高度

根据设计高程和方格顶点的高程，可以计算出每一方格顶点的挖、填高度：

$$挖、填高度 = 地面高度 - 设计高度 \qquad (7\text{-}14)$$

各方格顶点的挖、填高度写于相应方格顶点的右上方。正号为挖深，负号为填高。如图7-24所示，挖、填边界线上绘有短线的一侧为填土区，其挖、填高度全为负；挖、填边界线上另一侧为挖土区，其挖、填高度全为正。

（4）挖、填土方量计算

如图7-25所示，挖、填土方量可按角点、边点、拐点和中点分别按下式计算。

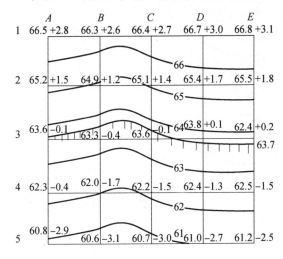

图7-24　平整为水平场地

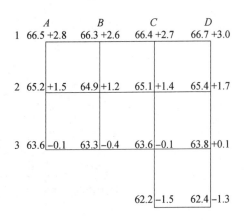

图7-25　挖、填土方量计算

角点：挖（填）高度×1/4方格面积

边点：挖（填）高度×2/4方格面积

拐点：挖（填）高度×3/4方格面积

中点：挖（填）高度×1方格面积 (7-15)

设每一方格实地面积为100m²，由前计算得设计高程是63.7m，每一方格顶点的挖深或填高数据按式（7-14）分别计算出，并注记在相应方格顶点的右上方。挖、填土方量按式（7-15）计算，其计算过程见表7-5，计算出总挖方量1257.5m³，总填方量为1225.0m³。

表7-5

点类	土方	
	挖方量（m³）	填方量（m³）
角点	147.5	135.0
边点	590.0	590.0
中点	520.0	500.0
拐点		
合计	1257.5	1225.0

可以看出，用上述方法确定的设计平面可以满足挖、填方量平衡的要求。

7.4.4.2 倾斜平面场地平整

通常，倾斜平面场地平整也是根据设计要求和挖、填土（石）方量衡量的原则，在地形图上绘出设计倾斜平面的等高线，进而将原地形改造成具有某一坡度的倾斜平面。但是，有时要求所设计的倾斜平面必须包含不能改动的某些高程点（称为设计斜平面的控制高程点）。例如，已有道路的中点线高程点；永久性或大型建筑物的外墙地坪高程等。如图7-26所示，设A、B、C三点为控制高程点，相应地面高程分别为80.6m、84.2m和83.8m。场地平整后的倾斜平面必通过A、B、C三点。其设计步骤如下：

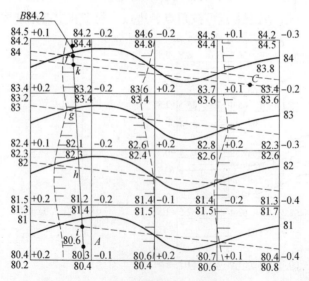

图7-26 平整为倾斜场地

（1）确定斜平面上设计等高线

如图7-26所示，过A、B两点作一直线，按比例内插法在该直线上分别求出i、h、g、

f，对应于高程 81m、82m、83m、84m 的点。这些高程点的位置，也就是设计斜平面上相应等高线应经过的位置。由于设计斜平面经过 A、B、C 三点，可在 A、B 直线上内插出一点 k，使其高程等于 C 点高程 83.8m。连接 k、C，则 kC 直线的方向就是设计斜平面上等高线的方向。

（2）确定挖、填边界线

首先绘出设计斜平面上相应 81m、82m、83m、84m 的各条等高线。为此，过 i、h、g、f 各点作 kC 直线的平行线（图中虚线），即为设计斜平面上相应的等高线。将设计斜平面上的等高线和原地形上同名等高线的交点，用光滑曲线连接，即为挖、填边界线。挖、填边界线上原地形高程等于设计斜平面上对应的点高程。图 7-26 中，挖、填边界上绘有短线的一侧为填土区，另一侧为挖土区。

在地形图上绘制方格网，并确定原地形上各方格顶点的高程，注记在方格顶点的左上方。

根据设计斜平面上等高线求得各方格顶点的设计高程，注记在方格顶点的左下方。挖、填高度按式（7-14）计算，并记在各方格顶点的右上方。

（3）计算挖、填土方量

设图 7-26 中方格边长为 10m，每方格实地面积为 $100m^2$，挖方量和填方量按式（7-15）分别计算，得到总挖方量 $122.5m^3$，总填土方量为 $177.5m^3$，见表 7-6 所示。

表 7-6

点类	土方	
	挖方量（m^3）	填方量（m^3）
角点	7.5	17.5
边点	45.0	70.0
中点	70.0	90.0
拐点		
合计	122.5	177.5

上岗工作要点

1. 学会利用地形图计算图上某点坐标、高程；图上直线的长度、坐标方位角、坡度；某一区域范围的面积。
2. 能够利用地形图解决工程中的具体问题。
3. 能够利用地形图绘制已知方向线的纵断面。
4. 能够利用地形图确定汇水面积。
5. 学会在平整场地中正确使用地形图。

本章小结 小面积大比例尺的地形图现在大多由专业的工程部门测绘，因此了解地形图的基本知识、掌握地形图在建筑工程规划设计中的应用等专业知识是工程设计与施工管理人员必备的知识。

了解大比例地形图的分幅与编号，了解地形图上地物与地貌的表示方法。

根据等高线的疏密判断地面坡度的缓与陡，即在同一幅地形图上，等高线平距 d 越大，

坡度 i 越小；等高线平距 d 越小，坡度 i 越大，如果等高线平距相等时，则坡度相同。

利用地形图进行规划设计，首先要知道设计点的平面位置，通常是根据图廓坐标和点的图上位置，内插出设计点的平面直角坐标。

对于地形图上一点的高程，可以根据等高线及高程注记确定之。

工程建设中，常常要建筑区的自然地貌改造成水平面或倾斜平面，以满足各类建筑物的平面布置、地表水的排放、地下管线敷设和公路铁路施工等需要。在大型工程的规划设计中，一项重要的工作是估算土（石）方的工程量，即利用地形体进行挖填土（石）方的概算，方格网法是其中应用最广泛的一种。

技能训练八　场地平整与土方计算

一、目的与要求

掌握水平场地平整和倾斜场地平整设计与土（石）方量计算方法。

二、准备工作

1. 绘图工具：每人准备铅笔、橡皮、三角板、计算器各一个。

2. 阅读材料：地形图在平整土地中的应用。

三、水平场地平整设计方法与步骤

如图 1 所示，将建筑区内的原地貌改造成水平场地。要求满足挖、填土（石）方量平衡的原则。则其主要工作是根据设计要求计算出设计平面高程和挖填土（石）方量。

1. 地形图上绘制方格网

在地形图上的拟建场地内绘制方格网，方格边长的大小取决于地形图比例尺、地形复杂程度以及土方估算的精度要求。根据地形情况，边长一般取为 10m 或 20m。本例中取方格边长为 10m。

2. 设计平面高程计算

设计平面高程计算方法如下：首先根据地形图上的等高线内插求出各方格顶点的高程，并注记在相应方格顶点的左上方，然后根据方格顶点的高程分别计算各方格的平均高程，再把每

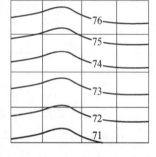

图 1

个方格的平均高程相加除以方格总数，就得到拟建场地的设计平面高程 H_0，也可按下面公式计算设计高程 H_0。

$$H_0 = (\sum H_角 + 2 \sum H_边 + 3 \sum H_拐 + 4 \sum H_中)/4n$$

在地形图上内插出 H_0 的等高线，也称为挖、填边界线。

3. 计算挖、填高度

根据设计高程和方格顶点的高程按：挖、填高度 = 地面高程 – 设计高程，可以计算出每一方格顶点的挖、填高度，各方格顶点的挖、填高度注于相应方格顶点的右上方。正号为挖深，负号为填高。

4. 挖、填土（石）方量计算

挖、填土方量可按角点、边点、拐点和中点分别按下式计算。

角点：挖（填）高度 ×1/4 方格面积

边点：挖（填）高度 ×2/4 方格面积

拐点：挖（填）高度×3/4 方格面积

中点：挖（填）高度×1 方格面积

假设方格边长为 10m，则每小方格实地面积为 100m²，根据上面公式，分别计算角点、边点、中点（本算例中无拐点）上的挖方量或填土方量，然后累计算出总挖方量和总填方量。计算过程与结果填入表 1。显然，用上述方法确定的设计平面应该满足挖、填平衡的要求。

表 1

点类	土方	
	挖方量（m³）	填方量（m³）
角点		
边点		
中点		
拐点		
合计		

四、倾斜平面场地平整设计方法与步骤

在地形图上绘出设计倾斜平面的等高线，进而将原地形改造成具有某一坡度的倾斜平面。要求设计的倾斜平面必须包含不能改动的 A、B、C 三个控制高程点，相应地面高程分别为 60.6、64.2 和 63.8。其设计步骤如下：

1. 确定斜平面上设计等高线

如图 2 所示，过 A、B 两点作一直线，按比例内插法在该直线上分别求出 i、h、g、f，对应于高程 61m、62m、63m、64m 的点。这些高程点的位置，也就是设计斜平面上相应等高线应经过的位置。由于设计斜平面经过 A、B、C 三点，可在 A、B 直线上内插出一点 k，使其高程等于 C 点高程 63.8m。连接 k、C，则 kC 直线的方向就是设计斜平面上等高线的方向。

2. 确定挖、填边界线

首先绘出设计斜平面上相应 61m、62m、63m、64m 的各条等高线。为此，过 i、h、g、f 各点作 kC 直线的平行线（图中的虚线），即为设计斜线平面上

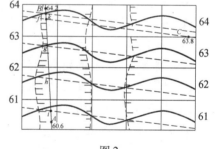

图 2

相应的等高线。将设计斜平面上的等高线和原地形上同名等高线的交点，用光滑曲线连接，即为挖、填边界线。挖、填边界线上原地形高程等于设计斜平面上对应点高程。挖、填边界线上填土区一侧绘制短线，则另一侧为挖土区。

3. 计算挖、填高度

在地面图上绘制方格网，并确定原地形上各方格顶点的高程，注记在方格顶点的左上方。根据设计斜平面上等高线求得各方向顶点的设计高程，注记在方格顶点的左上方。挖、填高度按式（7-14）计算，并记在各方格顶点的右上方。

4. 计算挖、填土方量

设图 2 中方格边长为 10m，每方格实地面积为 100m²，挖方量和填方量按式（7-15）分别计算，计算过程与结果填入表 2。

表2

点类	土方	
	挖方量（m³）	填方量（m³）
角点		
边点		
中点		
拐点		
合计		

思考题与习题

1. 什么是地形图？

2. 什么是比例尺？常用的比例尺有哪两种？什么是大比例尺地形图？

3. 什么是比例尺精度？试述它有何作用？

4. 地物符号有哪些类型？各用于何种情况？是否同一种地物绘制在不同比例尺地形图上，必须用相同的地物符号？

5. 什么是等高线、等高距、等高线平距？在同一幅地形图上等高线平距、等高距和地面坡度有何关系？

6. 等高线有哪四种？为什么要划分为这四种类型？

7. 等高线有何特征？

8. 地形图识图的主要目的是什么？地形图识读时应注意哪些问题？

9. 地形图应用有哪些基本内容？

10. 土地平整的基本原则是什么？何为挖填边界线？

11. 在图1所示的1∶2000地形图上完成以下工作：

（1）确定 A、B 两点的坐标；

（2）计算直线 AB 的距离和坐标方位角，并与图上量得距离和坐标方位角进行比较；

（3）求 A、C 两点高程和直线 AC 坡度。

12. 拟将图2所示地形平整为水平场地，图中各方格面积100m²，请完成以下工作：

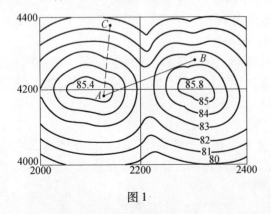

图1

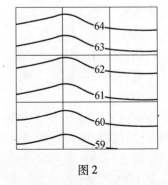

图2

（1）求各方格顶点的高程；

（2）求水平场地的设计高程；

（3）绘出挖填边界线；

（4）求各方格顶点的挖、填高度；

（5）计算挖、填土方量。

13. 拟将图3所示地形平整为过点 A、B、C 三点的倾斜平面场地，图中各方向面积 $100m^2$。请完成以下工作：

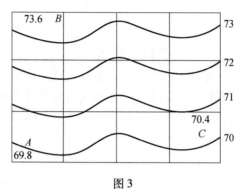

图3

（1）确定倾斜平面上设置等高线；

（2）确定挖、填边界；

（3）计算挖、填高度；

（4）计算挖、填土方量。

第8章 施工测量的基本工作

重点提示

1. 了解施工测量的概念、目的、特点、工作原则及精密度要求。
2. 掌握测设已知水平距离、已知水平角、已知高程三项基本测设工作方法。
3. 掌握极坐标、直角坐标、角度交会、距离交会等测设点平面位置的方法，并能正确计算放样数据和绘制放样草图。
4. 掌握已知坡度线的测设放样方法。

开章语 本章主要讲述施工测量的基本概念；已知水平距离、已知水平角、已知高程、已知坡度线等的测设放样方法；点的平面位置的测设方法等测设工作的基本知识。通过对本章内容的学习，同学们应掌握距离、水平角、高程、坡度测设方法等基本专业理论知识；同时应具有点的平面位置的测设等基本的专业操作能力。

8.1 施工测量概述

各种工程在施工阶段所进行的测量工作称为施工测量。包括：施工前施工控制网的建立；施工期间将图纸上所有设计的建（构）筑物的平面位置和高程测设到相应的地面上；工程竣工后测绘各建（构）筑物的实际位置和高程；以及在施工和管理期间对建（构）筑物进行变形和沉降观测等。

8.1.1 施工测量的特点

施工测量与地形测量相反，它是将图纸上的建筑物、构筑物按其设计位置和高程，测设到地面上，作为施工的依据。因此，测量员应熟悉图纸，对放样数据要反复校核，对所用的仪器、工具应进行检验校正，放样之后，还要对建筑物自身尺寸进行检查，以确保建（构）筑物关系位置正确。

施工测量与施工进度及工程质量关系密切，因此，测量员应了解施工方案，掌握施工进度，使测量工作能满足施工进展要求。

由于机械化施工和施工现场建筑材料的堆放，人来车往，土方填挖量大以及交叉作业等原因，使得地面变化和震动大，各种测量标志易遭破坏，因此，必须将测量标志埋设牢固，妥善保护，经常检查，及时恢复。

施工现场工种繁多，干扰较大，测设方法和计算方法应力求简捷，以保证各项工作衔接。同时要注意仪器安全和人身安全。

8.1.2 施工测量的原则

施工测量与地形测量一样，也必须遵循"从整体到局部，先控制后细部"的原则。因此，在施工之前，应在施工场地上建立统一的施工平面控制网和高程控制网，作为施工放样各种建筑物和构筑物位置的依据。这一原则能使分布较广的建筑物、构筑物保持同等精度进行测设，以保证各建筑物、构筑物之间的关系位置正确。有关施工控制测量的内容将在后面章节中作详细介绍。施工测量的另一原则也是"步步有校核"，以防止差、错、漏的发生。

8.1.3 施工测量的精度

为了保证建筑物、构筑物放样的正确性和准确性，施工测量必须达到一定的精度要求。

施工控制网的精度，由建筑物、构筑物的定位精度和控制网的范围大小等决定。当点位精度要求较高和施工场地较大时，施工控制网应具有较高的精度。具体要求可参照不同工程的有关规范。

总之，测量应根据具体的测设对象，制定切实可行且必须满足工程要求的精度标准，保证工程的施工质量。如果制定的标准偏低，将影响施工质量，这是不容许的；如果太高，则会造成不必要的人力、物力浪费。概括起来讲，对于精度问题，因具体工程而异，既要满足工程要求，又要经济合理。

8.2　测设的基本工作

测设就是根据已有的控制点或地物点，按工程设计要求，将建（构）筑物的特征点在实地上标定出来，因此首先要确定特征点与控制点或原有建筑物之间的角度、距离和高程关系，这些关系称为测设数据，然后利用测量仪器，根据测量数据将特征点测设于地面。测设的基本工作包括水平距离、水平角和高程的测设。

8.2.1 已知水平距离的测设

水平距离的测设是根据给定的起点和方向，按设计要求的长度，标定出线段的终点位置。

8.2.1.1 钢尺测设

（1）一般方法

测设给定的水平距离，当精度要求不高时，可用钢尺从已知起点 A 开始，根据所给定的水平距离，沿已知方向定出水平距离的另一端点 B'，为了校核，将钢尺移动 $10 \sim 20cm$，同法再测设一点 B''，若两次点位之差在限差之内，则取两次端点平均位置 B 作为最后的位置，如图8-1所示。

（2）精确方法

精确地测设水平距离，必须考虑尺长改正、温度改正和倾斜改正。根据给定的水平距离 D 计算出在地面上应测量的距离 D'

图 8-1　水平距离测设的一般方法

$$D' = D - (\Delta l_d + \Delta l_t + \Delta l_h) \tag{8-1}$$

然后根据计算结果，进行测设。举例如下：

已知待测设的水平距离 $D_{AB} = 26.000m$，在测设前进行概量定出端点，并测得两点之间的高差 $h_{AB} = 0.800m$，设使用的钢尺尺长方程式 $l_t = 30 + 0.005 + 0.000012 \times 30\ (t - 20℃)\ m$，测设时的温度 $t = 25℃$，求 D' 的长度。

按第4章中的方法求出三项改正数。

①尺长改正　$\Delta L_d = \dfrac{\Delta L}{L_0} D = \dfrac{0.005}{30.000} \times 26.000 = +0.0043\text{m}$

②温度改正　$\Delta L_t = \alpha(t-20)D$
$= 0.000012 \times (25-20) \times 26.000 = +0.0016\text{m}$

③倾斜改正　$\Delta L_h = -\dfrac{h^2}{2D} = -\dfrac{(0.8)^2}{2 \times 26} = -0.0123\text{m}$

最后结果　$D' = D - (\Delta L_d + \Delta L_t + \Delta L_h)$
$= 26 - (0.0043 + 0.0016 - 0.0123) = 26.0064\text{m}$

故测设时应在已知方向上量出 26.0064m 定出端点 B，要求测设两次求其平均值位置并进行校核。

8.2.1.2　光电测距仪测设

由于光电测距仪的普及，目前水平距离测设，尤其是长距离的测距多采用光电测距仪。

（1）趋近法

如图 8-2 所示安置光电测距仪于 A 点，用视距法测设已知水平距离 D，定一点 B。用光电测距仪测出 AB 的水平距离 D'，算出 D' 与 D 之差值：

$$\Delta D = D - D' \qquad (8-2)$$

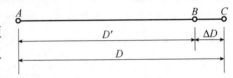

图 8-2　光电测距仪测设已知水平距离

当 ΔD 为正时，说明 AB 小于 D，再用钢尺从 B 点沿 AB 方向，向前量 ΔD 得 C 点。若 ΔD 为负，则沿 BA 方向量 ΔD。

将反光镜移到 C 点，再测 AC 实长 D'' 与 D 之差在限差之内，则 AC 为最后的测设结果；如果 D'' 与 D 之差超过限差，则按上述方法再次测设，知道 ΔD 小于规定限差时为止，从而定出 C 点。

（2）跟踪法

当距离较长时，宜用自动跟踪的光电测距仪进行测设，如图 8-2 所示，安置仪器于 A 点测出气象参数，温度 t 和气压 p，输入到仪器中，观测时将由仪器自动改正。

将反光镜安置于 C 点附近，开动光电测距仪自动跟踪开关，进行跟踪测量，并根据所显示的斜距稍大于已知距离 D 时，停止跟踪，测出竖直角 α，根据平距和竖直角 α，计算斜距 $D' = \dfrac{D}{\cos\alpha}$，再按自动跟踪键，并在 AB 直线上移动反光镜，这时测距仪上会不断显示距离变化的数字，直至显示 D' 长度时，反光镜停止移动，再测竖直角 α'，若 D 与 $D' \cdot \cos\alpha'$ 之差在限差之内，便将镜站中心投到地面上 C 点处，得到水平距离另一端点 C。

8.2.2　已知水平角的测设

水平角测设是根据一个已知方向及所给定的角值在地面上标定出该角的另一个方向。

8.2.2.1　一般方法

如图 8-3 所示，OA 为已知方向，欲在 O 点测 β 角，定出该角的另一边 OC，可按下列步骤进行操作。

（1）安置经纬仪于 O 点，盘左瞄准 A 点，同时水平度盘读书为：$0°00'00''$。

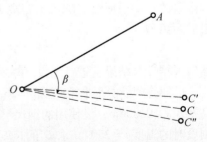

图 8-3　一般方法测设已知水平角

（2）顺时针旋转照准部，使水平度盘增加 β 时，在视线方向定出一点 C'。

（3）纵转望远镜成盘左，瞄准 A 点，读取水平度盘读数。

（4）顺时针旋转照准部，使水平盘读数增加 β 时，在视线方向定出一点 C''。若 C' 和 C'' 重合，则所测设之角已为 β。若 C' 和 C'' 重合，取 C' 和 C'' 的中点 C，得到 OC 方向，则 $\angle AOC$ 就是多测设的 β 角。因为 C 点是 C' 和 C'' 的中点，故此方法亦称盘左、盘右取中方法。

8.2.2.2 精确方法

当水平角测设精度要求较高时，可采用垂直支距法进行修正。如图 8-4 所示，在 O 点安置经纬仪，先用盘左盘右取中方法测设 β 角，在地面上定出 C 点，再用测回法多个测回测出 $\angle AOC$ 得 β_1。设 $\Delta\beta = \beta_1 - \beta$，根据 $\Delta\beta$ 和 OC 的长度，计算垂直支距 CC_0。

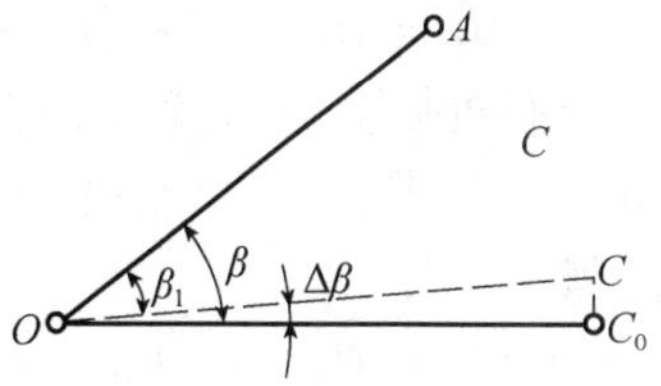

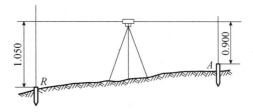

图 8-4 精密方法测设已知水平角

$$CC_0 = OC \cdot \tan\Delta\beta \approx OC \cdot \frac{\Delta\beta''}{\rho''} \qquad (8-3)$$

式中 $\rho'' = 206265''$

过 C 点作 OC 的垂线，从 C 点沿垂线方向向外侧（$\Delta\beta < 0$）或向内则（$\Delta\beta > 0$）量支距 CC_0 定出 C_0 点，则 $\angle AOC_0$ 就是所测设的 β 角。为了检核，再用测回法测出 $\angle AOC_0$，其值与 β 角之差应小于限差。

【例 8-1】 已知地面上 A、O 两点，要测设直角 $\angle AOC$。

做法：找 O 点安置经纬仪，利用盘左盘右取中方法测设直角，得中点 C，量得 $OC = 50\mathrm{m}$，用测回法测了三个测回，测得 $\angle AOC = 89°59'30''$。

$$\Delta\beta = 89°59'30'' - 90°00'00'' = -30''$$

$$CC_0 = OC \cdot \frac{\Delta\beta}{\rho''} = 50 \times \frac{30''}{206265''} = 0.007\mathrm{m}$$

过 C 点作 OC 的垂线 CC_0 向外测量（$\Delta\beta < 0$）$CC_0 = 0.007\mathrm{m}$ 定得 C_0 点，则 $\angle AOC_0$ 即为直角。

8.2.3 已知高程的测设

高程测设是根据邻近水准点高程，在现场标定出某设计高程的位置。

8.2.3.1 一般高程测设

如图 8-5 所示，设某建筑物室内地坪（ ± 0 ）的设计高程为 $H_{设} = 31.495\mathrm{m}$，附近一水准点 R 的高程为 $H_R = 31.345\mathrm{m}$，现要将室内地坪的设计高程测设在木桩 A 上，其测设步骤如下：

（1）安置水准仪于水准点 R 和木桩 A 之间，读取水准点 R 上水准尺读数 $a = 1.050\mathrm{m}$。

图 8-5 已知高程测设图

（2）计算水准仪的视线高程 $H_{视}$ 及木桩 A 点水准尺上的应读数 $b_{应}$：

$$H_{视} = H_R + a = 31.345 + 1.050 = 32.395\mathrm{m}$$

$$b_{应} = H_{视} - H_{设} = 32.395 - 31.495 = 0.900\mathrm{m}$$

（3）将水准点靠在木桩 A 的一侧上下移动，当水准仪水平视线读数恰好为 $b_{应} = 0.900\mathrm{m}$ 时，在木桩侧面沿水准尺底边画一横线，此线就是室内地坪设计高程（31.495m）的位置。

8.2.3.2 高程传递

当需要向低处或高处传递高程时，由于水准尺长度有限，可借助钢尺进行高程的上、下传递。现以从高处向低处传递高程为例说明操作步骤。

如图 8-6 所示，已知高处水准点 A 的高程 H_A，需求低处水准点 B 的高程 H_B。施测时，用检定过的钢尺，挂一个与要求拉力相等的重锤，悬挂在支架上，零点一端向下，分别在高处和低处设站，读取图中所示水准尺读数 a_1、b_1 和 a_2、b_2，由此，可求得低处 B 点高程：

$$H_B = H_A + a_1 - (b_1 - a_2) - b_2 \quad (8-4)$$

从低处向高处传递高程方法与此类似。在图 8-6 中，若已知 B 点高程 H_B，求 A 点高程 H_A，则

$$H_A = H_B + b_2 + (b_1 - a_2) - a_1 \quad (8-5)$$

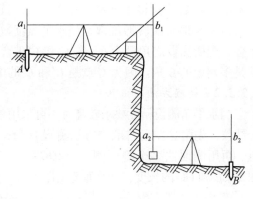

图 8-6　高程图传递

为了检核，应改变钢尺位置再测一次，两次高程之差应满足限差要求。

8.3　已知坡度线的测设

在道路和管道工程中，经常会遇到坡度线的测设工作。测设给定坡度线是根据现场附近水准点的高程、设计坡度和坡度端点的设计高程等，用高程测设方法将坡度线上各点的设计高程在地面上标定出来。测设的方法通常采用水平视线法和倾斜视线法。

8.3.1　水平视线法

如图 8-7 所示，A、B 为设计坡度线的两端点。A 点的设计高程 $H_A = 32.000\text{m}$，A、B 两点的距离为 75m。附近有一水准点 R，其高程 $H_R = 32.123\text{m}$。欲从 A 到 B 测设坡度 $i = -1\%$ 的坡度线，其测设步骤如下：

（1）沿 AB 方向，根据施工需要，按一定的间距 d 在地面上标定出中间点 1、2、3 的位置。图中 d_1、d_2、d_3 均为 20m，d_4 为 15m。

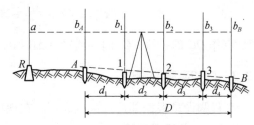

图 8-7　水平视线法测设坡度线

（2）按下式计算各桩点的设计高程

$$H_{设} = H_{起} + i \times d \quad (8-6)$$

则第 1 点的设计高程

$$H_1 = H_A + i \cdot d_1 = 32.000 + (-1\% \times 20) = 31.800\text{m}$$

则第 2 点的设计高程

$$H_2 = H_1 + i \cdot d_2 = 31.800 + (-1\% \times 20) = 31.600\text{m}$$

则第 3 点的设计高程

$$H_3 = H_2 + i \cdot d_3 = 31.600 + (-1\% \times 20) = 31.400\text{m}$$

B 点的设计高程

$$H_B = H_3 + i \cdot d_4 = 31.400 + (-1\% \times 15) = 31.250\text{m}$$

检核：$H_B = H_A + i \cdot D = 32.000 + (-1\% \times 75) = 31.250\text{m}$

（3）如图 8-7 所示，安置水准仪于水准点 R 附近，读数后视数 $a = 1.312\text{m}$，则水准仪的

视线高程为

$$H_视 = H_R + a = 32.123 + 1.312 + 33.435\text{m}$$

（4）按测设高程的方法，算出个桩点水准尺的应读数：

$$b_{A应} = H_视 - H_A = 33.435 - 32.000 = 1.435\text{m}$$

$$b_{1应} = H_视 - H_1 = 33.435 - 31.800 = 1.635\text{m}$$

$$b_{2应} = H_视 - H_2 = 33.435 - 31.600 = 1.835\text{m}$$

$$b_{3应} = H_视 - H_3 = 33.435 - 31.400 = 2.035\text{m}$$

$$b_{b应} = H_视 - H_B = 33.435 - 31.250 = 2.185\text{m}$$

（5）根据各点的应有读数指挥打桩，当水平视线在各桩顶水准尺读数都等于各自的应有读数时，则桩顶连线为设计坡度线。若木桩无法往下打时，可将水准尺靠在木桩的一侧，上下移动，当水准尺的读数恰好为应有读数时，在木桩侧面沿水准尺地面画一横线，此线即在 AB 坡度线上，图 8-7 中的 3 点。若桩顶高度不够，可立尺于桩顶，读取桩顶实读数 $b_实$，则

$$b_应 - b_实 = 填挖尺数 \tag{8-7}$$

当填挖尺数为"＋"时，表示向下挖深，填挖尺数为"－"时表示向上填高。图 8-7 中的 1 点，$b_{1应}$ 与 b_1 之差即为桩顶填土高度。

8.3.2 倾斜视线法

倾斜视线法是根据视线与设计坡度线平行时，其两线之间的铅垂距离处处相等的原理，以确定设计坡度上各点高程位置。这种方法适用于坡度较大，且地面自然坡度与设计坡度较一致的地段。其测设步骤如下：

（1）按高程测设方法将坡度线的端点的设计高程标定在地面的木桩上。其 A 点的高程 H_A 可在设计图上查到，B 点的高程 H_B 按下式计算

$$H_B = H_A + i \cdot D$$

式中　i——设计坡度。

（2）图 8-8 所示，将经纬仪安置于 A 点，并量取仪器高 i，瞄准 B 点的水准尺，使读数为仪器高 i，此时仪器的倾斜视线平行于设计坡度线。

（3）沿 AB 方向，根据施工需要，按一定的间距在地面上标定中间点 1、2、3 的位置。

（4）在各中间点上立水准尺，并由观测者指挥打桩，当桩顶读数均为 i 时，各桩顶的连线即为设计坡度线。

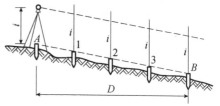

图 8-8　倾斜视线法测设坡度线

当坡度不大时，倾斜视线法可用水准仪进行。安置水准仪于 A 点，并使水准仪的一个脚螺旋在 AB 方向线上，另两个脚螺旋垂直于 AB 方向，量取仪器 i。瞄准 B 点水准尺，旋转 AB 方向的脚螺旋和微倾螺旋，使 B 点水准尺上的读数为仪器高 i，此时视线与设计坡度线平行。然后指挥打桩，当桩顶的读数均为 i 时，则各桩顶的连线就是设计坡度线。

8.4　点平面位置的测设

点的平面位置的测设方法有直角坐标法、极坐标法、角度交会法和距离交会法。实际测

设点的平面位置采用哪种方法，应根据控制网的形式、地下情况、现场条件及精度要求等因素确定。

8.4.1 直角坐标法

直角坐标法就是根据直角坐标原理，利用纵横坐标之差，测设点的平面位置。直角坐标法适用于施工控制网为建筑方格网或建筑基线的形式，且量距方便的建筑施工场地。

8.4.1.1 计算测设数据

如图 8-9 所示，Ⅰ、Ⅱ、Ⅲ、Ⅳ为建筑物施工场地的建筑方格网点，a、b、c、d 为需测设建筑物的四个角点，根据设计图上各点坐标值，可求出建筑物的长度、宽度及测设数据。

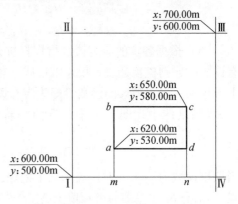

图 8-9 直角坐标法

建筑物的长度 $= y_c - y_a = 580.00\mathrm{m} - 530.00\mathrm{m} = 50.00\mathrm{m}$

建筑物的宽度 $= x_c - x_a = 650.00\mathrm{m} - 620.00\mathrm{m} = 30.00\mathrm{m}$

测设 a 点的测设数据（Ⅰ点与 a 点的纵横坐标之差）：

$$\Delta x = x_a - x_1 = 620.00\mathrm{m} - 600.00\mathrm{m} = 20.00\mathrm{m}$$
$$\Delta y = y_a - y_1 = 530.00\mathrm{m} - 500.00\mathrm{m} = 30.00\mathrm{m}$$

8.4.1.2 点位测设方法

（1）在Ⅰ点安置经纬仪，瞄准Ⅳ点，沿视线方向测设距离 30.00m，定出 m 点，继续向前测设 50.00m，定出 n 点。

（2）在 m 点安置经纬仪，瞄准Ⅳ点，按逆时针方向测设 90°角，由 m 点沿视线方向测设距离 20.00m，定出 a 点，作出标志，再向前测设 30.00m，定出 b 点，作出标志。

（3）在 n 点安置经纬仪，瞄准Ⅰ点，按顺时针方向测设 90°角，由 n 点沿视线方向测设距离 20.00m，定出 d 点，作出标志，再向前测设 30.00m，定出 c 点，作出标志。

（4）检查建筑物四角是否等于 90°，各边长是否等于设计长度，其误差均应在限差以内。

测设上述距离和角度时，可根据精度要求分别采用一般方法或精密方法。

8.4.2 极坐标法

极坐标法是根据一个水平角和一段水平距离，测设点的平面位置。极坐标法适用于量距方便，且待测设点距控制点较近的建筑施工场地。

8.4.2.1 计算测设数据

如图 8-10 所示，A、B 为已知平面控制点，其坐标值分别为 $A(x_A, y_A)$、$B(x_B, y_B)$，P 点为建筑物的一个角点，其坐标为 $P(x_P, y_P)$。现根据 A、B 两点，用极坐标法测设 P 点，其测设数据计算方法如下。

（1）计算 AB 边的坐标方位角 α_{AB} 和 AP 边的坐标方位角 α_{AP}，按坐标反算公式计算。

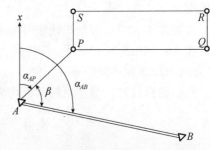

图 8-10 极坐标法

$$\alpha_{AB} = \arctan \frac{\Delta y_{AB}}{\Delta x_{AB}} \qquad \alpha_{AP} = \arctan \frac{\Delta y_{AP}}{\Delta x_{AP}}$$

注意：每条边在计算时，应根据 Δx 和 Δy 的正、负情况，判断该边所属象限。

（2）计算 AP 与 AB 之间的夹角。

$$\beta = \alpha_{AB} - \alpha_{AP}$$

（3）计算 A、P 两点间的水平距离。

$$D_{AP} = \sqrt{(x_P - x_A)^2 + (y_P - y_A)^2} = \sqrt{\Delta x_{AP}^2 + \Delta y_{AP}^2}$$

8.4.2.2　点位测设方法

（1）在 A 点安置经纬仪，瞄准 B 点，按逆时针方向测设 β 角，定出 AP 方向。

（2）沿 AP 方向自 A 点测设水平距离 D_{AP}，定出 P 点，作出标志。

（3）用同样的方法测设 Q、R、S 点。全部测设完毕后，检查建筑物四角是否等于 90°，各边长是否等于设计长度，其误差均应在限差以内。

同样，在测设距离和角度时，可根据精度要求分别采用一般方法或精密方法。

【例8-2】　已知：$x_P = 370.000$m，$y_P = 458.000$m，$x_A = 348.758$m，$y_A = 433.570$m，$\alpha_{AB} = 103°48'48''$，试计算测设数据 β 和 D_{AP}。

【解】　$\alpha_{AP} = \arctan \dfrac{\Delta y_{AB}}{\Delta x_{AB}} = \arctan \dfrac{458.000\text{m} - 433.570\text{m}}{370.000\text{m} - 348.758\text{m}} = 48°59'34''$

$\beta = \alpha_{AB} - \alpha_{AP} = 103°48'48'' - 48°59'34'' = 54°49'14''$

$D_{AP} = \sqrt{(370.000\text{m} - 348.758\text{m})^2 + (458.000\text{m} - 433.570\text{m})^2} = 32.374$m

8.4.3　角度交会法

角度交会法是在两个或多个控制点上安置经纬仪，通过测设两个或多个已知水平角度，交会出点的平面位置。角度交会法适用于待测设点距控制点较远，且量距较困难的建筑施工场地。

8.4.3.1　计算测设数据

如图 8-11（a）所示，A、B、C、D 为已知平面控制点，P 为待测设点，现根据 A、B、C 三点，用角度交会测设 P 点，其测设数据计算方法如下。

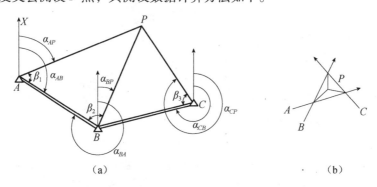

图 8-11　角度交会法

（1）按坐标反算公式，分别计算出 α_{AB}、α_{AP}、α_{BP}、α_{CB} 和 α_{CP}。

（2）计算水平角 β_1、β_2 和 β_3。

8.4.3.2 点位测设法

（1）在 A、B 两点同时安置经纬仪，同时测设水平角 β_1 和 β_2 定出两条视线，在两条视线相交处钉下一个大木桩，并在木桩上依 AP、BP 绘出方向线及其交点。

（2）在控制点 C 上安置经纬仪，测设水平角 β_3，同样在木桩上依 CP 绘出方向线。

（3）如果交会没有误差，此方向应通过前两个方向的交点，否则将形成一个"示误三角形"，如图 8-11（b）所示。若示误三角形边长在限差以内，则取示误三角形重心作为待测设点 P 的最终位置。

测设 β_1、β_2 和 β_3 时，视具体情况，可采用一般方法和精密方法。

8.4.4 距离交会法

距离交会法是由两个控制点测设两端已知水平距离，交会定出点的平面位置。距离交会法适用于待测设点至控制点的距离不超过一尺段长，且地势平坦、量距方便的建筑施工场地。

8.4.4.1 计算测设数据

如图 8-12 所示，A、B 为已知平面控制点，P 为待测设点，现根据 A、B 两点，用距离交会法测设 P 点，其测设数据计算方法如下：

根据 A、B、P 三点的坐标值，分别计算出 D_{AP} 和 D_{BP}。

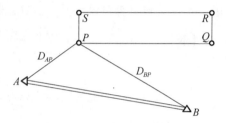

图 8-12　距离交会法

8.4.4.2 点位测设方法

（1）将钢尺的零点对准 A 点，以 D_{AP} 为半径在地面上画一圆弧。

（2）将钢尺的零点对准 B 点，以 D_{BP} 为半径在地面上再画一圆弧。两圆弧的交点即为 P 点的平面位置。

（3）用同样的方法，测设出 Q 的平面位置。

（4）丈量 P、Q 两点间的水平距离，与设计长度进行比较，其误差应在限差以内。

上岗工作要点

1. 熟练掌握水平距离测设的一般方法及精密方法。
2. 熟练掌握水平角测设的一般方法及精密方法。
3. 能够熟练使用极坐标法、直角坐标法、角度交会法、距离交会法等测设点的平面位置，并能正确计算放样数据和绘制放样草图。
4. 学会已知坡度线的测设放样方法。

本章小结　各种工程在施工阶段所进行的测量工作称为施工测量。测设是测量工作的第二大任务，是测量学的重要基础知识。

测设的基本工作包括水平距离、水平角和高程的测设。

水平距离测设的精密方法，应按第 4 章距离丈量的精密量距法，在实地精密量距后要进行三项改正才能得到精确的水平距离。

水平角测设常用一般方法（即盘左、盘右取中法），熟练掌握其操作方法。

测设给定坡度线的方法通常采用水平视线法和倾斜视线法。

点的平面位置的测设方法有直角坐标法、极坐标法、角度交会法和距离交会法。

极坐标法测设点位是最常用的方法，可结合第 6 章讲的坐标正算与反算进行放样数据的计算以便绘制放样草图。

技能训练九　测设点的平面位置

一、目的和要求

1. 练习水平角和水平距离的测设方法。

2. 练习用极坐标法测设平面点位的方法。

3. 角度测设的限差不大于 $\pm 40''$，距离测设的相对误差不大于 1/3000。

二、准备工作

1. 仪器和工具

经纬仪和三脚架、钢尺、测钎、记录板、铅笔、三角板。

2. 场地布置

长、宽至少各为 30m 的平坦场地，欲测设的角度值为 60°，水平距离值为 20m。也可由指导老师根据实地情况规定。

3. 阅读教材

认真阅读第 8 章中水平距离的测设、水平角测设和极坐标法测设平面点的有关内容。

三、训练步骤

1. 测设水平角

（1）设定 A、B 两点相距至少 20m，欲测设 $\angle BAP = 60°$。

（2）将经纬仪安置在 A 点，对中整平，盘左位置以 B 点方向配置水平度盘为 0°00′00″，转动照准部使读数为 60°00′00″，在视线方向定出 P_1 点，可使 AP_1 略大于 20m。

（3）用右盘位置同法测设一次，得 P_2 点取 P_1 和 P_2 中点为 P' 点。

（4）在 A 点重新安置经纬仪，以两个测回测定 $\angle BAP'$，取其平均值若与设计值的差 $\Delta\beta$ 在 40″ 以内，则为成功。若 $\Delta\beta$ 超过了 40″，可用垂线支距法进行改正。

（5）以 $\Delta\beta$ 代入下式计算支距改正数 Δx

$$\Delta x = AP \cdot \frac{\Delta\beta}{\rho''} (\rho'' = 206265)$$

（6）在 P' 点上，与 AP' 垂直方向上用三角板量出 Δx（注意量取的方向），定出 P 点。

（7）再重测 $\angle BAP$，要求与设计值之差不大于 40″，否则重做。

2. 测设水平距离

（1）欲测设水平距离 D_{AP} 为 20m。从 A 点起沿 AP 方向量出 20m，得到终点 P_1。

（2）从 A 点再量一次得 P_2 点，设 P_1 和 P_2 相距为 ΔD，若 $\frac{\Delta D}{D} \leq \frac{1}{3000}$，取二次的中间位置为 P 点，测设成功，否则重测。

四、注意事项

1. $\Delta\beta$ = 观测值 － 设计值，当 $\Delta\beta < 0$ 时，从 P' 点沿垂线方向向外侧量 Δx；当 $\Delta\beta > 0$ 时，从 P' 点沿垂线方向向内侧量 Δx，定出 P 点。

2. 钢尺性脆易折断，防止打坏、扭曲、拖拉，并严禁车碾、人踏，以免损坏。

技能训练十 测设已知高程和坡度线

一、目的和要求

1. 练习测设已知高程点。

2. 练习用水平视线法测设坡度线。

3. 测设一条长为50m，设计坡度为1%的坡度线。

二、准备工作

1. 仪器和工具

水准仪和三脚架、水准尺、皮尺、木桩、钉锤、粉笔、铅笔。

2. 场地布置

由指导老师选定长宽约为30m×50m的长方形地段，待测设的坡度线的起点位置和方向由教师给定。或者选一段50m的墙壁。

3. 阅读教材

认真阅读第8章中，高程测设和坡度线测设的有关内容。

三、训练步骤

1. 高程测设

（1）在水准点上立尺，在适当位置架设水准仪，以便能看到已知点和待测设点。粗平后，瞄准后视尺，精平后读数。

（2）计算视线高程及测设设计高程的应读数

$$H_{视} = H_A + a$$
$$b_{应} = H_{视} - H_{设}$$

（3）在带测设高程处立尺，转动仪器瞄准、精平，指挥尺子上下滑动，直到读数为$b_{应}$。用铅笔在尺底处画线，以表示设计高程。

2. 坡度线测设

掌握高程测设的方法后，再进行坡度线的测设。

（1）由坡度线起点A沿坡度线方向，用皮尺每10m定一点，并打下木桩，直至终点B。得A、1、2、3、4、B六个桩点。

（2）在能看到水准点A和坡度线上各桩点的地方架设水准仪，在水准点A上立尺，精平后，读取后视读数a，求出视线高程$H_{视}$。

（3）计算各桩点的测设高程和应读数。

$$H_1 = H_A + i \cdot d = H_A + 0.1\text{m}$$
$$H_2 = H_A + i \cdot 2d = H_A + 0.2\text{m}$$
$$H_3 = H_A + i \cdot 3d = H_A + 0.3\text{m}$$
$$H_4 = H_A + i \cdot 4d = H_A + 0.4\text{m}$$
$$H_B = H_A + i \cdot 5d = H_A + 0.5\text{m}$$

再根据$b_{应} = H_{视} - H_{设}$求出各桩点水准尺的应读数。

（4）根据各点应读数指挥水准尺上下滑动，当水准尺读数等于各自的应读数时，在木桩侧面沿水准尺画一横线，连接各横线，即得设计坡度线。

四、注意事项

1. 高程测设校核，用不同仪器高度两次测设的高程相差不超过±8mm。

2. 坡度线测设检核，用不同的仪器高度再做一次，各桩点的高程位置与前一次相差不应大于12mm。

五、记录与计算表

表1 坡度线测设手簿

设计坡度：　　　　　　　　　　　坡线全长：　　　　　　　　　　水准点高程：

点号	后视读数	视线高程	设计高程	应读数	实读数	挖填数	备注

思考题与习题

1. 施工测量的主要任务有哪些？

2. 测设的基本工作有哪些？

3. 点的平面位置测设方法有哪些？各适用于什么场合？各需要哪些测设数据？

4. 欲在地面测设一个直角 $\angle AOB$，先按一般测设方法测设出该直角，经检测其角度为 $90°01'34''$，若 $OB = 150$m，为了获得正确的直角，试计算 B 点的调整量并绘图说明其调整方向。

5. 在地面上要测设一段长为28m的水平距离 AB，所适用钢尺的尺长方程式为 $l_t = 30 + 0.005 + 0.000012 \times 30(t - 20)$ m，测设时钢尺温度为12℃，拉力与检定时的拉力相同。概量后测得 A、B 两点桩顶间的高差为 $+0.800$m，试计算在地面上需要测设的长度。

6. 某建筑场地上有一水准点 A，其高程 $H_A = 38.416$m，欲测设高程为39.000m的室内地坪（±0）标高，设水准仪在水准点 A 所立水准尺上的读数为1.034m，试绘图说明其测设方法。

7. 已知 $\alpha_{AB} = 300°04'00''$，$x_A = 14.22$m，$y_A = 86.71$m，$x_P = 42.34$m，$y_P = 85.00$m。计算仪器安置在 A 点，用极坐标法测设 P 点所需要的测设数据，并说明测设步骤。

8. A、B 为控制点，其 $x_A = 550.450$m，$y_A = 600.365$m，$x_B = 462.315$m，$y_B = 802.640$m。P 为待测设点，其设计坐标为 $x_P = 762.315$m，$y_P = 802.640$m。现拟用角度交会法将 P 点测设于地面，试计算测设数据。

9. 已知水准点 R 的高程 $H_R = 34.466$m，后视读数 $a = 1.614$，设计坡度线起点 A 的高程 $H_A = 35.000$m，设计坡度为 $i = +1.2\%$，拟用水准仪按水平视线法测设距 A 点20m、40m的两个桩点，使各桩顶在同一坡度线上，试计算测设时各桩顶的应有尺度数为多少？

第9章 建筑施工测量

重点提示

1. 了解施工控制网及布设形式。
2. 掌握建筑基线、建筑方格网的布设及测设方法。
3. 掌握施工高程控制网的测设方法。
4. 了解施工坐标系与测量坐标系的坐标换算。
5. 熟练掌握一般民用建筑施工放样的全过程。
6. 掌握民用建筑的基础工程测量、墙体施工测量等。
7. 了解高层民用建筑施工测量的基本工作。
8. 了解工业厂房控制网的布设和柱列轴线的测设方法。
9. 了解建筑物变形观测的方法。

开章语 本章主要讲述建筑施工场地的控制测量、民用建筑施工测量和工业建筑施工测量。具体内容有：施工控制网的布设形式，建筑基线、建筑方格网的布设及测设方法，高程控制网的测设方法，施工坐标系与测量坐标系的坐标换算，民用建筑工程施工测量的标准工作，民用建筑的定位和放线、基础工程测量、墙体施工测量，高层建筑施工测量的基本工作，工业建筑工程施工测量的准备工作，工业建筑的控制测设方法、厂房基础施工测量，建筑物变形观测等施工测量的基本知识。通过对本章内容的学习，同学们应了解建筑施工测量的概念、任务及特点；掌握施工控制网的布设；学会民用建筑的定位测量，各轴线放样及细部放样；了解工业厂房控制网的布设及施工放样等基本的专业知识。

9.1 概　　述

建筑工程一般分为民用建筑工程和工业建筑工程两大类。

民用建筑一般指住宅、办公楼、商店、医院、学校、饭店等建筑物。有单层、低层（2～3层）、多层（4～7层）和高层（8层以上）建筑。由于类型不同，其放样的方法和精度也不同，但放样过程基本相同。

建筑工程施工阶段的测量工作也可分为建筑施工前的测量工作和建筑施工中的测量工作。建筑施工前的测量工作包括施工控制网的建立、场地布置、工程定位和基础放线等。施工过程中的测量工作包括基础施工测量、墙体施工测量、建（构）筑物的轴线投测和高程传递、沉降观测等。施工放样是每道工序作业的先导，而验收测量是各道工序的最后环节。施工测量贯穿于整个施工过程，它对保证工程质量和施工进度都起着重要的作用。测量人员要树立为工程建设服务的思想，主动了解施工方案，掌握施工进度，同时，对所测设的标志，一定要经过反复校核无误后，方可交付施工，避免因测错而造成工程质量事故。

一般情况下，施工测量的精度应比测绘地形图的精度高，而且根据建（构）筑物的大小、重要性、材料及施工方法等的不同，对施工测量的精度要求也有所不同。例如，工业建筑测设精度高于民用建筑；钢结构建筑的测设精度高于钢筋混凝土建筑；装配式建筑的测设精度高于非装配式建筑；高层建筑的测设精度高于低层建筑等。总之，施工测量的质量和速度直接影响着工程质量和施工进度。

在建筑工程施工现场上由于各种材料和机具的堆放，土石方的填挖，以及机械化施工等原因，场地内的测量标志易受损坏。因此，在整个施工期间应采取有效措施，保护好测量标志。另外，测量作业前对所用仪器和工具要进行检验与校正。在施工现场，由于干扰因素多，测设方法和计算方法要力求简捷，同时要特别注意人身和仪器的安全。

9.2　建筑施工场地的控制测量

9.2.1　施工场地控制测量的特点

在勘测设计阶段布设的控制网主要是为测图服务，控制点的点位是根据地形条件来确定的，并未考虑待建建筑物的总体布置，因而在点位的分布与密度方面都不能满足放样的要求。在测量精度上，测图控制网的精度按测图比例尺的大小确定，而施工控制网的精度则要根据工程建设的性质来决定，通常要高于测图控制网。因此，为了进行施工放样测量，必须以测图控制点为定向条件建立施工控制网。

施工控制网分为平面控制网和高程控制网两种。前者常采用三角网、导线网、建筑基线或建筑方格网等，后者则采用水准网。

施工平面控制网的布设，应根据总平面图和施工地区的地形条件来确定。当厂区地势起伏较大，通视条件较好时采用三角网的形式扩展原有控制网；对于地形平坦而通视又比较困难的地区，例如扩建或改建工程的工业场地，则采用导线网；对于建筑物多为矩形且布置比较规则和密集的工业场地，可以将施工控制网布置成规则的矩形格网，即建筑方格网；对于地面平坦而又简单的小型施工场地，常布置一条或几条建筑基线。总之，施工控制网的布设形式应与设计总平面图的布局相一致。

施工控制网与测图控制网相比，具有以下特点：

（1）控制范围小，控制点密度大，精度要求高

与测图范围相比，工程施工的地区比较小，而在施工控制网所控制的范围内，各种建筑物的分布错综复杂，没有较为稠密的控制点是无法进行放样工作的。

施工控制网的主要任务是进行建筑物轴线的放样。这些轴线的位置偏差都有一定的限值，例如，工业厂房主轴线的定位精度要求为2cm。因此，施工控制网的精度比测图控制网的精度要高。

（2）受施工干扰较大

工程建设的现代化施工通常采用平行交叉作业的方法，这就使工地上各种建筑的施工高度有时相差十分悬殊，因此妨碍了控制点之间的相互通视。此外施工机械的设置（例如吊车、建筑材料运输机、混凝土搅拌机等）也阻碍视线。因此，施工控制点的位置应分布恰当，密度也应比较大，以便在工作时有所选择。

（3）布网等级宜采用两级布设

在工程建设中，各建筑物轴线之间几何关系的要求，比它们的细部相对于各自轴线的要

求其精度要低得多。因此在布设建筑工地施工控制网时，采用两级布网的方案是比较合适的。即首先建立布满整个工地的厂区控制网，目的是放样各个建筑物的主要轴线，然后，为了进行厂房或主要生产设备的细部放样，还要根据由厂区控制网所定出的厂房主轴线建立厂房矩形控制网。

根据上述的这些特点，施工控制网的布设应作为整个工程施工设计的一部分。布网时，必须考虑施工的程序、方法以及施工场地的布置情况。施工控制网的设计点应标在施工设计的总平面图上。

9.2.2 施工场地的平面控制测量

9.2.2.1 建筑基线

对于建筑施工场地范围较小，平面布置相对简单，地势较为平坦而狭长的建筑场地，可在场地上布置一条或几条基线，作为施工场地的控制，这种基线称为"建筑基线"。

（1）建筑基线的设计

根据建筑设计总平面图的施工坐标系及建筑物的分布情况，建筑基线可以在总平面图上设计成三点"一"字形、三点"L"字形、四点"T"字形和五点"十"字形等形式，如图9-1所示。建筑基线的形式可以灵活多样，适合于各种地形条件。

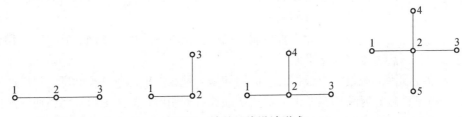

图 9-1 建筑基线设计形式

设计建筑基线时应注意以下几点：

①建筑基线应尽可能靠近拟建的主要建筑物，并与它们的轴线平行或垂直；

②建筑基线主点间相互通视，边长为100~400m，点位应选在不易被破坏的地方，为能长期保存，要埋设永久性的混凝土桩；

③建筑基线的测设精度应满足施工放样的要求；

④场地面积较小时也可直接用建筑红线作为现场控制；

⑤基线点不得少于3个，便于复查建筑基线是否有变动。

（2）建筑基线的测设

①根据建筑红线测设建筑基线

在城市建设区，建筑用地的边界由城市规划部门在现场直接标定，在图9-2中的1、2、3点就是在地面上标定出来的边界点，其连线12、23通常是正交的直线，称为"建筑红线"。一般情况下，建筑基线与建筑红线平行或垂直，故可根据建筑红线用平行推移法测设建筑基线 OA、OB。当把 A、O、B 三点在地面上用木桩标定后，安置经纬仪于 O 点，观测 ∠AOB 是否等于90°，其不符值不应超过 ±24″。量 OA、OB 距离是否等于

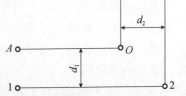

图 9-2 根据建筑红线测设建筑基线

164

设计长度，其不符值不应大于 1/10000。若误差超限，应检查推平行线时的测量数据。若误差在许可范围内，则适当调整 A、B 点的位置。

②根据附近已有的测量控制点测设建筑基线

根据测量控制点的分布情况，可采用极坐标法测设，如图 9-3 所示。

测设步骤如下：

a. 计算测设数据。根据已知控制点 7、8、9 和待定建筑基线主点 C、P、D 的坐标关系反算出测设数据 d_1、d_2、d_3 及 β_1、β_2、β_3。

b. 测设主点。分别在控制点 7、8、9 上安置经纬仪，按极坐标法测设出三个主点的定位点 $C'P'D'$，并用木桩标定，如图 9-4 所示。

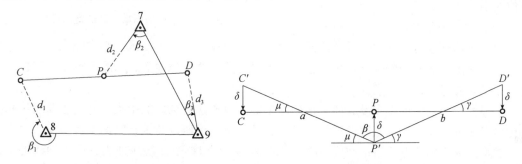

图 9-3　根据测量控制点测设建筑基线　　图 9-4　检查定位点的直线性

c. 检查三个定位点的直线性。由于存在测量误差，测设的基线点往往不在同一直线上，故在 P' 点安置经纬仪，检测 $\angle C'P'D'$，如果观测角值 β 与 180°之差大于 24″，则进行调整。

d. 调整三个定位点的位置。先根据三个主点之间的距离 ab 按下式计算出改正数 δ，即：

$$\delta = \frac{ab}{a+b}\left(90° - \frac{\beta}{2}\right)'' \frac{1}{\rho''} \qquad (9\text{-}1)$$

当 $a = b$ 时，则得：

$$\delta = \frac{a}{2}\left(90° - \frac{\beta}{2}\right)'' \frac{1}{\rho''} \qquad (9\text{-}2)$$

式中，$\rho'' = 206265''$。然后将定位点 C'、P'、D' 三点（注意 P' 移动的方向与 C'、D' 两点相反）按 δ 值移动之后，再重复检查调整 C、P、D，直至误差在容许范围为止。

e. 调整三个定位点之间的距离。先检查 C、P 及 P、D 间的距离，若检查结果与设计长度之差的相对误差大于 1/10000，则以 P 点为准，按设计长度调整 C、D 两点，确定 C、P、D 三点的位置。否则不予调整即可确定 C、P、D 三点的位置。

9.2.2.2　建筑方格网

对于地形较平坦的大、中型建筑场区，主要建筑物、道路及管线常按互相平行或垂直的关系进行布置，为简化计算或方便施测，施工平面控制网多由正方形或矩形格网组成，称为建筑方格网。利用建筑方格网进行建筑物定位放线时，可按直角坐标进行，不仅容易推求测设数据，且具有较高的测设精度。

（1）建筑方格网的坐标系统

在设计和施工部门，为了工作上的方便，常采用一种独立坐标系统，称为施工坐标系或

165

建筑坐标系。如图9-5所示，施工坐标系的纵轴通常用 A 表示，横轴用 B 表示，施工坐标也叫 A、B 坐标。

施工坐标系的 A 轴和 B 轴，应与厂区主要建筑物或主要道路、管线方向平行。坐标原点设在总平面图的西南角，使所有建筑物和构筑物的设计坐标均为正值。施工坐标系与国家测量坐标系之间的关系，可用施工坐标系原点 O' 的测量坐标 x_0'、y_0' 及 $O'A$ 轴的坐标方位角 α 来确定。在进行施工测量时，上述数据由勘测设计单位给出。

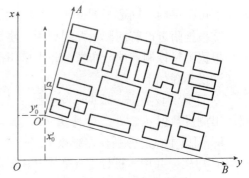

图9-5　施工坐标系与测量坐标系的关系

（2）建筑方格网设计

建筑方格网通常是在图纸设计阶段，由设计人员设计在施工场区总平面图上。有时也可根据总平面图中建筑物的分布情况，施工组织设计并结合场地地形，由施工测量人员设计布设，布设时应考虑以下几点：

①根据设计总平面图布设，使方格网的主轴线位于建筑场地的中央，并与主要建筑物的轴线平行或垂直，使控制点接近于测设对象，特别是测设精度要求较高的工程对象。

②纵、横主轴线要严格正交成90°，其长度以能控制整个建筑场地为宜；主轴线的定位点称为主点，一条主轴线不能少于三个主点，其中一个必是纵、横主轴线的交点，主点间距不宜过小，一般为300~500m以保证主轴线的定位精度。在图9-6中，MPN 和 CPD 即为按上述原则布置的建筑方格网主轴线。

③根据实际地形布设，使控制点位于测角、量距比较方便的地方，并使埋设标桩的高程与场地的设计标高不要相差很多。

④方格网的边长可根据测设的对象而定。正方形格网或矩形格网边长多取100~200m，格网边长尽可能取50m或其倍数。方格网各交角应严格成90°，控制点应便于保存，尽量避免土石方的影响。

⑤当场地面积较大时，应分成两级布网。首先可采用"十"字形、"口"字形或"田"字形，然后再加密方格网。若场地面积不大，则尽量布设成全面方格网。

⑥最好将高程控制点与平面控制点埋设在同一块标石上。

（3）建筑方格网的测设

①主轴线放样

如图9-7所示，MN、CD 为建筑方格的主轴线，它是建筑方格网扩展的基础。当厂区很大时，主轴线很长，一般只测设其中的一段，如图中的 AOB 段。O 点是主轴线的主点，主点的施工坐标一般由设计单位给出，也可在总平面图上用图解法求得一点的施工坐标后，

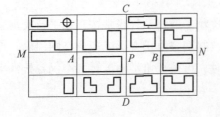

图9-6　建筑方格网

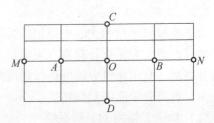

图9-7　主轴线放样

再按主轴线的长度推算其他主点的施工坐标。

当施工坐标系与国家测量坐标系不一致时，在施工方格网测设之前，应把主点的施工坐标换算成为测量坐标，以便求得测设数据。如图 9-8 所示，设 xoy 为测量坐标系，$AO'B$ 为建筑坐标系，x_0、y_0 为建筑坐标系的原点在测量坐标系中的坐标，α 为建筑坐标系的纵轴在测量坐标系中的方位角。设已知点 P 的建筑坐标为 (A_P, B_P)，换算为测量坐标表示，可按式 (9-3) 计算：

$$\left. \begin{array}{l} x_P = x_0 + A_P\cos\alpha - B_P\sin\alpha \\ y_P = y_0 + A_P\sin\alpha - B_P\cos\alpha \end{array} \right\} \tag{9-3}$$

如图 9-9 所示，先测设主轴线 AOB，其方法与建筑基线测设方法相同，但 $\angle AOB$ 与 $180°$ 的差，应在 $\pm10''$ 之内。A、O、B 三个主点测设好后，将经纬仪安置在 O 点，瞄准 A 点，分别向左、向右转 $90°$，测设另一主轴线 COD，同样用混凝土桩在地上定出其概略位置 C' 和 D'。然后精确测出 $\angle AOC'$ 和 $\angle AOD'$，分别算出它们与 $90°$ 之差 ε_1 和 ε_2，并计算出调整值 l_1 和 l_2，公式为

$$l_1 = L_1 \frac{\varepsilon_1}{\rho''} \qquad l_2 = L_2 \frac{\varepsilon_2}{\rho''} \tag{9-4}$$

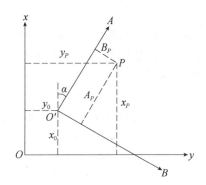

图 9-8 施工坐标与测量坐标的换算

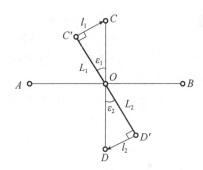

图 9-9 主轴线测设

将 C' 沿垂直于 OC' 方向移动 l_1 距离得 C 点；将 D' 沿垂直于 OD 方向移动 l_2 距离定出 D 点。点位改正后。应检查两主轴线的交角及主点间距离，均应在规定限差之内。

②方格网点的放样

主轴线测设好后，分别在主轴线端点安置经纬仪，均以 O 点为起始方向，分别向左、右精密地测设出 $90°$，这样就形成"田"字方格网点。为了进行校核，还要在方格网点上安置经纬仪，测量其角值是否为 $90°$，并测量各相邻点间的距离，看其是否与设计边长差均在容许的范围之内。此后再以基本方格网点为基础，加密方格网中的其余各点。

9.2.3 施工场地的高程控制测量

建筑场地的高程控制测量必须与国家高程控制系统相联系，以便建立统一的高程系统，并在整个施工区域内建立可靠的水准点，形成水准网。在工业与民用建筑施工区域内一般最高的水准测量等级为三等，使用最多的是四等水准测量，甚至普通水准测量也可满足要求。在进行等级水准测量时，应严格按国家水准测量规范执行。

根据施工中的不同精度要求，高程控制有：

（1）为了满足工业安装和若干施工部位中高程测量的需要，其精度要求在 1～3mm 以内，则按建筑物的分布设置三等水准点，采用三等水准测量。这种水准点一般关联范围不

大，只要在局部有 2~3 点就能满足要求。

（2）为了满足一般建筑施工高程控制的要求，保证其测量精度在 3~5mm 以内，则可在三等水准点以下建立四等水准点，或单独建立四等水准点。

（3）由于设计建筑物常以底层室内地坪标高（即 ±0.00 标高）为高程起算面，为了施工引测方便，常在建筑场地内每隔一段距离（如 40m）放样出 ±0.00 标高。必须注意，设计中各建、构筑物的 ±0.00 的高程不一定相等。

要求各级水准点坚固稳定。四等水准点可利用平面控制点作水准点；三等水准点一般应单独埋设，点间距离通常以 600m 为宜，可在 400~800m 之间变动；三等水准点距厂房或高大建筑物一般应不小于 25m，在振动影响范围以外不小于 5m，距回填土边线不小于 15m。

9.3　民用建筑施工测量

9.3.1　测设前准备工作

9.3.1.1　熟悉设计图纸

设计图纸是施工测量的依据，在测设前应熟悉建筑物的尺寸和施工要求，以及施工的建筑物与相邻地物的相互关系等，对各设计图纸的有关尺寸应仔细核对，必要时要将图纸上主要数据摘抄于施测记录本上，以便随时查用。测设时应具备下列图纸资料。

（1）设计总平面图

是测设建筑物总体位置的依据，建筑物就是依据其在总平面图上所给定的尺寸关系进行定位的，如图 9-10 所示。

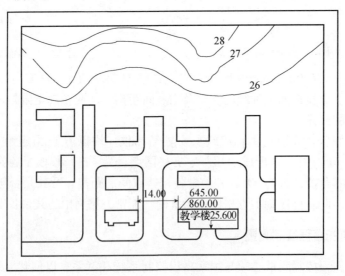

图 9-10　总平面图

（2）建筑平面图

给出了建筑物各轴线的间距，如图 9-11 所示。

（3）立面图和剖面图

给出了基础、室内外地坪、门窗、楼板、屋架等处的设计标高。

168

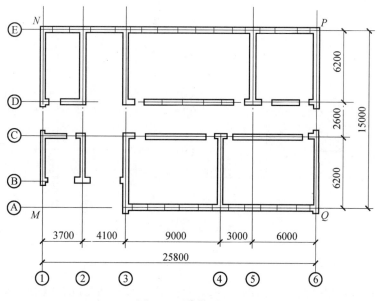

图 9-11 建筑平面图

（4）基础平面图和基础详图

给出了基础轴线、基础宽度和标高的尺寸关系。

（5）设备基础图和管网图

在熟悉设计图纸的过程中应注意以下问题：总平面图上给出的建筑物之间的距离一般是指建筑物外墙皮间距；建筑物到建筑红线、建筑基线、道路中线的距离一般也是指建筑物外墙皮至某一直线的距离；总平面图上设计的建筑物平面位置用坐标表示时，给出的坐标一般是外墙角的坐标值；建筑平面图上给出的尺寸一般是轴线间的尺寸。

施工放样过程中，建筑物定位均是根据拟建建筑物外墙轴线进行定位，因此在测前准备测设数据时，应注意以上数据之间的相互关系，根据墙的设计厚度找出外墙皮至轴线的尺寸。

9.3.1.2 现场踏勘

目的是为了全面了解现场的地物、地貌和原有测量控制点的分布情况，检测所给原有测量平面控制点和水准点。

9.3.1.3 平整和清理施工现场

为了满足施工定位放线、材料与设备运输等施工的需要，在施工前通常要将拟建场地整理成为水平面或倾斜面。在平整场地工作中应力求经济合理，一般的要求是场地内填、挖的土方量达到相互平衡。

9.3.1.4 编制施工测量方案

按照施工进度计划，制定详细的测设计划，包括测设方法、要求、测设数据计算和绘制测设草图。

9.3.1.5 准备测设数据

测设数据包括根据测设方法的需要而进行的计算数据和绘制测设略图。图 9-12 为注明测设尺寸和方法的测设略图。

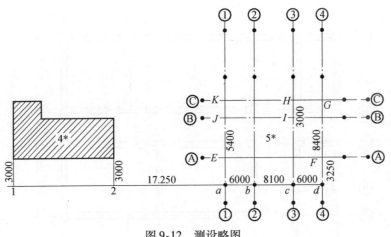

图 9-12　测设略图

9.3.2 建筑物的定位

建筑物的定位是根据设计给出的条件，将建筑物的外轮廓墙的各轴线交点（简称角点）测设到地面上，作为基础放线和细部放线的依据。常用的定位方法有如下内容。

9.3.2.1 根据建筑基线定位

如图 9-13 所示，AB 为建筑基线，$EFGH$ 为拟建建筑物外墙轴线的交点。根据基线进行拟建建筑物的定位，测设方法如下：

（1）根据建筑总平面图，查得原有建筑和新建建筑与建筑基线的距离均为 d，原有建筑和新建建筑物之间的间距为 c。根据建

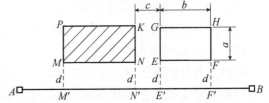

图 9-13　根据建筑基线定位

筑平面图查得拟建新建筑 EG 轴与 FH 轴两轴之间距离为 b，EF 轴与 GH 轴两轴之间距离为 a。新建建筑外墙厚 37cm（即一砖半墙），轴线偏离，离外墙 24cm。

（2）如图 9-13 所示，首先用钢尺沿原有建筑的东西两外墙各延长一小段距离 d 得 M'、N' 两点（即小线延长法）。用经纬仪检查 M'、N' 两点是否在基线 AB 上，用小木桩标定之。

（3）将经纬仪安置在 M' 点上，瞄准 N' 点，并从 N' 沿 $M'N'$ 方向测设出 $c+0.240\text{m}$ 得 E' 点，继续沿 $M'N'$ 方向从 E' 测设距离 b 得 F' 点，$E'F'$ 点均应在基线方向上。

（4）然后将经纬仪分别安置在 E'、F' 两点上，后视 A 点并测设 90°方向，沿方向线分别测设 $d+0.240\text{m}$ 得 E、F 两点。再继续沿方向线分别测设距离 a 得 H、G 两点。E、F、G、H 四点即为新建建筑外墙定位轴线的交点，用小木桩标定之。

（5）检查 EF、GH 的距离是否等于 b，四个角是否等于 90°。误差在 1/5000 和 1′ 之内即可。

9.3.2.2 根据建筑方格网定位

在建筑场地内布设有建筑方格网时，可根据附近方格网点和建筑物角点的设计坐标用直角坐标法测设建筑物的轴线位置。

如图 9-14 所示，$MNPQ$ 为建筑方格网，根据 MN 这条边进行建筑物 $ABCD$ 的定位放线，测设方

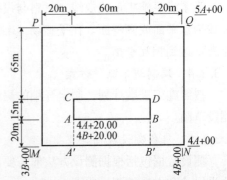

图 9-14　根据建筑方格网定位

170

法如下：

（1）在施工总平面图上查得 A、D 点坐标，计算出 $MA' = 20m$、$AA' = 20m$、$AC = 15m$、$AB = 60m$。

（2）用直角坐标法测设 A、B、C、D 四角点。

（3）用经纬仪检查四角是否等于 $90°$，误差不得超过 $±1'$；用钢尺检查放出建筑物的边长，误差不得超过 $1/5000$。

9.3.2.3 根据建筑红线定位

由规划部门确定，经实地标定具体法律效用，在总平面图上以红线画出的建筑用地边界线，称为建筑红线。建筑红线一般与道路中心线相平行。如图 9-15 中，Ⅰ、Ⅱ、Ⅲ 三点为实地标定的场地边界点，其边线 Ⅰ—Ⅱ、Ⅱ—Ⅲ 称为建筑红线。

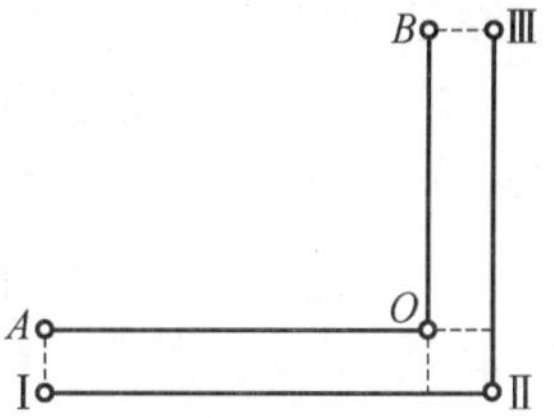

建筑物的主轴线 AO、OB 和建筑红线平行或垂直，所以根据建筑红线用直角坐标法来测设主轴线 AOB 就比较方便。当 A、O、B 三点在实地标定后，应在 O 点安置经纬仪，检查 $\angle AOB$ 是否等于 $90°$。OA、OB 的长度也要实量检验，使其在容许误差内。施工单位放线人员在施工前应对城市勘察（土地部门）负责测设的桩点位置及坐标进行校核，正确无误后才可以根据建筑红线进行建筑物主轴线的测设。

图 9-15　根据建筑红线定位

9.3.2.4 根据与现有建（构）筑物的关系定位

在现有建筑区内新建或扩建时，设计图上通常给出拟建建筑物与原有建筑物或道路中心线的位置关系数据，建筑物的主轴线可根据有关数据在现场测设。

如图 9-16 为几种常见的情况，画斜线的为现有建筑物，未画斜线的为拟建建筑物。图 9-16（a）中拟建建筑物在现有建筑物的延长线上。测设轴线 AB 方法如下：首先用小线延长法沿原有建筑外墙 PM 及 QN 分别延长距离 $MM' = NN' = 1m$，然后在 M' 处安置经纬仪测设出 $M'N'$ 的延长线 $A'B'$，并使 $N'A'$ 等于 d_1 加上新建建筑物墙皮到轴线的距离（如为 "37墙"），则为 $d_1 + 0.240m$。再分别在 A'、B' 处安置经纬仪测设垂直线可得 A、B 两点，AA'、BB' 距离应为 $1.240m$，其连线 AB 即为所测设角桩。当拟建建筑物与现有建筑物距离较近时，也可用线绳紧贴 MN 进行穿线，在线绳延长线上定出 $A'B'$ 直线，然后考虑 "37墙" 厚，分别测设直角和 $0.240m$ 距离，得到 A、B 两角桩。图 9-16（b）是按上法，定出 O 点后测设 $90°$，根据有关数据定出 AB 轴线。图 9-16（c）中，拟建多层建筑物平行于原有的道路中心线，其测设方法是先定出道路中心线位置，然后用经纬仪测设垂线和量距，定出拟建建筑物的主轴线。

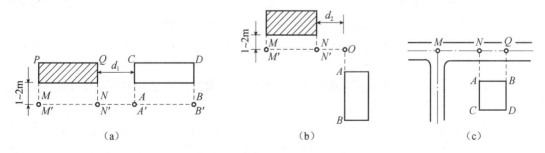

| （a） | （b） | （c） |

图 9-16　根据原有建筑定位

9.3.2.5 根据测量控制点定位

当建筑物附近有导线点、三角点等测量控制点时，可根据控制点和建筑物各角点的设计坐标用极坐标法或角度交会法测设建筑物轴线。

9.3.3 建筑物的放线

建筑物的放线是根据已定位的外墙轴线交点桩详细测设其他各轴线交点的位置，并用木桩（桩顶钉小钉）标定出来，称为中心桩。据此可按基础宽和放坡宽用白灰撒出基槽开挖边界线。常用的放线方法有：

9.3.3.1 测设轴线控制桩

由于在施工开挖基槽时中心桩要被挖掉，所以在基槽外各轴线延长线的两端应设轴线控制桩（又称引桩），作为开槽后各阶段施工中恢复轴线的依据。控制桩一般钉在槽边 2～4m，不受施工干扰并便于引测和保存桩位的地方。为了保证控制桩的精度，施工中将控制桩与定位桩一起测设，有时先测设控制桩，再测设定位桩。

9.3.3.2 测设龙门板

在一般民用建筑中，为了便于施工，常在基槽开挖前将各轴线引测到槽外的水平木板上，以作为挖槽后各阶段施工恢复轴线的依据。水平木板称为龙门板，固定木板的木桩称为龙门桩，如图9-17所示。设置龙门板的步骤如下：

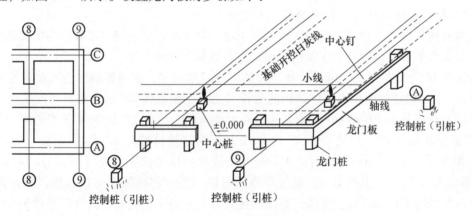

图 9-17 龙门板设置

（1）在建筑物四角和中间隔墙两端基槽开挖边界线以外 1.5～2m 处钉设龙门桩，桩要竖直、牢固，桩的侧面应与基槽平行。

（2）根据附近水准点，用水准仪在每个龙门桩外侧测设出该建筑物室内地坪设计高程线即 ±0.000 标高线，并做出标志。在地形条件受限制时，可测设比 ±0.000 高或低整分米数的标高线。但同一个建筑最好只选用一个标高。如地形起伏较大需用两个标高时，必须标注清楚，以免使用时发生错误。

（3）沿龙门桩上 ±0.000 标高线钉设龙门板，其顶面的高程必须同在 ±0.000 标高的水平面上，然后用水准仪校核龙门板的高程，其限差为 ±5mm。

（4）把经纬仪安置于中心桩上，将各轴线引测到龙门板顶面上，并钉小钉作标志（称为中心钉），其投点误差为 ±5mm。如果建筑物较小，也可用垂球对准定位桩中心，在轴线两端龙门板间拉一小线绳使其贴紧垂球线，用这种方法将轴线延长标定在龙门板上并做好标志。

（5）用钢尺沿龙门板顶面，检测中心钉间的距离，其相对误差不得超过限差。校核无误后，以中心钉为准，将墙宽、基础宽标定在龙门板上。最后根据基槽上口宽度拉线，用石灰撒出开挖边界线。

龙门板应注记轴线编号。龙门板使用方便，它可以控制 ±0.000 以下标高和基槽宽、基础宽、墙身宽以及墙柱中心线等，但占地大，使用木材多，影响交通，故在机械化施工时，一般都设置控制桩。

9.3.3.3　测设拟建建筑物的轴线到已有建筑物的墙脚上

在多层建筑物施工中，为便于向上投点，应在离拟建建筑物较远的地方测设轴线控制桩，如附近已有建筑物，最好把轴线投测到建筑物的墙脚或基础顶面上，并将 ±0.000 标高引测到墙面上，用红油漆做好标志，以代替轴线控制桩。

9.3.4　建筑物基础施工测量

9.3.4.1　一般基础施工测量

（1）基础开挖深度的控制

施工中，基槽（或坑）是根据基槽灰线开挖的。当开挖接近槽底时，在基槽壁上自拐角开始每隔 3～5m 测设一比槽底设计标高高 0.3～0.5m 的水平桩（又称腰桩），作为挖槽深度、修平槽底和打基础垫层的依据。高程点的测量容许误差为 ±10mm。

一般根据施工现场已测设的 ±0.000 标高线，龙门板顶高程或水准点，用水准仪高程测设的方法测设水平桩。如图 9-18 所示，设槽底设计标高为 −1.700m，欲测设比槽底设计标高高 0.500m 的水平桩。首先在地面适当位置安置水准仪，立水准尺于龙门板顶面上，读取后视读数为 0.774m，求得测设水平桩的前视应读数为 $b_{应} = 0.774 + 1.700 - 0.500 = 1.974$m。然后立尺于槽内一侧并上下移动，直至水准仪视线读数为 1.974m，即可沿尺底在槽壁打一小木桩，即为要测设的水平桩。

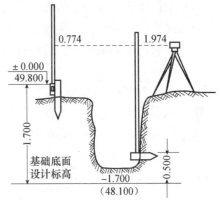

图 9-18　基坑水平桩测设

（2）基础垫层标高的控制和弹线

为控制垫层标高，在基槽壁上沿水平桩顶面弹一条水平墨线或拉上白线绳，以此水平线直接控制垫层标高，也可用水准点或龙门板顶的已知高程，直接用水准仪来控制垫层标高。基础垫层打好后，根据龙门板上的轴线钉或轴线控制桩，用拉绳挂垂球或用经纬仪将轴线投测到垫层上，并用墨线弹出墙中心线和基础边线，作为砌筑基础的依据。

（3）基础标高的控制和弹线

房屋基础墙（±0.000 以下的砖墙）的高度是利用基础皮数杆来控制的。立基础皮数杆时，可在立杆处打一木桩，用水准仪在木桩侧面抄出一条高于垫层标高某一数值的水平线，将皮数杆上相同的标高线与木桩上的水平线对齐，并将皮数杆固定在木桩上，即可作为砌筑基础的标高依据。

当基础墙砌筑到 ±0.000 标高下一层砖（防潮层）时，应用水准仪检测防潮层标高，其容许偏差为 ±5mm。防潮层做好后，根据龙门板上的轴线钉或引桩进行投点，其投点误

差为 ±5mm。

当基础施工结束后，用水准仪检查基础面的标高是否符合设计要求，基础面是否水平，俗称"抄平"，以便立墙身皮数杆砌筑墙体。

9.3.4.2 桩基础施工测量

采用桩基础的建筑物多为高层建筑，其特点是建筑层数多、高度高、基坑深、结构竖向偏差直接影响工程受力情况，故施工测量中要求投点精度高。高层建筑位于市区，施工场地不宽畅，整幢建筑可能有几条不平行的轴线，施工测量要根据结构类型、施工方法和场地实际情况采取切实可行的方法进行，并经过校对和复核，以确保无误。

（1）桩的定位

根据建筑物主轴线测设桩基和板桩轴线位置的容许偏差为 20mm，对于单排桩，则为 10mm。沿轴线测设桩位时，纵向（沿轴线方向）偏差不宜大于 3cm，横向偏差不宜大于 2cm。位于群桩外周边上的桩，测设偏差不得大于桩径或桩边长（方形桩）的 1/10；桩群中间的桩则不得大于桩径或边长的 1/5。

桩位测设工作必须在恢复后的各轴线检查无误后进行。

桩的排列随着建筑物形状和基础结构的不同而异。最简单的排列成格网状，此时只要根据轴线精确地测设出格网四个角点，进行加密即可。地下室桩基础则是由若干个承台和基础梁连接而成。承台下面是群桩，基础梁下面有的是单排桩，有的是双排桩。承台下群桩的排列有时也会有不同。测设时一般是按照"先整体，后局部"，"先外廓，后内部"的顺序进行。

桩顶上做承台，按控制的标高进行，先在桩顶面上弹出轴线，作为支撑台模板的依据。承台浇筑完后，在承台面上弹轴线，并详细放出地下室的墙宽、门洞等位置。地下室施工标高高于地面时，根据轴线控制桩将轴线投测到墙的立面上，同时沿建筑物四周将标高线引测到墙面上。

（2）施工后桩位的检测

桩基施工结束后，应根据轴线重新在桩顶上测设出桩的设计位置，并用油漆标明；然后量出桩中心与设计位置的纵、横向两个偏差分量为 δ_x、δ_y。若其在容许误差范围内，即可进行下一工序的施工。

9.3.5 墙体施工测量

9.3.5.1 墙体定位

在基础工程结束后，应对龙门板（或控制桩）进行复核，以防移位。复核无误后，可利用龙门板或控制桩将轴线测设到基础或防潮层等部位的侧面，如图 9-19 所示，作为向上投测轴线的依据。同时也把门、窗和其他洞口的边线在外墙立面上画出。放线时先将各主要墙的轴线弹出，经检查无误后，再将其余轴线全部弹出。

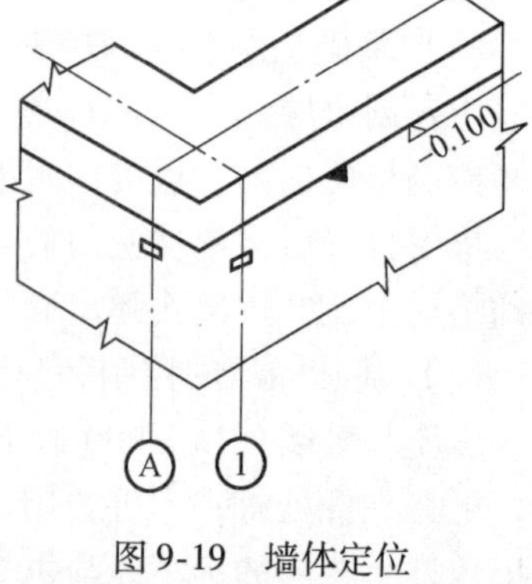

图 9-19 墙体定位

9.3.5.2 墙体测量控制

（1）皮数杆的设置

在墙体砌筑施工中，墙身各部位的标高和砖缝水平及墙面平整是用皮数杆来控制和传递的。

皮数杆是根据建筑剖面图画出每皮砖和灰缝的厚度，并注明墙体上窗台、门窗洞口、过

174

梁、雨篷、圈梁、楼板等构件高程位置专用木杆，如图 9-20 所示。在墙体施工中，用皮数杆可以保证墙身各部位构件的位置准确，每皮砖灰缝厚度均匀，每皮砖都处在同一水平面上。

皮数杆一般立在建筑物的拐角和隔墙处（图 9-20）。立皮数杆时，先在立杆地面上打一木桩，用水准仪在其上测画出 ±0.000 标高位置线，测量容许误差为 ±3mm；然后，把皮数杆上的 ±0.000 线与木桩上的 ±0.000 线对齐，并钉牢。为了保证皮数杆稳定，可在其上加钉两根斜撑，前后要用水准仪进行检查，并用垂球线来校正皮数杆的竖直。砌砖时在相邻两杆上每皮灰缝底线处拉通线，用以控制砌砖。

为方便施工，采用里脚手架时，皮数杆立在墙外边；采用外脚手架时，皮数杆立在墙里边。如系框架结构或钢筋混凝土柱间墙结构时，每层皮数可直接画在构件上，而不立皮数杆。

（2）墙体各部位标高控制

砖砌到 1.2m，即一步架高台，用水准仪测设出高出室内地坪线 +0.500mm 的标高线，该标高线用来控制层高及设置门、窗、过梁高度的依据；也是控制室内装饰施工时做地面标高、墙裙、踢脚线、窗台等装饰标高的依据。在楼板板底标高下 10cm 处弹墨线，根据墨线把板底安装用的找平层抹平，以保证吊装楼板时板面平整及地面抹面施工。在抹好找平层的墙顶面上弹出墙的中心线及楼板安装的位置线，并用钢尺检查合乎要求后吊装楼板。

楼板安装完毕后，用垂球将底层轴线引测到二层楼面上，作为二层楼的墙体轴线。对于二层以上各层同样将皮数杆移到楼层，使杆上 ±0.000 标高线正对楼面标高处，即可进行二层以上墙体的砌筑。在墙身砌到 1.2m 时，用水准仪测设出该层的 "+0.500mm" 标高线。

内墙面的垂直度可用如图 9-21 所示的 2m 托线板检测，将托线板的侧面紧靠墙面，看板上的垂线是否与板的墨线一致。每层偏差不得超过 5mm，同时，应用钢角尺检测墙壁阴角是否为直角。阴角及阳角线是否为一直线和垂直也用 2m 托线板检测。

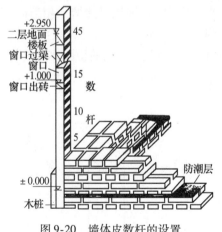

图 9-20　墙体皮数杆的设置

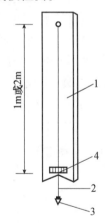

图 9-21　托线板检测墙体垂直度
1—垂球线板；2—垂球线；3—垂球；4—毫米刻度尺

9.4　高层建筑施工测量

9.4.1　轴线投测

高层建筑轴线投测是将建筑物基础轴线向高层引测，保证各层相应的轴线位于同一竖直面内，轴线投测的方法有以下几种。

9.4.1.1 吊垂线法

一般建筑在施工中常用较重的特别重锤悬吊在建筑物楼板或柱顶边缘，当垂球尖对准基础或墙底设立的定位轴线时，在楼层定出各层的主轴线，再用钢尺校核各轴线间距，然后继续施工。该法简单易行，不受场地限制，一般能保证施工质量。但当风力较大或层数较多时，误差较大，可用经纬仪投测。

在高层建筑施工时，常在底层适当位置设置与建筑物主轴线平行的辅助轴线，在辅助轴线端点处预埋一块小铁板，上面划以十字丝，交点上冲一小孔，作为轴线投测的标志。在每层楼的楼面相应位置处都预留孔洞（也叫垂准孔），面积 30cm×30cm，供吊垂球用。如图9-22所示，投测时在垂准孔上安置十字架，挂上钢丝悬吊的垂球。对准底层预埋标志，当垂球线静止时固定十字架，而十字架中心则为辅助轴线在楼面上的投测点，并在洞口四周做出标志，作为以后恢复轴线及放样的依据。用此方法逐层向上悬吊引测轴线和控制结构的竖向测量，如用铅直的塑料管套着线坠线，并采用专用观测设备，则精度更高。此方法较为费时费力，只有在缺少仪器而不得已时才采用。

9.4.1.2 经纬仪投测法

通常将经纬仪安置于轴线控制桩上，分别以正、倒镜两个盘位照准建筑物底部的轴线标志，向上投测到上层楼面上、取正、倒镜两投测点的中点，即得投测在该层上的轴线点。按此方法分别在建筑物纵、横轴线的四个轴线控制桩上安置经纬仪，就可在同一楼面上投测出四个轴线交点。其连线也就是该层面上的建筑物主轴线，据此再测设出层面上其他轴线。

要保证投测质量，使用的经纬仪必须经过严格的检验与校正，尤其是照准部水准管轴应严格垂直于仪器竖轴。投测时应注意照准部水准管气泡要严格居中。为防止投测时仰角过大，经纬仪距建筑物的水平距离要大于建筑物的高度。当建筑物轴线投测增至相当高度时，而轴线控制桩离建筑物较近，经纬仪视准轴向上投测的仰角增大，不但点位投测的精度降低，且观测操作也不方便。为此，必须将原轴线控制桩延长引测到远处的稳固地点或附近大楼的屋面上，然后再向上投测。为避免日照、风力等不良影响，宜在阴天、无风时进行观测，如图9-23所示。

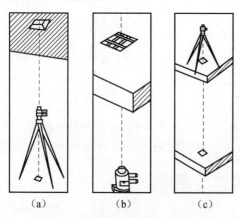

图 9-22　激光铅垂仪投测示意

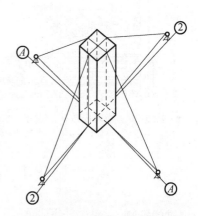

图 9-23　经纬仪投测中心轴线

9.4.1.3 激光铅垂仪投测法

对高层建筑及建筑物密集的建筑区，用吊垂线法和经纬仪法投测轴线已不能适应工程建设的需要，10 层以上的高层建筑应利用激光铅垂仪投测轴线，使用方便，精度高，速度快。

激光铅垂仪是一种供铅直定位的专用仪器，适用于高层建筑、烟囱和高塔架的铅直定位测量。该仪器主要由氦氖激光器、竖轴、发射望远镜、管水准器和基座等部件组成。置平仪器上的水准管气泡后，仪器的视准轴处于铅垂位置，可以据此向上或向下投点。采用此方法应设置辅助轴线和垂准孔，供安置激光铅垂仪和投测轴线之用。

如图 9-24 为激光铅垂仪的基本构造图，图 9-22（a）、（b）是向上作铅垂投点，图 9-24（c）是向下作铅垂对点。

使用时，将激光铅垂仪安置在底层辅助轴线的预埋标志上，严格对中、整平，接通激光电源，启动激光器，即可发射出铅直激光基准线。当激光束指向铅垂方向时，在相应楼层的垂准孔上设置接受靶即可将轴线从底层传至高层。

轴线投测要控制与检校轴线向上投测的竖直偏差值在本层内不超过 5mm，全楼的累积偏差不超过 20mm。一般建筑，当各轴线投测到楼板上后，用钢尺丈量其间距作为校核，其相对误差不得大于 1/2000；高层建筑，量距精度要求较高，且向上投测的次数越多，对距离测设精度要求越高，一般不得低于 1/10000。

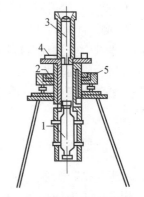

图 9-24 激光铅垂仪构造
1—氦氖激光器；2—竖轴；
3—发射望远镜；4—水准管；
5—基座

9.4.2 高程传递

多层或高层建筑施工中，要由下层楼面向上层传递高程，以使上层楼板、门窗口、室内装修等工程的标高符合设计要求。楼面标高误差不得超过 ±10mm。传递高程的方法有以下几种。

9.4.2.1 利用皮数杆传递高程

在皮数杆上自 ±0.000m 标高线起，门窗口、楼板、过梁等构件的标高都已标明。一层楼面砌好后，则从一层皮数杆起一层一层往上接，就可以把标高传递到各楼层。在接杆时要检查下层杆位置是否正确。

9.4.2.2 利用钢尺直接丈量

在标高精度要求较高时，可用钢尺沿某一墙角自 ±0.000m 标高起向上直接丈量，把高程传递上去。然后根据下面传递上来的高程立皮数杆，作为该层墙身砌筑和安装门窗、过梁及室内装修、地坪抹灰时控制标高的依据。

9.4.2.3 悬吊钢尺法（水准仪高程传递法）

根据多层或高层建筑物的具体情况也可用钢尺代替水准尺，用水准仪读数，从下向上传递高程。如图 9-25 所示，由地面上已知高程点 A，向建筑物楼面 B 传递高程，先从楼面上（或楼梯间）悬挂一支钢尺，钢尺下端悬一重锤。在观测时，为了使钢尺比较稳定，可将重锤浸于一盛满油的容器中。然后在地面及楼面上各安置一台水准仪，按水准测量方法同时读得 a_1、b_1 和 a_2、b_2，则楼面上 B 点的高

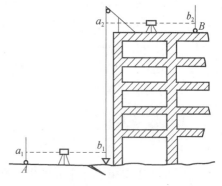

图 9-25 水准仪高程传递

177

程 H_B 为：

$$H_B = H_A + a_1 - b_1 + a_2 - b_2 \qquad (9-5)$$

9.4.2.4　全站仪天顶测高法

如图 9-26 所示，利用高层建筑中的垂准孔（或电梯井等），在底层控制点上安置全站仪，置平望远镜（屏幕显示垂直角为 0°或天顶距为 90°），然后将望远镜指向天顶（天顶距为 0°或垂直角为 90°），在需要传递高层的层面垂准孔上安置反射棱镜，即可测得仪器横轴至棱镜横轴的垂直距离，加仪器高，减棱镜常数（棱镜面至棱镜横轴的高度），就可以算得高差。

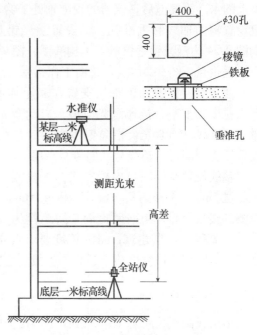

9.4.3　框架结构吊装测量

近年来我国多（高）民用建筑越来越多地采用装配式钢筋混凝土框架结构。高层建筑中有的采用中心筒体为钢筋混凝土结构，而其周边梁柱框架均采用钢结构，这些预制构件在建筑场地进行吊装时，应进行吊装测量控制，进行构件的定位、水平和垂直校正。其中，柱子的定位和校正是重要环节，它直接关系到整个结构的质量。柱子的观测校正方法与工业厂房

图 9-26　全站仪天顶测距法传递高程

柱子定位和校正相同，但难度更高，操作时还应注意以下几点。

（1）对每根柱子随着工序的进展和荷载变化需重复多次校正和观测垂直偏移值。先是在起重机脱钩以后、电焊以前，对柱子进行初校。在多节柱接头电焊、梁柱接头电焊时，因钢筋收缩不均匀，柱子会产生偏移，尤其是在吊装梁及楼板后，柱上增加了荷载，若荷载不对称时柱的偏移更为明显，都应进行观测。对数层一节的长柱，在多层梁、板吊装前后，都需观测和校正柱的垂直偏移值，保证柱的最终偏移值控制在容许范围内。

（2）多节柱分节吊装时，要确保下节柱的位置正确，否则可能会导致上层形成无法矫正的累积偏差。下节柱经校正后虽在其偏差的容许范围内，但仍有偏差，此时吊装上节柱时，若根据标准定位中心线观测就位，则在柱子接头处钢筋往往对不齐；若按下节柱的中心线观测就位，则会产生累积误差。为保证柱的位置正确，一般采用方法是上节柱的底部就位时，应对准标准定位中心与下柱中心线的中点；在校正上节柱的顶部时，仍应以标准定位中心为准。吊装时，依此法向上进行观测校正。

（3）对高层建筑和柱子垂直度有严格控制的工程，宜在阴天、早晨或夜间无阳光影响时进行柱子校正。

9.5　工业建筑施工测量

工业建筑主要指工业企业的生产性建筑，如厂房、仓库、运输设施、动力设施等，以生产厂房为主体。厂房可分为单层厂房和多层厂房，目前使用较多的是金属结构及装配式钢筋混凝土结构单层厂房。其施工放样的主要工作包括厂房矩形控制网的测设、厂房柱列轴线测

设、基础施工测量、厂房构件安装测量及设备安装测量等。

9.5.1 厂房矩形控制网的测设

厂房的定位多是根据现场建筑方格网进行的。厂房施工中多采用由柱轴线控制桩组成的厂房矩形控制网作为厂房的基本控制网。图 9-27 中，Ⅰ、Ⅱ、Ⅲ、Ⅳ 为建筑方格网点，a、b、c、d 为厂房最外边的四条轴线的交点，其设计坐标已知。A、B、C、D 为布置在基坑开挖范围外的厂房矩形控制网的四个角点，称为厂房控制桩。厂房控制桩的坐标可根据厂房外形轮廓轴线交点的坐标和设计间距 l_1、l_2（一般为 4.0m）求出。先根据建筑方格网点 Ⅰ、Ⅱ 用直角坐标法精确测设 A、B 两点，然后由 A、B 测设点 C、D 点，最后校核 $\angle DCA$、$\angle BDC$ 及 CD 边长，对一般厂房来说，误差不应超过 ±10″ 和 1/10000。为了便于厂房细部的测设，在测设厂房矩形控制网的同时，还应沿控制网每隔若干柱间距（一般为 18m 或 24m）增设一个木桩，称为距离指标桩。

对于小型厂房也可采用民用建筑的测设方法直接测设厂房四个角点，再将轴线投测到龙门板或控制桩上。

对于大型或设备基础复杂的厂房，则应先精确测设厂房控制网的主轴线，如图 9-28 中的 MON 和 POQ。再根据主轴线测设厂房控制网 $ABCD$。

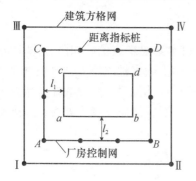

图 9-27　厂房矩形控制网测设

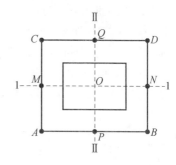

图 9-28　大型厂房矩形控制网的测设

9.5.2 厂房柱列轴线的测设

厂房矩形控制网建立后，即可按柱列间距和跨距用钢尺从靠近的距离指标桩量起，沿矩形控制网各边定出各柱列轴线桩的位置，并在桩顶钉小钉，作为桩基放样和构件安装的依据。如图 9-29 所示，Ⓐ—Ⓐ，Ⓑ—Ⓑ，①—①，②—②……轴线均为柱列轴线。

9.5.3 柱基施工测量

9.5.3.1 柱基放线

用两架经纬仪分别安置在相应的柱列轴线控制桩上，沿轴线方向交会出各柱基

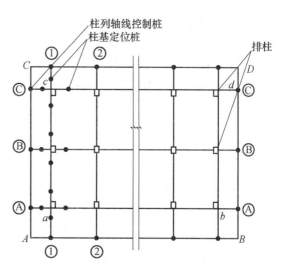

图 9-29　厂房柱列轴线测设

的位置（即定位轴线的交点）。然后按照基础详图（图9-30）的尺寸和基坑放坡宽度，用特制角尺，根据定位轴线和定位点放出基础开挖线，并撒上白灰标明开挖边界。同时在基坑四周的轴线上钉四个定位小木桩，如图9-31所示，桩顶钉一小钉作为修坑和立模的依据。

9.5.3.2　基坑抄平

当基坑挖到一定深度后，再用水准仪在坑壁四周离坑底设计标高0.3～0.5m处测设几个水平桩，如图9-31所示，作为检查坑底标高和打垫层的依据。用水准仪检查，其标高容许误差为±5mm。

9.5.3.3　基础模板的定位

垫层铺设完后，根据柱基定位桩用拉线的方法，吊垂球把柱基轴线投测到垫层上，再根据桩基的设计尺寸弹墨线，作为柱基立模和布置钢筋的依据。立模时，将模板底线对准垫层上的定位线，并用垂球检查模板是否竖直。最后将柱基顶面设计标高测设在模板内壁上，作为浇筑混凝土的依据。

9.5.3.4　设备基础施工测量

设备基础施工测量主要包括基础定位、基础槽底放线、基础上层放线、地脚螺栓安装放线、中心标板投点等。其中钢柱柱基的定位、槽底放线、垫层放线及标高测设方法与钢筋混凝土柱基的测设方法相同，不同处是钢柱的锚定地脚螺栓的定位放线精度要求高。

（1）钢柱地脚螺栓定位

①小型钢柱的地脚螺栓定位

小型设备钢柱的地脚螺栓的直径小、重量轻，可用木支架来定位，如图9-32所示。木支架装在基础模板上。根据基础龙门板或引桩，先在垫层上确定轴线位置，再根据设计尺寸放出模板内口的位置，弹出墨线，再立模板。地脚螺栓按设计位置，先安装在支架上，再根据龙门板或引桩在模板上放出基础轴线及支架板的轴线位置，然后安装支架板，地脚螺栓即可按设计要求就位。

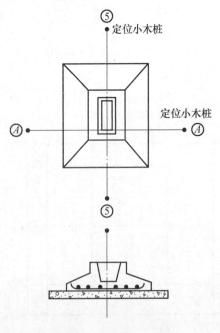

图9-30　柱基定位测设图

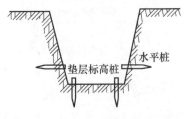

图9-31　基坑测设

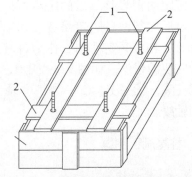

图9-32　小型钢柱地脚螺栓定位测设

1—地脚螺栓；2—支架；3—基础模板

②大型钢柱的地脚螺栓定位

大型设备钢柱的地脚螺栓直径大、重量重，需用钢固支架来定位，如图9-33所示。固定架由钢样模、钢支架及钢拉杆组成。地脚螺栓孔的位置按设计尺寸根据基础轴线精密放出，用经纬仪精密测设安装钢支架和样模，使样模轴线与基础轴线相重合，如图9-34所示。样模标高用水准仪测设到支架上，使样模上的地脚螺栓位置及标高均符合设计要求。钢固定架安装到位后，即可立模浇筑基础混凝土。

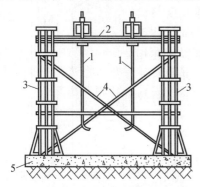

图9-33　大型钢柱地脚螺栓钢固支架定位
1—地脚螺栓；2—样模钢架；3—钢支架；
4—拉杆；5—混凝土垫层

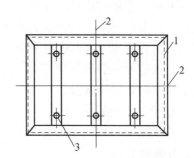

图9-34　大型钢柱地脚螺栓定位测设
1—样模钢梁；2—基础轴线；3—地脚螺栓孔

（2）中心标板投点

中心标板投点是在基础拆模后进行的，先仔细检查中线原点，投点时，根据厂房控制网上的中心线原点开始，测设后在标板上刻出十字标线。

9.5.4　厂房预制构件安装测量

装配式单层厂房主要由柱子、吊车梁、屋架、天窗架和屋面板等主要构件组成。一般工业厂房都采用预制构件在现场安装的办法施工。下面着重介绍柱子、吊车梁和吊车轨道等构件在安装时的校正工作。

9.5.4.1　柱子安装测量

（1）柱子安装时应满足的要求

①柱子中心线应与相应柱列轴线一致，其容许偏差为 ±5mm。

②牛腿顶面及柱顶面的标高与设计标高一致，其容许偏差为：

柱高在5m以下时为 ±5mm；

柱高在5m以上时为 ±8mm。

③柱身垂直容许偏差值为 1/1000 柱高，但不得大于20mm。

（2）安装前的准备工作

①柱基弹线

柱子安装前，先根据轴线控制桩，把定位轴线投测到杯形基础顶面上，并用红油漆画上"▶"标志，作为柱子中心的定位线，如图9-35所示。同时用水准仪在杯口内壁测设 –0.6m 标高线（一般杯口顶面标高为 –0.50m），并画出"▼"标志

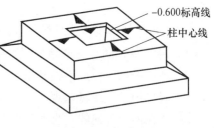

图9-35　杯形基础

181

（图 9-35），作为杯底找平的依据。

②弹柱子中心线和标高线

如图 9-36 所示，在每根柱子的三个侧面上弹出柱中心线，并在每条线的上端和下端杯口处画"▶"标志。并根据牛腿面设计标高，从牛腿面向下用钢尺量出 ±0.000 及 −0.60m 标高线，并画出"▼"标高。

③杯底找平

柱子在预制时，由于制作误差可能使柱子的实际长度与设计尺寸不相同，在浇筑杯底时使其低于设计高程 3~5cm。柱子安装前，先量出柱子 −0.60m 标高线至柱底面的高度，再在相应柱基杯口内，量出 −0.60m 标高线至杯底的高度，并进行比较，以确定杯底找平厚度。然后用 1:2 水泥砂浆在杯底进行找平，使牛腿面符合设计高程。

（3）柱子的安装测量

柱子安装测量的目的是保证柱子的平面和高程位置符合设计要求，柱身竖直。

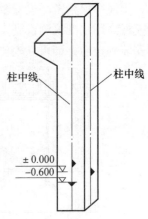

图 9-36　柱身弹线

柱子吊起插入杯口后，使柱脚中心线与杯口顶面弹出的主轴线（柱中心线）在两个互相垂直的方向上同时对齐，用硬木楔或钢楔暂时固定，如有偏差可用锤敲打楔子校正。其容许偏差为 ±5mm。然后，用两架经纬仪分别安置在互相垂直的两条柱列轴线上，离开柱子的距离约为柱高的 1.5 倍处同时观测，如图 9-37 所示。观测时，经纬仪先照准柱子底部的中心线，固定照准部，逐渐仰起望远镜，使柱中线始终与望远镜十字丝竖丝重合，则柱子在此方向是竖直的；若不重合，则应调整柱子直至互相垂直的两个方向都符合要求为止。

实际安装时，一般是一次把许多根柱子都竖起来，然后进行竖直校正。这时可把两台经纬仪分别安置在纵横轴线的一侧，偏离轴线不超过 15°，一次校正几根柱子，如图 9-38 所示。

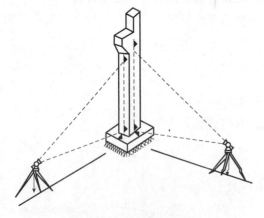

图 9-37　柱子垂直度校正

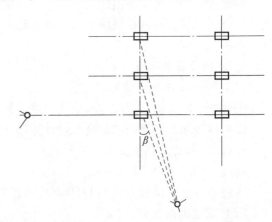

图 9-38　一次校正多根柱子

（4）柱子校正的注意事项

①校正前经纬仪应严格检验校正。操作时还应注意使照准部水准管气泡严格居中；校正柱子竖直时只用盘左或盘右观测。

②柱子在两个方向的垂直度都校正好后，应再复查柱子下部的中心线是否仍对准基础的轴线。

③在校正变截面的柱子时，经纬仪必须安置在柱列轴线上，以免产生差错。

④当气温较高时，在日照下校正柱子垂直度时应考虑日照使柱子向阴面弯曲，柱顶产生位移的影响。因此，在垂直度要求较高，温度较高，柱身较高时，应利用早晨或阴天进行校正，或在日照下先检查早晨校正过的柱子的垂直偏差值，然后按此值对所校正柱子预留偏差校正。

9.5.4.2 吊车梁安装测量

吊车梁的安装测量主要是保证梁的上、下中心线与吊车梁轨道的设计中心在同一竖直面内以及梁面标高符合设计标高。

（1）安装前的测量工作

①弹出吊车梁中心线

根据预制好的钢筋混凝土梁的尺寸，在吊车梁顶面和梁的两端弹出中心线，以作为安装时定位用。

②在牛腿面上测弹梁中心线

根据厂房控制网的中心线 A_1—A_1 和厂房中心线到吊车梁中心线的距离 d，在 A_1 点安置经纬仪测设吊车梁中心线 A'—A' 和 B'—B'（也是吊车轨道中心线），如图9-39（a）所示。然后分别安置经纬仪于 A' 和 B'，后视另一端 A' 和 B'，仰起望远镜将吊车梁中心线投测到每个柱子的牛腿面上并弹以墨线。投点时如有个别牛腿不通视，可从牛腿面向下吊垂球的方法投测。

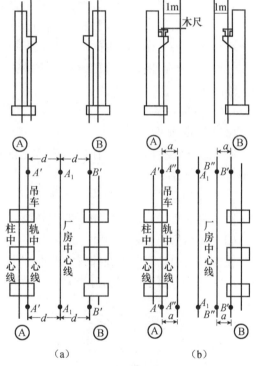

图9-39 吊车梁安装观测

③在柱面上量弹吊车梁顶面标高线

根据柱子上 ±0.000 标高线，用钢尺沿柱子侧面向上量出吊车梁顶面设计标高线，以作为修整梁面时控制梁面标高用。

（2）安装测量工作

①定位测量

安装时使吊车梁两个端面的中心线分别与牛腿面上的梁中心线对齐，可依两端为准拉上钢丝，钢丝两端各悬重物将钢丝拉紧，并依次对准，校正中间各吊车梁的轴线，使每个吊车梁中心线均在钢丝这条直线上，其容许误差为 ±3mm。

②标高检测

当吊车梁就位后，应按柱面上定出的标高线对梁面进行修整，若梁面与牛腿面间有空隙应作为填实处理，用斜垫铁固定。然后将水准仪安置于吊车梁上，以柱面上定出的梁面设计标高为准，检测梁面的标高是否符合设计要求，其容许误差为 −5mm。

9.5.4.3 吊车轨道安装测量

轨道的安装测量主要是保证轨道中心线、轨顶标高及轨道跨距符合设计要求。

（1）轨道中心线的测量

通常采用平行线测定轨道中心线。如图9-39（b）所示，垂直 A'—A' 和 B'—B' 向厂房中心线方向移动长度为 a（如1.00m）得 A''、B'' 点，将经纬仪安置在一端点 A'' 和 B''，照准另一端点 A'' 和 B''，抬高望远镜瞄准吊车梁上横放的1m长木尺，当尺上1m分划线与视线对齐时，沿木尺另一端点在梁上划线，即为轨道中心线，如图9-40所示。

（2）轨道标高测量

在轨道安装前，应该用水准仪检查吊车梁顶面标高，以便沿中心线安装轨道垫板，垫板厚度应根据梁面的实测标高与设计标高之差确定，使其符合安装轨道的要求，垫板标高的测量容许误差为 ±2mm。

（3）吊车轨道检测

轨道安装完毕后，应对轨道中心线、轨顶标高及跨距进行一次全面检查，以保证能安全架设和使用吊车，检查方法如下：

①轨道中心线的检查：置经纬仪于吊车轨道中心线上照准另一端点，逐一检查轨道面上的中心线点是否在一直线上，容许误差不得超过 ±3mm。

②轨顶标高检查：根据柱面上端测设的标高线检测轨顶标高，在两轨道接头处各测一点，容许误差为 ±1mm；中间每隔6m测一点，容许误差为 ±2mm。

③跨距检查：用鉴定过的钢尺悬空精密丈量两条轨道上对称中心线点的跨距，容许误差为 ±5mm。

9.5.4.4　屋架安装测量

（1）柱顶找平

屋架是搁在柱顶上的，在屋顶安装之前，必须根据柱面上的 ±0.000 标高线找平柱顶，屋架才能安装齐平。

（2）屋架定位

使屋架中心线与柱子上相应的中心线对齐即可，其误差不应超过 ±5mm。

（3）屋架竖直控制

在轴线控制桩上安置经纬仪，照准柱上中心线，抬高望远镜，观测校正，使屋架竖直。当观测屋架顶有困难时，也可在架顶上横放1m长小木尺进行观测，如图9-41所示。

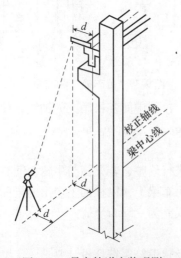

图9-40　吊车轨道安装观测

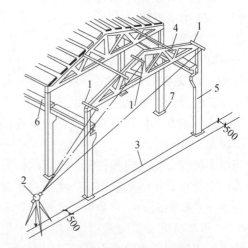

图9-41　屋架竖直

1—卡尺；2—经纬仪；3—定位轴线；4—屋架；
5—柱；6—吊车梁；7—柱基

亦可用垂球进行屋架竖直校正。

屋架校至垂直后，立即用电焊固定。屋架安装的竖直容许误差为屋架高度的1/250，但不得大于15mm。

9.5.5 烟囱、水塔施工测量

烟囱和水塔的施工测量相近似，现以烟囱为例加以说明。烟囱是截圆锥形的高耸构筑物，其特点是基础小，主体高。施工测量工作主要是严格控制其中心位置，保证烟囱主体竖直。

9.5.5.1 烟囱的定位、放线

（1）烟囱的定位

烟囱的定位主要是定出基础中心的位置，定位方法如下。

①按设计要求，利用与施工场地已有控制点或建筑物的尺寸关系，在地面上测设出烟囱的中心位置 O（即中心桩）。

②如图 9-42 所示，在 O 点安置经纬仪，任选一点 A 作后视点，并在视线方向上定出 a 点，倒转望远镜，通过盘左、盘右分中投点法定出 b 和 B；然后，顺时针测设 $90°$，定出 d 和 D，倒转望远镜，定出 c 和 C，得到两条互相垂直的定位轴线 AB 和 CD。

③A、B、C、D 四点至 O 点的距离为烟囱高度的 $1 \sim 1.5$ 倍。a、b、c、d 是施工定位桩，用于修坡和确定基础中心，应设置在尽量靠近烟囱而不影响桩位稳固的地方。

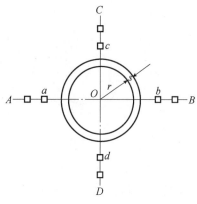

（2）烟囱的放线

以 O 点为圆心，以烟囱底部半径 r 加上基坑放坡宽度 s 为半径，在地面上用皮尺画圆，并撒出灰线，作为基础开挖的边线。

图 9-42　烟囱的定位、放线

9.5.5.2 烟囱的基础施工测量

（1）当基坑开挖接近设计标高时，在基坑内壁测设水平桩，作为检查基坑底标高和垫层施工的依据。

（2）坑底夯实后，从定位桩拉两根细线，用垂球把烟囱中心投测到坑底，钉上木桩，作为垫层的中心控制点。

（3）浇筑混凝土基础时，应在基础中心埋设钢筋作为标志，根据定位轴线，用经纬仪把烟囱中心投测到标志上，并刻上"＋"字，作为施工过程中控制筒身中心位置的依据。

9.5.5.3 烟囱筒身施工测量

（1）引测烟囱中心线

在烟囱施工中，应随时将中心点引测到施工的作业面上。

①在烟囱施工中，一般每砌一步架或每升模板一次，就应引测一次中心线，以检核该施工作业面的中心与基础中心是否在同一铅垂线上。引测方法如下：

在施工作业面上固定一根木枋，在木枋中心处悬挂 $8 \sim 12$kg 的垂球，逐渐移动木枋，直到垂球对准基础中心为止。此时，木枋中心就是该作业面的中心位置。

②烟囱每砌筑完 10m，必须用经纬仪引测一次中心线。引测方法如下：

如图 9-42 所示，分别在控制桩 A、B、C、D 上安置经纬仪，瞄准相应的控制点 a、b、

c、d，将轴线点投测到作业面上，并作出标记；然后，按标记拉两条细绳，其交点即为烟囱的中心位置，并与垂球引测的中心位置比较，以作校核。烟囱的中心偏差一般不应超过砌筑高度的 1/1000。

③对于高大的钢筋混凝土烟囱，烟囱模板每滑升一次，就应采用激光铅垂仪进行一次烟囱的铅直定位，定位方法如下：

在烟囱底部的中心标志上，安置激光铅垂仪，在作业面中央安置接收靶。在接收靶上，显示的激光光斑中心，即为烟囱的中心位置。

④在检查中心线的同时，以引测的中心位置为圆心，以施工作业面上烟囱的设计半径为半径，用木尺画圆，如图 9-43 所示，以检查烟囱壁的位置。

（2）烟囱外筒壁收坡控制

烟囱筒壁的收坡，是用靠尺板来控制的。靠尺板的形状，如图 9-44 所示，靠尺板两侧的斜边应严格按设计的筒壁斜度制作。使用时，把斜边贴靠在筒体外壁上，若垂球线恰好通过下端缺口，说明筒壁的收坡符合设计要求。

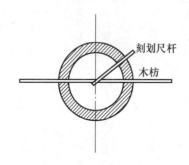

图 9-43　烟囱壁位置的检查

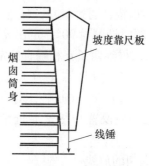

图 9-44　坡度靠尺板

（3）烟囱筒体标高的控制

烟囱筒体标高的控制一般是先用水准仪在烟囱底部的外壁上，测设出 ＋0.500m（或任意整分米数）的标高线，以此标高线为准，用钢尺直接向上量取高度。

9.6　建筑物的变形观测

9.6.1　概述

9.6.1.1　变形观测的意义

工业与民用建筑在施工过程或在使用期间，因受建筑地基的工程地质条件、地基处理方法、建（构）筑物上部结构的荷载等多种因素的综合影响将产生不同程度的沉降和变形。这种变形在容许范围内，可认为正常现象，但如果超过规定限度就会影响建筑物的正常使用，严重的还会危及建筑物的安全。为保证建筑物在施工、使用和运行中的安全，以及为建筑物的设计、施工、管理和科学研究提供可靠的资料，在建筑物的施工和使用过程中需要进行建筑物的变形观测。

9.6.1.2　变形观测的内容

建筑物变形观测的任务是周期性地对设置在建筑物上的观测点进行重复观测，求得观测点位置的变化量。变形观测的主要内容包括沉降观测、倾斜观测、位移观测、裂缝观测和挠度观测等。在建筑物变形观测中，进行最多的是沉降观测。

对高层建筑物，重要厂房的柱基及主要设备基础，连续性生产和受振动较大的设备基础，工业炼钢高炉、高大的电视塔，人工加固的地基，回填土，地下水位较高或大孔土地基的建筑物等应进行系统的沉降观测；对中、小型厂房和建筑物，可采用普通水准测量；对大型厂房和高层建筑，应采用精密水准仪进行沉降观测。

变形观测的精度要求，应根据建筑物的性质、结构、重要性、容许变形值的大小等因素确定。通常对建筑物的观测应能反映出 1~2mm 的沉降量。

9.6.2 建筑物的沉降观测

建筑物沉降观测是根据水准基点周期性测定建筑物上的沉降观测点的高程计算沉降量的工作。

9.6.2.1 水准点和观测点的布设

（1）水准点的布设

水准点是沉降观测的基准，所以水准点一定要有足够的稳定性。水准点的形式和埋设要求与永久性水准点相同。

在布设水准点时应满足下列要求：

①为了对水准点进行互相校核，防止由于水准点的高程产生变化造成差错，水准点的数目应不少于 3 个，以组成水准网。

②水准点应埋设在建（构）筑物基础压力影响范围及受振动影响范围以外安全地点。

③水准点应接近观测点，其距离不应大于 100m，以保证沉降观测的精度。

④离开铁路、公路、地下管线和滑坡地带至少 5m。

⑤为防止冰冻影响，水准点埋设深度至少要在冰冻线以下 0.5m。

（2）观测点的布设

进行沉降观测的建筑物上应埋设沉降观测点。观测点的数量和位置应能全面反映建筑物的沉降情况，这与建筑物或设备基础的结构、大小、荷载和地质条件有关。这项工作应由设计单位或施工技术部门负责确定。在民用建筑中，一般沿着建筑物的四周每隔 6~12m 布置一个观测点，在房屋转角、沉降缝或伸缩缝的两侧、基础形式改变处及地质条件改变处也应布设。当房屋宽度大于 15m 时，还应在房屋内部纵轴线上和楼梯间布设观测点。一般民用建筑沉降观测点设置在外墙勒脚处。工业厂房的观测点应布设在承重墙、厂房转角、柱子、伸缩缝两侧、设备基础上。高大圆形的烟囱、水塔、电视塔、高炉、油罐等构筑物，可在其基础的对称轴线上布设观测点。

观测点的埋设形式如图 9-45 和图 9-46 所示。图 9-45（a）、（b）分别为承重墙和钢筋混凝土柱上的观测点；图 9-46 为基础上的观测点。

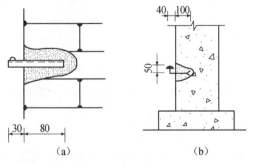

图 9-45　墙体或柱子沉降观测点

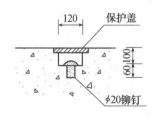

图 9-46　基础沉降观测点

9.6.2.2 沉降观测方法

（1）观测周期

沉降观测的时间和次数，应根据工程性质、工程进度、地基土质情况及基础荷重增加情况等决定。

一般待观测点埋设稳固后即应进行第一次观测，施工期间在增加较大荷载之后（如浇灌基础、回填土、建筑物每升高一层、安装柱子和屋架、屋面铺设、设备安装、设备运转、烟囱每增加15m左右等）均应观测。如果施工期间中途停工时间较长，应在停工时和复工前进行观测。当基础附近地面荷载突然增加，周围大量积水或暴雨后，或周围大量挖方等，也应观测。在发生大量沉降、不均匀沉降或裂缝时，应立即进行逐日或几天一次的连续观测。竣工后，应根据沉降量的大小及速度进行观测。开始时每隔1~2个月观测一次，以每次沉降量在5~10mm为限，以后随沉降速度的减缓，可延长到2~3个月观测一次，直到沉降量稳定在每100d不超过1mm时，即认为沉降稳定，方可停止观测。

高层建筑沉降观测的时间和次数，应根据高层建筑的打桩数量和深度、地基土质情况、工程进度等决定。高层建筑的沉降观测应从基础施工开始一直进行观测。一般打桩期间每天观测一次。基础施工由于采用井点降水和挖土的影响。施工地区及四周的地面会产生下沉，邻近建筑物受其影响同时下沉，将影响临近建筑物的不正常使用。为此，要在邻近建筑物上埋设沉降观测点等。竣工后沉降观测第一年应每月一次，第二年每两个月一次，第三年每半年一次，第四年开始每年观测一次，直至稳定为止。如在软土层地基建造高层，应进行长期观测。

（2）观测方法

对于高层建筑物的沉降观测，采用 DS_1 精密水准仪用二等水准测量方法往、返观测，其误差不应超过 $\pm 1\sqrt{n}$mm（n 为测站数），或 $\pm 4\sqrt{L}$mm（L 为公里数）。观测应在成像清晰、稳定的时候进行。沉降观测点首次观测的高程值是以后各次观测用以比较的依据，如初测精度不够或存在错误，不仅无法补测，而且会造成沉降工作中的矛盾现象，因此必须提高初测精度。每个沉降观测点首次高程，应在同期进行两次观测后决定。为了保证观测精度，观测时视线长度一般不应超过50m，前、后视距离要尽量相等，可用皮尺丈量。观测时，先后视水准点，再依次前视各观测点，最后应再次后视水准点，前、后两个后视读数之差不应超过 ± 1mm。

对一般厂房的基础和多层建筑物的沉降观测，水准点往返观测的高差较差不应超过 $\pm 2\sqrt{n}$mm，前、后两个同一后视点的读数之差不得超过 ± 2mm。

沉降观测是一项较长期的连续观测工作，为了保证观测成果的正确性，应尽可能做到四定：

①固定观测人员；

②使用固定的水准仪和水准尺（前、后视用同一根水准尺）；

③使用固定的水准点；

④按规定的日期、方法及既定的路线、测站进行观测。

9.6.2.3 沉降观测的成果整理

（1）整理原始记录

每次观测结束后，应检查记录中的数据和计算是否正确，精度是否合格，如果误差超限应重新观测。然后调整闭合差，推算各观测点的高程，列入成果表中。

（2）计算沉降量

根据各观测点本次所观测高程与上次所观测高程之差，计算各观测点本次沉降量和累计沉降量，并将观测日期和荷载情况记入观测成果表中（表9-1）。

表 9-1　沉降观测记录表

观测日期 (年月日)	荷重 (t/m²)	观测点 1 高程 (m)	1 本次下沉 (mm)	1 累计下沉 (mm)	2 高程 (m)	2 本次下沉 (mm)	2 累计下沉 (mm)	3 高程 (m)	3 本次下沉 (mm)	3 累计下沉 (mm)	4 高程 (m)	4 本次下沉 (mm)	4 累计下沉 (mm)	5 高程 (m)	5 本次下沉 (mm)	5 累计下沉 (mm)	6 高程 (m)	6 本次下沉 (mm)	6 累计下沉 (mm)	工程施工进展	荷载情况 (t/m²)
1997.4.20	4.5	50.157	±0	±0	50.154	±0	±0	50.155	±0	±0	50.155	±0	±0	50.156	±0	±0	50.154	±0	±0		
5.5	5.5	50.155	-2	-2	50.153	-1	-1	50.153	-2	-2	50.154	-1	-1	50.155	-1	-1	50.142	-2	-2		
5.20	7.0	50.152	-3	-5	50.150	-3	-4	50.151	-2	-4	50.153	-1	-2	50.151	-4	-5	50.148	-4	-6		
6.5	9.5	50.148	-4	-9	50.148	-2	-6	50.147	-4	-8	50.150	-3	-5	50.148	-3	-8	50.146	-2	-8		
6.20	10.5	50.145	-3	-12	50.146	-2	-8	50.143	-4	-12	50.148	-2	-7	50.146	-2	-10	50.144	-2	-10		
7.70	10.5	50.143	-2	-14	50.145	-1	-9	50.141	-2	-14	50.147	-1	-8	50.145	-1	-11	50.142	-2	-12		
8.20	10.5	50.142	-1	-15	50.144	-1	-10	50.140	-1	-15	50.145	-2	-10	50.144	-1	-12	50.140	-2	-14		
9.20	10.5	50.140	-2	-17	50.142	-2	-12	50.138	-2	-17	50.143	-2	-12	50.142	-2	-14	50.139	-1	-15		
10.20	10.5	50.139	-1	-18	50.140	-2	-14	50.137	-1	-18	50.142	-1	-13	50.140	-2	-16	50.137	-2	-17		
1997.1.20	10.5	50.137	-2	-20	50.139	-1	-15	50.137	±0	-18	50.142	±0	-13	50.139	-1	-17	50.136	-1	-18		
4.20	10.5	50.136	-1	-21	50.139	±0	-15	50.136	-1	-19	50.141	-1	-14	50.138	-1	-18	50.138	-1	-18		
7.20	10.5	50.135	-1	-22	50.138	-1	-16	50.135	-1	-20	50.140	-1	-15	50.137	-1	-19	50.136	±0	-18		
10.20	10.5	50.135	±0	-22	50.138	±0	-16	50.134	-1	-21	50.140	±0	-15	50.136	-1	-20	50.136	±0	-18		
1997.1.20	10.5	50.135	±0	-22	50.138	±0	-16	50.134	±0	-21	50.140	±0	-15	50.136	±0	-20	50.136	±0	-18		

（3）绘制沉降曲线

为了更清楚地表示沉降量、荷载、时间三者之间的关系，还要画出各观测点的时间与沉降量关系曲线图以及时间与荷载关系曲线图，如图9-47所示。

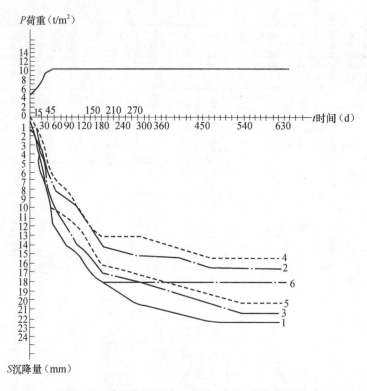

图9-47　建筑物的沉降、荷重、时间关系曲线图

时间与沉降的关系曲线是以沉降量 S 为纵轴，时间 t 为横轴，根据每次观测日期和相应的沉降量按比例画出各点位置，然后将各点依次连接起来，并在曲线一端注明观测点号码。

时间与荷载的关系曲线是以荷载重量 P 为纵轴，时间 t 为横轴，根据每次观测日期和相应的荷载画出各点，然后将各点依次连接起来。

（4）沉降观测应提交的资料

①沉降观测（水准测量）记录手簿；

②沉降观测成果表；

③观测点位置图；

④沉降量、地基荷载与延续时间三者的关系曲线图；

⑤编写沉降观测分析报告。

9.6.2.4　沉降观测中常遇到的问题及其处理

（1）曲线在首次观测后即发生回升现象

在第二次观测时即发现曲线上升，至第三次后，曲线又逐渐下降。发生此种现象，一般都是由于首次观测成果存在较大误差所引起的。此时，应将第一次观测成果作废，而采用第二次观测成果作为首测成果。

（2）曲线在中间某点突然回升

发生此种现象的原因，多半是因为水准基点或沉降观测点被碰所致，如水准基点被压

190

低，或沉降观测点被撬高，此时，应仔细检查水准基点和沉降观测点的外形有无损伤。如果众多沉降观测点出现此种现象，则水准基点被压低的可能性很大，此时可改用其他水准点作为水准基点来继续观测，并再埋设新水准点，以保证水准点个数不少于三个；如果只有一个沉降观测点出现此种现象，则多半是该点被撬高，如果观测点被撬后已活动，则需另行埋设新点，若点位尚牢固，则可继续使用，对于该点的沉降计算，则应进行合理处理。

（3）曲线自某点起渐渐回升

产生此种现象一般是由于水准基点下沉所致。此时，应根据水准基点之间的高差来判断出最稳定的水准点，以此作为新水准基点，将原来下沉的水准基点废除。另外，埋在裙楼上的沉降观测点，由于受主楼的影响，有可能会出现属于正常的渐渐回升现象。

（4）曲线的波浪起伏现象

曲线在后期呈现微小波浪起伏现象，其原因是测量误差所造成的。曲线在前期波浪起伏时之所以不突出，是因为下沉量大于测量误差之故；但到后期，由于建筑物下沉极微或已接近稳定，因此在曲线上就出现测量误差比较突出的现象。此时，可将波浪曲线改成为水平线，并适当地延长观测的间隔时间。

9.6.3 建筑物的倾斜观测

建筑物产生倾斜的原因主要是地基承载力的不均匀、建筑物体型复杂形成不同荷载及受外力风荷、地震等影响引起基础的不均匀沉降。

测定建筑物倾斜度随时间而变化的工作叫倾斜观测。

建筑物倾斜观测是利用水准仪、经纬仪、垂球或其他专用仪器来测量建筑物的倾斜度 α。

9.6.3.1 水准仪观测法

建筑物的倾斜观测可采用精密水准测量的方法，如图 9-48，定期测出基础两端点的不均匀沉降量 Δh，再根据两点间的距离 L，即可算出基础的倾斜度 α：

$$\alpha = \frac{\Delta h}{L} \qquad (9-6)$$

如果知道建筑物的高度 H，则可推算出建筑物顶部的倾斜位移值 δ：

$$\delta = \alpha \cdot H = \frac{\Delta h}{L} \cdot H \qquad (9-7)$$

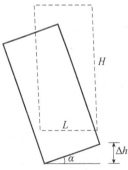

图 9-48　基础倾斜观测

9.6.3.2 经纬仪观测法

利用经纬仪测量出建筑物顶部的倾斜位移值 δ，再根据式（9-7）可计算出建筑物的倾斜度 α：

$$\alpha = \frac{\delta}{H} \qquad (9-8)$$

（1）一般建筑物的倾斜观测

对建筑物的倾斜观测应取互相垂直的两个墙面，同时观测其倾斜度。如图 9-49 所示，首先在建筑物的顶部墙上设置观测标志点 M，将经纬仪安置在离建筑物的距离大于其高度的

1.5 倍处的固定测站上，瞄准上部观测点 M，用盘左、盘右分中法向下投点得 N 点，用同样方法，在与原观测方向垂直的另一方向上设置上、下两个观测点 P、Q。相隔一定时间再观测，分别瞄准上部观测点 M 与 P 向下投点得 N' 与 Q'，如 N' 与 N、Q' 与 Q 不重合，说明建筑物产生倾斜。用尺量得 $NN' = a$、$QQ' = b$。

则建筑物的总倾斜值为
$$c = \sqrt{a^2 + b^2} \tag{9-9}$$

建筑物的总倾斜度为
$$i = \frac{c}{H} \tag{9-10}$$

建筑物的倾斜方向
$$\theta = \tan^{-1} \frac{b}{a} \tag{9-11}$$

（2）圆形建筑物的倾斜观测

对圆形建筑物和构筑物（如电视塔、烟囱、水塔等）的倾斜观测，是在相互垂直的两个方向上测定其顶部中心对底部中心的偏心距。

如图 9-50 所示，在与烟囱底部所选定的方向轴线垂直处，平稳地安置一根大木枋，距烟囱底部大于烟囱高度 1.5 倍处安置经纬仪，用望远镜分别将烟囱顶部边缘两点 A、A' 及底部边缘 B、B' 投到木枋上定出 a、a' 点及 b、b' 点，可求得 aa' 的中点 a'' 及 bb' 的中点 b''，则横向倾斜值为 $\delta_x = a''b''$，同法可测得纵向倾斜值为 δ_y。

烟囱的总倾斜值为
$$\delta = \sqrt{\delta_x^2 + \delta_y^2} \tag{9-12}$$

烟囱的倾斜度为
$$i = \frac{\delta}{H} \tag{9-13}$$

烟囱的倾斜方向为
$$\alpha = \tan^{-1} \frac{\delta_y}{\delta_x} \tag{9-14}$$

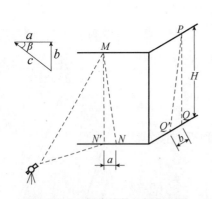

图 9-49　一般建筑物的倾斜观测

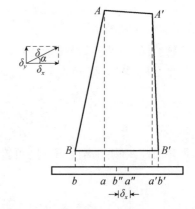

图 9-50　圆形建（构）筑物的倾斜观测

9.6.3.3　悬挂垂球法

此法是测量建筑物上部倾斜的最简单方法，适合于内部有垂直通道的建筑物。从上部挂下垂球，根据上下应在同一位置上的点，直接测定倾斜位置值 δ。再根据式（9-8）计算倾斜度 α。

9.6.4　建筑物的裂缝观测

测定建筑物某一部位裂缝变化状况的工作叫裂缝观测。

当建筑物发生裂缝时，除了要增加沉降观测和倾斜观测次数外，应立即进行裂缝变化的观测。同时，要根据沉降观测、倾斜观测和裂缝观测的资料研究和查明变形的特性及原因，以判定该建筑物是否安全。

裂缝观测，应在有代表性的裂缝两侧各设置一个固定观测标志，然后定期量取两标志的间距，即为裂缝变化的尺寸（包括长度、宽度和深度）。常用方法有以下几种。

9.6.4.1 石膏板标志

如图 9-51 示，用厚 10mm，宽 50~80mm 的石膏板覆盖、固定在裂缝的两侧。当裂缝继续开展与延伸时，裂缝上的标志即石膏板也随之开裂，从而观测裂缝继续发展的情况。

9.6.4.2 白铁片标志

如图 9-52 所示，用两块白铁片，一片为 15cm×15cm 的正方形，固定在裂缝的一侧，并使其一边和裂缝的边缘对齐，另一片为 5cm×20cm，固定在裂缝的另一侧，并使其中一部分紧贴在正方形的白铁皮上。当两块白铁片固定好后，在其表面涂上红漆。如果裂缝继续发展，两块白铁片将被拉开，露出正方形白铁片上原被覆盖没有涂红漆的部分，其宽度即为裂缝加大的宽度，可用钢卷尺量取。

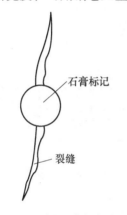

图 9-51 裂缝石膏板标志观测

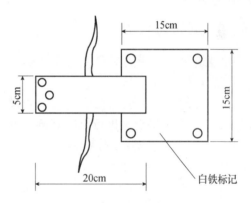

图 9-52 裂缝白铁皮标志观测

9.6.4.3 钢筋头标志

如图 9-53 将长约 100mm，直径约 10mm 左右的钢筋头插入，并使其露出墙外约 20mm 左右，用水泥砂浆填灌牢固。两钢筋头标志间距离不得小于 150mm。待水泥砂浆凝固后，用游标卡尺量出两金属棒之间的距离，并记录下来。以后如裂缝继续发展，则金属棒的间距也就不断加大。定期测量两棒的间距并进行比较，即可掌握裂缝发展情况。

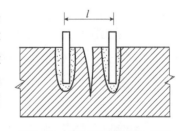

图 9-53 裂缝钢筋头标志观测

9.6.4.4 摄影测量

对重要部位的裂缝以及大面积的多条裂缝，可在固定距离及高度设站，进行近景摄影测量。通过对不同时期摄影照片的量测，可以确定裂缝变化的方向及尺寸。

9.6.5 建筑物的位移观测

测定建筑物（基础以上部分）在平面上随时间而移动的大小及方向的工作叫位移观测。位移观测首先要在与建筑物位移方向的垂直方向上建立一条基准线，并埋设测量控制点，再在建筑物上埋设位移观测点，要求观测点位于基准线方向上。

（1）基准线法

如图 9-54 所示，A、B 为基线控制点，P 为观测点，当建筑物未产生位移时，P 点应位于基准线 AB 方向上。过一定时间观测，安置经纬仪于 A 点，采用盘左、盘右分中法投点得 P'，P' 与 P 点不重合，说明建筑物已产生位移，可在建筑物上直接量出位移量 $\delta = PP'$。

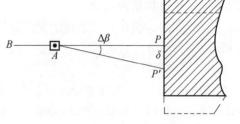

图 9-54　基准线法观测水平位移

也可采用视准线小角法用经纬仪精确测出观测点 P 与基准线 AB 的角度变化值 $\Delta\beta$，其位移量可按下式计算：

$$\delta = D_{AP} \cdot \frac{\Delta\beta''}{\rho''} \tag{9-15}$$

式中 D_{AP} 为 A、P 两点间的水平距离。

（2）角度前方交会法

利用前方交会法对观测点进行角度观测，计算观测点的坐标，由两期之间的坐标差计算该点的水平位移。

9.6.6　建筑物的挠度观测

测定建筑物构件受力后产生弯曲变形的工作叫挠度观测。

对于平置的构件，至少在两端及中间设置 A，B，C 三个沉降点，进行沉降观测，测得某间段内这三点的沉降量分别为 h_a，h_b 和 h_c（图 9-55），则此构件的挠度为：

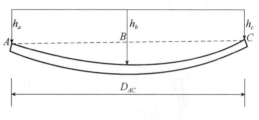

图 9-55　构件的挠度观测

$$f = \frac{h_a + h_c - 2h_b}{2D_{AC}} \tag{9-16}$$

对于直立的构件，至少要设置上、中、下三个位移观测点进行位移观测，利用三点的位移量可算出挠度。

对高层建筑物的主体挠度观测时，可采用垂线法，测出各点相对于铅垂线的偏离值。利用多点观测值可以画出构建的挠度曲线。

9.7　竣工总平面图的编绘

9.7.1　编绘竣工总平面图的目的

竣工总平面图是设计总平面图在施工结束后实际情况的全面反映。由于设计总平面图在竣工过程中因各种原因需要进行变更，所以设计总平面图不能完全代替竣工总平面图。为此，施工结束后及时编绘竣工总平面图，其目的在于：

（1）由于设计变更，使建成后的建（构）筑物与原设计位置、尺寸或构造等有所不同，这种临时变更设计的情况必须通过测量反映到竣工总平面图上；

（2）它将便于日后进行各种设施的维修工作，特别是地下管道等隐蔽工程的检查和维修工作；

（3）为企业的扩建提供了原有各项建筑物、地上和地下各种管线及测量控制点的坐标、高程等资料。

编绘竣工总平面图，需要在施工过程中收集一切有关的资料，并对资料加以整理，然后及时进行编绘。为此，在建筑物开始施工时应有所考虑和安排。

9.7.2 编绘竣工总平面图的方法和步骤

9.7.2.1 绘制前准备工作

（1）确定竣工总平面图的比例尺

建筑物竣工总平面图的比例尺一般为 1/500 或 1/1000。

（2）绘制竣工总平面图底图坐标方格网

为了能长期保存竣工资料，竣工总平面图应采用质量较好的图纸，如聚酯薄膜、优质绘图纸等。编绘竣工总平面图，首先要在图纸上精确地绘制出坐标方格网。坐标方格网画好后，应进行检查。

（3）展绘控制点

以底图上绘出的坐标方格网为依据，将施工控制网点按坐标展绘在图纸上。展点对所临近的方格而言，其容许误差为 ±0.3mm。

（4）展绘设计总平面图

在编绘竣工总平面图之前，应根据坐标格网，先将设计总平面图的图面内容按其设计坐标，用铅笔展绘于图纸上，作为底图。

9.7.2.2 竣工测量

在建筑物施工过程中，在每一个单项工程完成后，必须由施工单位进行竣工测量，提出工程的竣工测量成果，作为编绘竣工总平面图的依据。竣工测量内容包括：

（1）工业厂房及一般建筑物

房角坐标、几何尺寸、各种管线进出口的位置和高程，房屋四角室外高程；并附注房屋编号、结构层数、面积和竣工时间等。

（2）地下管线

检修井、转折点、起终点的坐标，井盖、井底、沟槽和管顶等的高程，附注管道及检修井的编号、名称、管径、管材、间距、坡度和流向。

（3）架空管线

转折点、节点、交叉点和支点的坐标，支架、间距、基础标高等。

（4）交通线路

起终点、转折点和交叉点坐标，曲线元素，桥涵等构筑物位置和高程，人行道、绿化带界线等。

（5）特种构筑物

沉淀池、污水处理池、烟囱、水塔等及其附属构筑物的外形、位置及标高等。

（6）其他

测量控制网点的坐标及高程，绿化环境工程的位置及高程。

9.7.2.3 竣工测量的方法与特点

竣工测量的基本测量方法与地形测量相似，区别在于以下几点。

（1）图根控制点的密度

一般竣工测量图根控制点的密度要大于地形测量图根控制点的密度。

（2）碎部点的实测

地形测量一般采用视距测量的方法测定碎部点的平面位置和高程；而竣工测量一般采用经纬仪测角、钢尺量距的极坐标法测定碎部点的平面位置，采用水准仪或经纬仪视线水平测定碎部点的高程，亦可用全站仪进行测绘。

（3）测量精度

竣工测量的测量精度要高于地形测量的测量精度。地形测量的测量精度要求满足图解精度，而竣工测量的测量精度一般要满足解析精度，应精确至厘米。

（4）测绘内容

竣工测量的内容比地形测量的内容更丰富。竣工测量不仅测地面的地物和地貌，还要测地下各种隐蔽工程，如上、下水及热力管线等。

9.7.3　竣工总平面图的编绘

9.7.3.1　编绘竣工总平面图的依据

（1）设计总平面图、单位工程平面图、纵、横断面图、施工图及施工说明。

（2）施工放样成果、施工检查成果及竣工测量成果。

（3）更改设计的图样、数据、资料（包括设计变更通知单）。

9.7.3.2　竣工总平面图的编绘方法

（1）在图纸上绘制坐标方格网

绘制坐标方格网的方法、精度要求与地形测量绘制坐标方格网的方法、精度要求相同。

（2）展绘控制点

坐标方格网画好后，将施工控制点按坐标值展绘在图纸上。展点对所临近的方格而言，其容许误差为 ±0.3mm。

（3）展绘设计总平面图

根据坐标方格网，将设计总平面图的图面内容按其设计坐标，用铅笔展绘于图纸上，作为底图。

（4）展绘竣工总平面图

凡按设计坐标进行定位的工程，应以测量定位资料为依据，按设计坐标（或相对尺寸）和标高展绘；对原设计进行变更的工程，应根据设计变更资料展绘；对凡有竣工测量资料的工程，若竣工测量成果与设计值之比差不超过所规定的定位容许误差时，按设计值展绘，否则按竣工测量资料展绘。

9.7.3.3　竣工总平面图的整饰

（1）竣工总平面图的符号应与原设计图的符号一致。有关地形图的图例应使用国家地形图图示符号。

（2）对于厂房应使用黑色墨线，绘出该工程的竣工位置，并应在图上注明工程名称、坐标、高程及有关说明。

（3）对于各种地上、地下管线，应用各种不同颜色的墨线，绘出其中心位置，并应在图上注明转折点及井位的坐标、高程及有关说明。

（4）对于没有进行设计变更的工程，用墨线绘出的竣工位置，应与按设计原图用铅笔绘出的设计位置重合，但其坐标及高程数据与设计值比较可能稍有出入。

随着工程的进展，逐渐在底图上将铅笔线都绘成墨线。

对于直接在现场指定位置进行施工的工程，以固定地物定位施工的工程及多次变更设计而无法查对的工程等，只好进行现场实测，这样测绘出的竣工总平面图，称为实测竣工总平面图。

9.7.4 竣工总平面图的附件

为了全面反映竣工成果，便于日后的管理、维修、扩建或改建，下列与竣工总平面图有关的一切资料，应分类装订成册，作为竣工总平面图的附件保存：

（1）建筑场地及其附件的测量控制点布置图及坐标与高程一览表；

（2）建筑物或构筑物沉降及变形观测资料；

（3）地下管线竣工纵断面图；

（4）工程定位、放线检查及竣工测量的资料；

（5）设计变更文件及设计变更图；

（6）建设场地原始地形图等。

上岗工作要点

1. 学会建筑基线的布设及测设方法。
2. 能够熟练地将施工坐标系换算为测量坐标系，并能熟练的计算测设数据。
3. 熟知一般民用建筑施工放样的全过程。
4. 学会民用建筑的基础工程测量、墙体施工测量等。
5. 初步学会工业厂房控制网的布设和柱列轴线的测设方法。
6. 学会建筑物变形观测的方法。

本章小结　对于建筑面积较小的建筑区，常布置一条或几条建筑基线组成简单的图形；而对于建筑物多，布局比较规则和密集的工业场地，由于建筑物一般为矩形而且大多沿着两个相互垂直的方向布置，因此控制网一般都采用网格形式，即通常所说的建筑方格网。一般情况下，建筑方格网各点也同时作为高程控制点。

根据建筑场地上建筑基线的主点或其他控制点进行建筑定位，即把建筑物外廓和轴线交点测设在地面上，并用木桩标志出来，然后再根据这些点进行细部放样。在一般民用建筑中，为了方便施工，还在基槽外一定距离处设龙门板或轴线控制桩的轴线位置和基础宽度，并顾及到基础开挖应放坡的尺寸，在地面上用白灰标出基础开挖线。根据施工的进程，再进行各项基础施工测量。

工业厂房的施工测量应首先进行工业厂房控制网的测设，再进行厂房柱列轴线的测设和柱基施工测量及厂房结构安装测量。在各项放样过程中，要注意限差的要求。

在每一项工程完成后，必须由施工单位进行竣工测量，提供工程的竣工测量成果等编制竣工总平面图，以全面反映工程施工后的实际情况，作为运行和管理的资料及今后工程改建和扩建的依据。

为保证建筑物在施工、使用和运行中的安全，以及为建筑物的设计、施工、管理和科学研究提供可靠的资料，在建筑物的施工和使用过程中需要进行建筑物的变形观测。建筑物变形观测是周期性的对设置在建筑物上的观测点进行重复观测，求得观测点位置的变化量。变形观测的主要内容包括沉降观测、倾斜观测、位移观测、裂缝观测和挠度观测等。

技能训练十一　民用建筑定位测量

一、目的与要求

1. 掌握根据建筑基线或已有建筑物测设新建筑定位点的测设方法。

2. 要求各小组独立测设一幢新建筑物的四个定位角点，如条件许可，并钉立轴线控制桩。

3. 精度要求：测设边长相对误差不大于 1/5000，各内角应在 90°±1′的范围内。

二、仪器与工具

经纬仪 1 台，垂球架 2 个，钢尺 1 盘，测钎 11 根，标杆 1 根、记录板 1 块，木桩与小钉各 4~8 个、斧头 1 把、背包 1 个。

三、实习方法与步骤

1. 根据教师布置给定的建筑基线或已有的建筑物，以及设计给出的新建筑物四个角点与其间的尺寸关系，计算测设所需的各项数据，并绘出测设略图。

如图 1 所示，为与原有建筑物之间的数据关系；或如图 2 所示，为与建筑基线之间的数据关系。

2. 如图 1 所示，从原有建筑物东、西两山墙沿边线从角点向南各量出 1m，得 A、B 两点，做出标记，借得 AB 直线与原有建筑物南墙的一条平行线（图 2 已有建筑基线，则不需借线。）

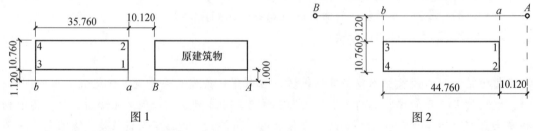

图 1　　　　　　　　　　　　　　　　　图 2

3. 在 AB 的延长线上，从 B 测设已知长度 10.120m 及 45.880m，得 a、b 两辅助点（图 2，则从 A 点沿方向量 10.120m 及 54.880m，得 a、b 两辅助点）并作出标记。

4. 在 a、b 两点分别安置经纬仪，以 aA，bA 为起始方向，测设 270°的已知水平角，得 a2 与 b4 方向线，从 a 点和 b 点起，沿方向线各量 1.120m 和 11.880m 得 1、2、3、4 四个定位点，打下木桩，钉以小钉（图 2），在 a、b 点分别以 aB，bA 为起始方向，即以长边为起始方向的原则下，前者测 270°，后者测 90°的已知水平角得 a2、b4 方向线，从 a 点和 b 点起，沿方向线量 9.120m 和 19.880m 得 1、2、3、4 四个定位点，打下木桩，钉以小钉。

5. 检查测设精度：实量各边 12、34、13、24 边长，与设计边长的相对误差应不大于 1/5000。实测 1、2、3、4 四个点中的三个内角，各内角应在 90°±1′的范围内。

四、实习报告

1. 绘制与图 1，图 2 相似的测设略图。

2. 边长检查记录（表1）：

表1 边长检查记录表

线段名称	实量距离 $D_实$ （m）	设计边长 $D_设$ （m）	误差值 $\Delta D = D_实 - D_设$ （m）	相对精度 $K = \dfrac{1}{D_设 / \Delta D}$

3. 内角检测记录（表2）：

表2 内角检测记录表

测站	竖盘位置	目 标	水平读盘读数 （° ′ ″）	半测回角值 （° ′ ″）	测回平均值 （° ′ ″）	误差值
	左					
	右					
	左					
	右					
	左					
	右					

思考题与习题

1. 建筑场地平面控制网的形式有哪几种？它们各适用于哪些场合？

2. 在测设三点"一"字形建筑基线时，为什么基线点不少于三个？当三点不在一条直线上时，为什么横向调整量是相同的？

3. 如图 9-8 所示，已知施工坐标原点 O' 的测图坐标为 $x_0 = 187.500$m，$y_0 = 112.500$m，建筑基线点 P 的坐标为 $A_P = 135.000$m，$B_P = 100.00$m，设两坐标系轴线间的夹角 $\alpha = 16°00'00''$，试计算 P 点的测量坐标值。

4. 如图 1 所示，假定"一"字形建筑基线 $1'$、$2'$、$3'$ 三点已测设在地面上，经检测 $\angle 1'2'3' = 179°59'30''$，$a = 100$m，$b = 150$m，试求调整值 δ，并说明如何调整才能使三点成一直线。

5. 如图 2 所示，测设出直角 $\angle BOD'$ 后，用经纬仪精确地检测其角值为 $89°59'30'$，并知 $OD' = 150$m，问 D' 点在 $D'O$ 的垂直方向上改动多少距离才能使 $\angle BOD$ 为 $90°$？

6. 施工高程控制网应如何布设？

7. 建筑施工测量包括哪些主要测量工作？

8. 施工放样前应做好哪些准备工作？并具备哪些资料？

9. 墙体工程施工测量中如何弹线？墙体各部位标高如何控制？

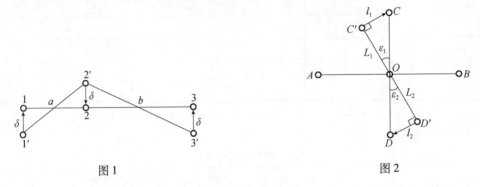

图1　　　　　　　　　　图2

10. 轴线控制桩和龙门板的作用是什么？如何设置？

11. 建筑物的定位方法哪有几种？如何测设？

12. 试述基坑开挖时控制开挖深度的方法。

13. 皮数杆的作用是什么？应设置在何处？

14. 高层建筑物的轴线投测与标高传递方法有哪几种？如何进行？

15. 如图3所示，已知原有建筑物与拟建建筑物的相对位置关系，试问如何根据原有建筑物甲测设出拟建建筑物乙？又如何根据已知水准点 BM_A 的高程为 26.740m，在 2 点处测设出室内地平标高 $\pm0.000m = 26.990m$ 的位置（乙建筑为一砖半墙）？

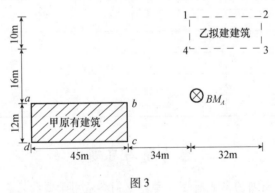

图3

16. 工业建筑施工测量包括哪些主要工作？

17. 何谓建筑物的沉降观测？在建筑物的沉降观测中，水准基点和沉降观测点的布设要求分别是什么？

18. 何谓建筑物的倾斜观测？倾斜观测的方法有哪些？

19. 编绘竣工总平面图的目的是什么？编绘竣工总平面图的依据是什么？

第 10 章　管道工程施工测量

重点提示

1. 掌握管道中线的施工测量方法。
2. 掌握纵断面测量及纵断面图的绘制方法。
3. 掌握管道施工测量方法。
4. 了解管道竣工测量。
5. 了解顶管过程中中线方向和纵坡的控制测量。

开章语　本章主要讲述管道中心线测设、开槽敷设管道的施工测量、顶管施工管道的施工测量、架空管道的施工测量和管道工程竣工测量。通过对本章内容的学习，同学们应掌握管道中线的施工测量方法、管道施工测量方法和纵断面测量及纵断面图的绘制方法等基本的专业理论知识和基本的专业实操能力。

管道工程多属地下工程。管道种类繁多，主要有给水、排水、热力、电信、天然气、输油管等。在城市建设中，特别是城镇工业区，管道更是上下穿插、纵横交错连接成管道网。为各种管道设计和施工所进行的测量工作通称为管道工程测量，主要包括：管道中线的测设与恢复，管道纵、横断面的测绘，带状图测量，管道施工测量，管道竣工测量等内容。

10.1　管道工程施工测量的准备工作

管道工程施工测量的准备工作有：

（1）熟悉设计图纸资料，弄清管线布置及工艺设计和施工安装要求。

（2）熟悉现场情况，了解设计管线走向，以及管线沿途已有平面和高程控制点分布情况。

（3）根据管道平面图和已有控制点，并结合实际地形，做好施测数据的计算整理，认真校核各部分尺寸并绘制施测草图。

（4）根据管道在生产上的不同要求、工程性质、所在位置和管道种类等因素，确定施测精度。如厂区内部管道比外部要求精度高；有压力的管道比无压力管道要求精度高。

（5）做好现有的各种地下管道线的调查、落实工作，以便发现问题及时解决。

（6）校测现有管道出入口和与本管线交叉的地上、地下构筑物的平面位置和高程，如果发现与设计图纸设计数据不符或有问题，要及时和设计单位研究解决。

10.2　管道中心线测设

管道中心线测量的任务是将设计的管道中心线位置在地面上测设并标定出来，其主要内容有：钉管道交点桩、里程桩和加桩、测定管道转向角等。

10.2.1　测设主点

管道的起点、转折点、终点称为管道的三个主点。主点的位置及管道方向是设计时给定的，管道方向一般与道路中心线或大型建筑物轴线平行或垂直。若给定的是主点的坐标值，其测设方法可根据现场实际情况，在直角坐标法、极坐标法、角度交会法、距离交会法中选择较适用的方法，进行测设；若给定的仅是主点或管道方向与周围地物间的关系，则可由规划设计图找出测设条件或数据，如图 10-1 所示，测设时可利用与地物（道路、建筑物等）之间的关系直接测设。如井$_1$、井$_2$，从图右上角放大图可看出它们与办公楼的关系，井$_6$ 由平行办公楼的井$_2$～井$_6$ 线与平行展览路中线的井$_{13}$～井$_6$ 线交出。在主点测设的同时，根据需要，可将检查井或其他附属构筑物位置一并标定。

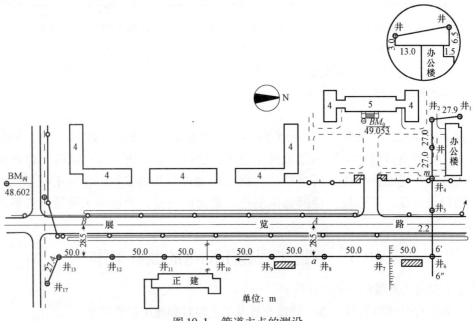

图 10-1　管道主点的测设

主点测设完后，应检查其位置的正确性，做好点的标记，并测定管道转折角。管道的转折角有时要满足定型管道弯头转角要求，如给水铸铁管弯头转折角有 90°、45°、22.5° 等几种。

10.2.2　里程桩钉设

10.2.2.1　里程桩

里程桩亦称中线桩，里程桩分为整桩和加桩两种。桩上写有桩号（亦称里程），表示该桩距路线起点的历程。

（1）整桩

整桩是由管线起点开始，每隔 20m 或 50m 设置一桩，百米桩和千米桩均属于整桩。

（2）加桩

加桩分为地形加桩、地物加桩、转折点加桩和检查井加桩。地形加桩是于中线上地面坡度变化处和中线两侧地形变化较大处设置的桩；地物加桩是在中线上有人工构筑物处设置的桩；转折点加桩是在管线转折角上设置的桩；检查井加桩是在管道各种功能井中心所设置的桩。

10.2.2.2 里程桩钉设

钉里程桩一般用经纬仪定向，距离丈量一般情况用钢尺，大型排水管道精度不低于1/3000，一般管道精度不低于1/1000。

桩号一般用红油漆写在木桩朝向管线起始方向的一侧或附近明显地物上，字迹要工整、醒目。对重要里程桩应设置护桩。

这里要说明的一点是：有的管道里程桩是以检查井中心线桩来代替的，这样管线上可能设有整桩。

10.2.2.3 里程桩管线起点的规定

管道的起点根据其种类不同有不同规定，给水管道以水源为起点；煤气、热力管道以来气分支点为起点；电子、通信管道以电源为起点；输油管道以供油站为起点；排水管以下游出水口为起点。

中线测量成果一般均应在现状地形图上展绘出，并注明各交点的位置和桩号，各交点的点标记，管线与主要地物、地下管线交叉点的位置和桩号，各交点的坐标、转折角等内容。

10.3 开槽敷设管道的施工测量

10.3.1 确定槽口宽度

槽口放线的任务是根据设计要求的管道埋深和土质情况、管径的大小等，计算出开槽宽度，并根据管道中心桩在地面上定出槽边线位置，作为开槽的依据。

10.3.1.1 地形较平坦

当横断面地形比较平坦时，如图10-2所示，槽口宽度的计算方法为：

$$B/2 = (b/2) + mh$$
$$B = b + 2mh$$

$$(10-1)$$

式中 b——槽底宽度，根据不同管径的相应基础宽度和必要的操作宽度等确定，m；

B——开槽上口宽度，m；

h——挖深，m；

$1:m$——边坡斜率，一般根据土质情况查表确定。

【例10-1】 某暖通工程中设计铺设一条直径为500mm的供暖管道，土质为四类土（粉质黏土），经计算开槽深度 h 为2.5m，求该管道开槽上口宽 B，如图10-3所示。

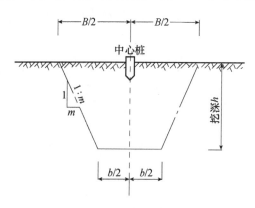

图10-2 地形较平坦的槽口宽度

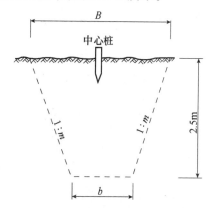

图10-3 槽口宽度确定举例示意图

【解】根据管径、土质类别，按照暖通工程施工技术规程中关于管道结构宽度，每侧工作宽度和开槽边坡放坡系数的规定分别取定槽底宽度 $b = 1.5\text{m}$，$1:m = 1:0.33$，已知 $h = 2.5\text{m}$，据式（10-1）得：

$$B = b + 2mh$$
$$= 1.5 + 2 \times 0.33 \times 2.5$$
$$= 3.15(\text{m})$$

10.3.1.2 地形起伏较大

当横断面地形起伏较大时，中线两侧上口宽度不相等，应分别计算或根据横断面图解法求出，如图10-4所示。应按下式分别计算：

$$\left.\begin{array}{l} B_1 = (b/2) + m_1h_1 + m_2h_2 + C \\ B_2 = (b/2) + m_1h_1 + m_3h_3 + C \end{array}\right\} \quad (10\text{-}2)$$

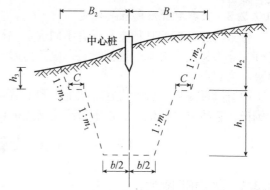

图 10-4　地形起伏较大的槽口宽度

计算或求得 $B/2$ 或 B_1、B_2 后，可根据管道中心桩在实地上定出开槽边线，把相邻桩号边线点连接撒灰线，即可依次开挖管槽。应当注意的是，在某些情况下，管道中心到槽底两边的距离也不相等（如在槽底一边设明沟排水，两条以上的管道同槽施工且高程、坡度不同），放槽口线时应予区分。

10.3.2　设置管道施工控制标志

管道的埋设均有平面位置、高程和坡度的要求，因此在开槽前后应设置控制管道中心线和高程的施工标志，一般有以下两种做法：

10.3.2.1　坡度板法

坡度板法是控制管道中心线和构筑物位置，掌握管道设计高程的常用办法，一般均跨槽埋设，其测设步骤如下。

（1）埋设坡度板

坡度板应根据工程进度要求及时埋设，当槽深在2.5m以内时，应予开槽前，在槽上口每隔10～15m埋设一块，如图10-5（a）所示；遇管道平面折点、检查井及支管处，应加设坡度板。当槽深在2.5m以上时，应待槽挖到距槽底2m左右时，再于槽内埋设坡度板，如图10-5（b）所示。

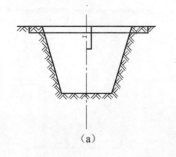

（a）

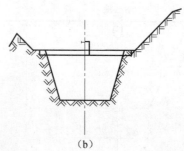

（b）

图 10-5　埋设坡度板（一）

坡度板在有的地区称高程样板或龙门板。有的地区规定不得高于地面，有的规定在高于地面的木桩之上，如图 10-6 所示。做法虽有不同，但基本原理均是一样的，可以根据当地的经验和习惯进行。

坡度板埋设要牢固，应使其顶面近于水平。坡度板埋设好后，应以中心桩为准用经纬仪将管道中心线投在上面并钉中心钉，再将里程桩号或检查井等附属构筑物桩号写在坡度板的侧面。

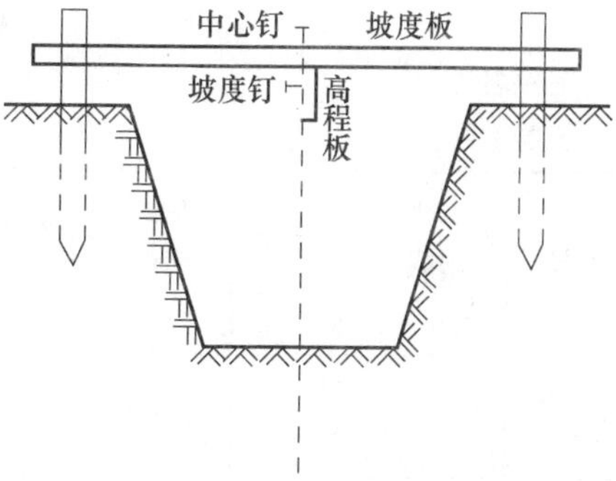

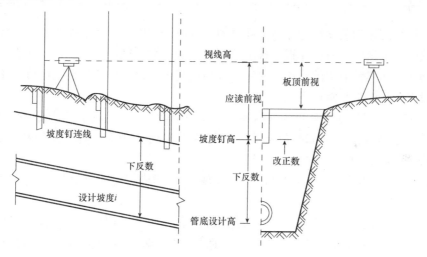

图 10-6　埋设坡度板（二）

（2）测设坡度钉

为了控制管道的埋设，使其符合设计坡度，在已钉好的坡度板上测设坡度钉，以便施工时具体掌握槽底、基础面、管底的高程。如图 10-5、图 10-6 所示，在坡度板上中心钉的一侧钉一高程板，高程板侧面钉一个坡度钉，使各坡度钉的连线平行管道设计坡度线，并距槽底设计高程为一整分米数，称为下反数，利用这条线作为控制管道坡度和高程。

测设坡度钉的方法灵活多样，最常用的是"应读前视法"。图 10-7 表示该方法的计算原理。其施测步骤如下：

图 10-7　应读前视法测设坡度钉

①后视水准点，求出水准仪视线高。

②选定下反数，计算坡度钉的"应读前视"。

应读前视 = 视线高 −（管底设计高 + 下反数）

下反数选定，一般是使坡度钉位于不妨碍工作而且使用方便的高度位置上（常用 1.5 ~ 2.00m），表 10-1 选用的下反数是 2.00m。

管底设计高程可从纵断面图中查得。

③立尺于坡度板顶，读出板顶前视读数，算出坡度钉需要的改正数。

改正数 = 板顶前视 − 应读前视

改正数为正数，表示自板顶向上量数定钉；改正数为负数，表示自板顶向下量数定钉。

④钉好坡度钉后，立尺于所钉坡度钉上，检查实读前视与应读前视是否一致，误差在 ±2mm 以内，即认为坡度钉位置可用。

表 10-1　坡度钉测设记录

工程名称：			工程日期：				观测：			
仪器型号：			天气：				记录：			

测点（桩号）	后视读数	视线高	板顶前视	高程	管底设计高程	下反数	应读前视	改正数 +	改正数 −	备注
BM₃	1.346	51.338		49.992						已知高程
6 号井 0+177.4			1.912		47.440	2.00	1.898	0.014		
167.4			2.000			2.00	1.928	0.72		
157.4			1.806		$i=3‰$	2.00	1.958		0.152	
147.4			1.816			2.00	1.988		0.172	
137.4			1.885			2.00	2.018		0.133	
5 号井 0+127.4			1.913		47.290	2.00	2.048		0.130	
BM₂			0.834							已知高程 50.502

⑤第一块坡度板的坡度钉定好后，即可根据管道设计坡度和坡度板的间距，推算出第二块、第三块等坡度板上的应读前视，按上法测设各板的坡度钉。

⑥为防止观测或计算中的错误，每测一段后应附合到另一个水准点上进行校核。

⑦测设坡度钉时应注意以下几点：

a. 坡度钉是施工中掌握高程的基本标志，必须准确牢靠，为防止误差超限或发生错误，应经常校测。在重要工序（如挖槽见底、铺筑管道基础、管道敷设等）前和雨、雪天后，均要注意做好校测工作。

b. 在测设坡度钉时，除本段校测外，还应联测已建成管道或已测好的坡度钉，以防止因测量错误造成返工事故。

c. 在地面起伏较大的地方，常需分段选取合适的下反数，这样，在变换下反数处，需要钉两个坡度钉，为了防止施工中用错坡度钉，通常采用钉两个高程板的方法，如图 10-8 所示。

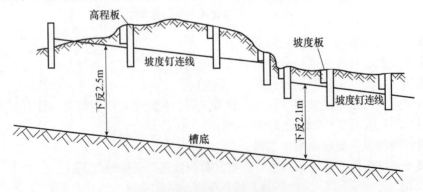

图 10-8　分段测设坡度钉

d. 为便于施工中掌握高程，在每块坡度板上都应写好高程牌或写明下反数。下面是一种高程牌的形式。

0 + 177. 4	高程牌
管底设计高程	47. 440
坡度钉高程	49. 440
坡度钉至管底设计高程	2. 000
坡度钉至基础面	2. 050
坡度钉至槽底	2. 150

10.3.2.2 平行轴腰桩法

当现场条件不便采用坡度板法时，对精度要求较低的管道可用平行轴腰桩法控制管道坡度，其步骤如下：

（1）测设平行轴线

开工前先在中线一侧或两侧平移测定一排平行轴线桩，桩位应在开槽线以外。如图 10-9（a）中的 A，其与中线的轴距为 a；各桩间距约在 20m 左右，在检查井附近的轴桩应与井位对应。

（2）计算对应比高 h

测出 A 轴各桩的高程，并依照对应的沟底设计高程，计算对应比高 h（可列表示出）。

（3）控制沟槽底高程

制作一边可伸缩的直角尺，检查沟槽底比高 h'。

（4）钉腰桩

在沟槽边坡上（据槽底约 1m）再钉一排与 A 轴对应平行轴线桩 B，其与中线的间距为 b，这排桩称为腰桩，如图 10-9（b）所示。

（5）引测腰桩高程

如图 10-9（c）所示，测出各腰桩高程，用各桩高程减去相对应的管底设计高程，得出各腰桩与设计管底的比高 h，并列表，用各腰桩的 b 和 h_b 即可控制埋设管道的中线和高程。

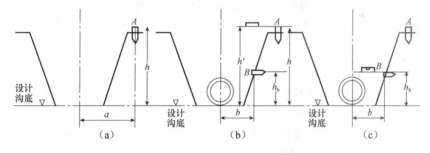

图 10-9　平行轴腰桩法

10.3.3　管道敷设中的测量

10.3.3.1　管道中心

管道中心由沟槽上口坡度板上的中心钉或由控制桩来确定，其方法如图 10-10 所示，用垂线和水平尺定管道中心。制作一个与管内径相等的带刻度的简易水平尺，管放稳后，将水平尺放入管内，并找好水平，再在沟上口中心线上吊下一垂线，若垂线正好对准水平尺的中心位置，则管中心位置正确；若垂线不在管内的水平尺中心，则向左右移动管子，使垂线与水平尺中心线对准为止。

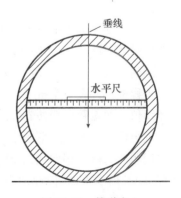

图 10-10　管道中心

207

另外一种方法也可以将坡度板上（或控制桩确定）的管道中心线放在管道基础上，并画上标记，下管时将管道压在基础的标记线上即为管道中心线，然后再用水平尺法校核。

10.3.3.2 管道高程

管道高程主要指管内底高程。对排水管道工程施工来说这是最重要的一环。它的依据是坡度板上的高程钉或由控制桩引测高程。

在实际施工中也往往在已形成的管道基础上用钉桩或作标记来作为管道中心和高程的依据。但不论采用哪种方法控制，在管道稳固后均应用水准仪重新校测管底高程。

这里应当指出，在管道敷设过程中，中心线和高程控制应同时进行，不能分开。

10.3.4 管道施工测量的记录

管道工程属于隐蔽工程。因此，在管道工程的施工过程中，各工序施工测量记录和管道敷设后的验收测量记录必须完整、准确，以如实反映管道工程施工成果及作为整理编绘竣工资料和竣工图的依据。

10.3.5 管道纵横断面测量

10.3.5.1 纵断面测量

根据管线附近敷设的水准点，用水准仪测出中线上各里程桩和加桩处的地面高程。然后根据测得的高程和相应的里程桩号绘制纵断面图。纵断面图表示管道中线上地面的高低起伏和坡度陡缓情况。

管道纵断面水准测量的闭合差容许值为 $\pm 5\sqrt{L}\,\mathrm{mm}$（$L$ 以 100m 为单位）。

10.3.5.2 横断面测量

横断面测量就是测出各桩号处垂直于中线两侧一定距离内地面变坡点的距离和高程。然后绘制成横断面图。在管径较小，地形变化不大，埋深较浅时一般不做横断面测量，只依据纵断面估算土方。

10.3.5.3 纵断面综合叙述

纵断面水准测量仅显示出沿水平线的地形变化，以图表示就是纵断面图。但对于许多实际使用情况这是不够的。实际上，为了设计某种宽度（3~5m）的管路，不仅要知道沿纵向水准线的地形，并且需查勘沿水准线两侧地带的地形（10~20m）。重要的是，当设计时要知道管路的轴线是沿平坦地区还是沿斜坡。例如，左侧为高耸山岭，而右边是河旁低地。

为了查勘靠近水准线地区的特性，需在横向加测水准，通常垂直于水准线（干线）向左右作横断面测量（图10-11）。横断面之长度视水准测量的目的而不同，例如，对于道路向两侧测出 25~50m，如图 10-11 所示在平面图上的水准线，或称干线，其上有 105、106 号等里程桩，并在每个桩上向左右各测出 25m 的横断面。横断面的测设（角度）用定角器或经纬仪，而量距用轻便卷尺或钢尺。当测量横断面时要标志显著的地形变化点，长度自干线起量至该点，并记入草图中，而在此点设置与地面相平的木桩，以备立水准尺并靠着它设立注记距离的桩。例如在图 10-11 中表示在 105 及 110 桩处横断面点的设置。横断面上的水准测量可与干线的水准测量同时进行，或在干线水准测量以后单独进行。

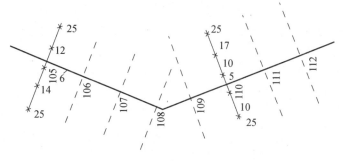

图 10-11　水准线图

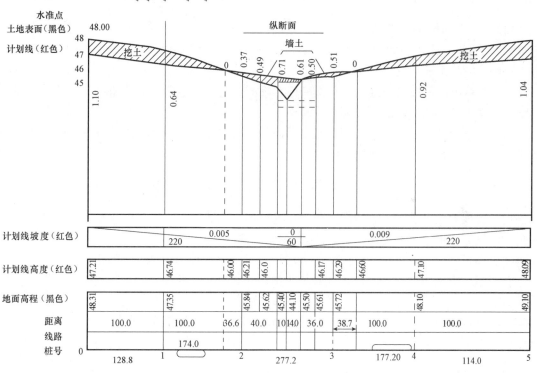

图 10-12　纵横断面高程测点图

在第一种情况，水准仪通常置于两桩之间，例如在 105 及 106 间，对该两点以仪器或望远镜的两个位置测不定期。首先确知所得两点间的高程差具有所要求的精度，此后将立于 105 点上的后尺循次竖立于标出的横断面点上，先测右边，再测左边，记入下面的手簿中（见表 10-2）。

在此手簿中有 105 及 106 桩号，其间横断面点注以左右字样。前后桩间水准观测两次，以读数之中计算高程，并由仪器高程 183.579 和高程差 +1470 校核之。横断面点则以第二仪器高计算，因为它们是以仪器第二位置（提高了的）测量的。

表 10-2　测量记录

测站	点号	尺上度数					高程差	仪器高程	假定高程	假定高程改正	海拔高程	备注
		读数		间视	中数							
		后视	前视		后视	前视						
106	右　105	2147	—	—	2167	—	—	183.579	—	—	181.412	—
		2187	—	—	—	—	—	183.599	—	—	—	—
	6	—	—	2475	—	—	—	—	—	—	181.124	—
	14	—	—	3548	—	—	—	—	—	—	180.051	—
	左　25	—	—	3822	—	—	+1470	—	—	—	179.777	—
	12	—	—	2002	—	—	—	—	—	—	181.597	—
	25	—	—	1232	—	—	—	—	—	—	182.367	—
	106	—	678	—	—	697	—	—	—	—	—	—
		—	726	—	—	—	—	—	—	—	182.882	—

由此可见，横断面点的高程计算，正像间视点（两桩之间的点）一样，这种横断面图的水平及垂直距离用同一种比例尺绘制，并各纵断面图分开绘制，或绘制在相应的桩点上方，如图 10-12 所示。

在干线水准测量以后单独地进行横断面水准测量时，测量者必须从适当的桩号或水准点开始，并载入特备的横断面水准测量手簿中。

若在横断面甚长的情形下，则首先沿横断面以通常方法设桩，而测各桩点高度，其方法与纵断面水准测量相同，但仪器仅设置一次。

10.4　顶管施工管道的施工测量

地下管线敷设管道时，一般均采用简单易行的开槽法施工。但当管道穿过车辆来往频繁的公路、铁路、城市主要道路、河流或建筑物时，往往由于不容许开槽施工，而采用不开槽埋管法，即顶管法、盾甲法、坑道法等方法，通常情况下采用的是顶管施工方法。

顶管施工方法中又以人工挖土顶管最为常用。它是在欲要顶管的两端先挖工作坑，在坑内安装导轨，将管材放在导轨上，借助顶进设备的顶力克服管道与土层的摩擦阻力，将管道按照设计坡度顶进土中（随顶进随将管内土方挖出）铺筑成管道。现将人工挖土顶管施工测量的主要方法步骤介绍如下。

10.4.1　中线桩的测设

管道中线桩是工作坑放线和设置顶管中线控制桩的依据，测设时应按设计图纸的要求、工作坑几何尺寸和桩号，根据管道中线控制桩，用经纬仪将管道中线桩分别测设在离工作坑上口前后 1.5m 左右，并在桩上钉中心钉。前后两桩互相通视，如图 10-13 所示，中线桩要妥善保护以免丢失或碰动。中线桩钉好后，即可根据工作坑的设计图纸测设开挖边界。

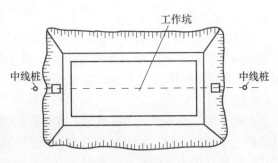

图 10-13　中线桩测设（一）

210

应当注意的是，管道中心与后背的中心往往一致，而与工作坑的中心有一致的、也有不一致的，测设时应予区分。

10.4.2 顶管中线控制桩测设

当工作坑开挖到一定深度时，应根据工作坑设计图和管道中线桩在其纵向两端牢固地测设顶管中线控制桩（钉中心钉），以作为管道顶进过程中控制方向的依据，如图 10-14 所示。

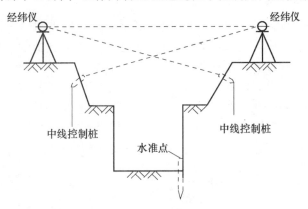

图 10-14 中线桩测设（二）

10.4.3 工作坑内水准点的设置

工作坑内的水准点，是安装导轨和管道顶进过程中掌握高程的依据。为确保水准点高程准确，一般是在工作坑内设两个稳固的水准点以便经常校测。

10.4.4 导轨的计算和安装

顶管时，工作坑内要安装导轨以控制管道顶进方向、坡度和高程。导轨常用钢轨（图10-15）或断面 15cm×30cm 的方木。两种导轨的效果大致相近。木导轨制作、安装较复杂，材料损耗也大，故不常用。这里仅介绍钢导轨的计算和安装的方法。

10.4.4.1 钢导轨距离 A_0 的计算

由图 10-15 可知：

$$A = 2\sqrt{(D+2t)(h-c)-(h-c)^2}$$
$$A_0 = A + a$$

(10-3)

式中 A——导轨上部的净距，mm；

  D——管内径，mm；

  h——导轨高度，mm；

  t——管壁厚度，mm；

  c——预留空缝高度，一般为 10～20mm；

  A_0——导轨中心至中心的间距，mm。

10.4.4.2 导轨的安装

导轨一般安装在枕木或枕铁上，并固定牢固，具体做法可按设计图进行。

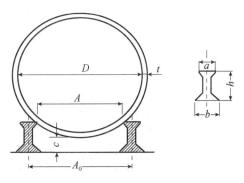

图 10-15 导轨安装间距

导轨相当于一个定向轨道。导轨安装的准确与否对管道的顶进质量影响很大，特别是设计坡度较大的时候。因此，安装导轨必须符合管道中线、高程、坡度的要求。导轨安装后至少要进行六点（轨前、轨中、轨尾的左右各一点）验收，并在下第一节管子后测量负载后的变化，对导轨加以校正。导轨高程和内距容许偏差一般为±2mm，中心线容许偏差为3mm。用顶管外径尺寸制作的弧形样板进行检查。

10.4.5 顶进过程中的测量

当调整了由于第一节管子压到导轨上引起的变化之后，应重测第一节管子前端和后端的管底高程、中线。经反复检验确认合格后，方可顶进。因为第一节管子顶进的方位（中线、高程、坡度）的准确是保证整段顶管质量的关键。因此第一节管子在顶进中应勤测量、勤检查，要细致操作，以防出现偏差。一般第一节应每进20cm，对顶进方位要测量一次，正常以后每50～100cm测量一次。当测量发现管位偏差达1cm时就应考虑纠偏校正工作。

顶进中，高程测量一般用水准仪和特别的高程尺进行测量（图10-16），正常情况下，是测最前一节管子的管前和管后的管底高程，以检查高程和坡度的偏差。

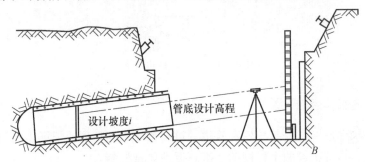

图 10-16　顶进中的高程测量

高程测量时常用的做法是：按设计纵坡用比高法检验，例如5‰的纵坡，每顶进10m就应升高5mm，该点的水准尺读数就应小5mm。

中心线方向测量一般采用"小线垂球延长线法"（图10-17）。也可在工作坑后背前的中线上采用测量架，用经纬仪对高程和中线兼顾的测量方法，以减少测量占用工时的现象，此法的测量成果也有相当精度。当水平钻孔机械出土的情况下，有的已开始应用激光导向，使机械顶管的方位测量与偏差校正自动化，从而既节省人力，也大大提高顶管质量。

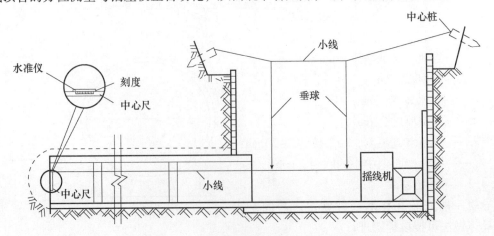

图 10-17　小线垂球延长法测量中心示意

小线垂球延长线也叫"串线法"，具体做法是：在顶管中线控制桩上拉中心线，用两个垂球沿中心线投至工作坑内。在已顶进的管端安置一个水平尺（其上有水平器刻划和中心钉）。以两垂球线为准拉一直线，并延长至管端部水平尺上，若此直线与水平尺的中心钉相重合，则管道中心无偏差。否则，尺上中心钉偏向哪一侧，即表明管道也偏向哪个方向。

表10-3是一种顶管施工测量记录格式，它反映了顶进过程的中线及高程情况，是分析、评价顶管施工质量优劣的重要依据。

表 10-3　顶管施工测量记录

工程名称：_____　　　　　日期：_____　　　　　观测：_____

仪器型号：_____　　　　　天气：_____　　　　　记录：_____

井号	里程	中心偏差	水准点读数	应读数	实读数	高程误差	备注
井6	0+380.0	0.000	0.522	0.522	0.522	0.000	$i=5\text{‰}$
	380.5	右0.002	0.603	0.601	0.602	−0.001	
	381.0	右0.002	0.519	0.514	0.516	−0.002	
	381.5	左0.001	0.547	0.540	0.541	−0.001	
	……	……	……	……	……	……	
	400.0	左0.004	0.610	0.510	0.510	±0.000	

10.5　架空管道的施工测量

架空管道系安装在混凝土支架、钢结构支架、靠墙支架或尾架等构筑物上。它的施工测量主要包括：支架基础施工测量、支架安装及较正竖直度测量、管道安装测量。

10.5.1　支架基础中心线的放样

在具有控制网的情况下，可按设计要求以控制点为依据放样支架基础中心线。一般可采用十字轴线法或平行线作为放样中心线的控制。如按平行线法控制，先根据管道支架中心线 A、B、I、C、D 各点放样出一定间距的整米数平行线 a、b、i、c、d 等点，如图10-18所示。检测各转折点夹角，与其设计值比差不得超过 $10'$。在不具备控制网的条件下，亦可按与有关建筑物的关系位置定出。然后进行支架基础定位，开挖后进行基础施工，即绑扎钢筋，支设模板，浇灌混凝土，投放出中心标板上的中心线。

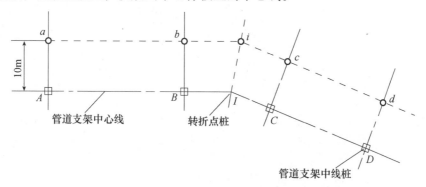

图 10-18　支架基础中心线

支架基础多采用杯形基础，其施工放样具体方法如下。

10.5.1.1 支架基础定位

如图 10-19 所示，先在地面上测设出支架中心线 *AB*，固定中心线控制桩 *A*、*B*，再将仪器安置于中心线原点 *A* 上照准 *B* 点，量支架间距分别定出中心点 1、2、3 等，再在离柱基开口处 0.5 ~ 1.0m 处沿柱中心点打入四个定位木桩 *f*、*h*、*l*、*m*，各支架基础有了定位桩之后就可以作为挖土的依据。

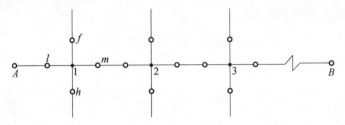

图 10-19　支架基础定位示意

10.5.1.2 基底抄平

当支架基础挖土将要达到设计标高时，用水准仪以水准点标高为基准，在基坑四周抄出距坑底设计标高为某一常数（一般为 0.5m）的标高，并在水平方向钉以小木桩，如图10-20所示，沿桩上皮拉线来修整坑底，以便达到设计深度。

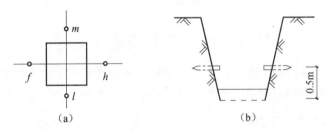

图 10-20　基底抄平

10.5.1.3 打垫层及安放模板

基坑底修整完毕后，开始打垫层，垫层就是充填一定厚度的石块，并在上面浇筑一定厚度的混凝土（称为垫层）。此时的测量工作主要是高程放样使其垫层达到设计标高，并以定位桩为准，在垫层面上弹出支架基础中心线，经校核后作为安装基础模板的依据。

支架混凝土基础多呈长方形，在高度方面则作成阶梯形状，如图 10-21 所示。

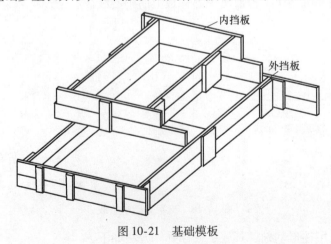

图 10-21　基础模板

安置模板时，先将模板底部按设计尺寸画出中心标志，再与垫层上的中心线对准，并以垂球校正模板垂直。上部亦可在定位桩上拉线挂垂球，使模板上两中心线的横木条（事先按尺寸钉好）与垂线相切，然后即可浇灌混凝土。

在安装模板前绑扎钢筋需注意以下几点。

①钢筋位置正确，与中心线偏差控制在 10mm 以内，标高偏差控制在 ±5mm 以内；

②用吊垂球的方法控制钢筋骨架的垂直度。

10.5.1.4 杯口抄平

如图 10-22 所示，为常见的杯口混凝土支架基础，将预制支架插入该基础杯口中，经定位校正后，作二次浇灌。在基础拆模后，相应于杯口内壁四面至少各抄出一点。点的标高应较杯口混凝土表面设计标高略低 3～5cm，所有点应为同高度，误差不超过 2～3cm，并做出"▼"标志，注明其标高数字。用此标高点来修正杯口底部表面，使其达到设计标高。

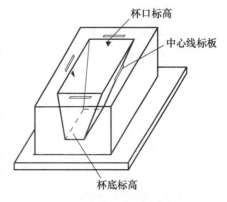

图 10-22 杯口抄平

10.5.1.5 中心标板投点

在支架基础拆模后，同时须进行中线标板的投点工作，中心标板是安装柱子找正的依据，投点必须精确。

中心线标板一般采用 2～3mm 厚的金属薄板，下面焊上钢筋；或者用 ϕ 18～20mm 钢筋制成"Ω"形卡钉；均需在基础混凝土未凝固之前将其埋设在中心线位置上，让标板稍高出表面，距基础杯口边沿为 50～70mm，如图 10-22 所示。投点应采用正倒镜法将仪器置于中心线原点或中心线适当位置上，把中心线精确投在中心标板上，刻以十字丝。对于小钢钉，则需边投边埋设，用红油漆画圆圈。所有中心线投点，均需独立作两次，其投点误差不得大于 2mm。

10.5.2 管道支架安装测量

安装支架柱时，要求柱身竖直，使柱身中心线与基础中心线在同一竖直面内，并让支架柱顶面符合设计标高。具体安装测量方法如下。

10.5.2.1 预制混凝土支架柱

（1）准备工作

先对基础部分进行检查验收，主要检查测量内容是：基础中心线的间距、基础中心线标板画线、杯口杯底标高等，使检测成果符合限差要求，满足安装要求。

其次，要全面了解施工图纸，掌握构件尺寸，在吊装前要检查支架柱的规格尺寸是否符合设计要求，并在吊装前将支架柱身三面弹出中心线（墨线），每面中心线上再分别标识出上、中、下三点，作成"▶"记号，如图 10-23 所示，由牛腿面用钢尺按设计高程沿柱身向下量出"±0"标高位置，做出"▶"记号，以"±0"位置为准再量至柱底四角，得出长度与设计数值比较，做出记录，

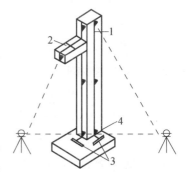

图 10-23 支架柱中心

1—柱中线；2—牛腿面中线；

3—柱下端标高点；4—基础中线

215

如图 10-24 所示。例如：①点处误差为 +2mm；②点处为 +5mm；③点处为 –10mm；④点处为 –7mm。施工人员可根据基础杯底的实测标高加以修正，使之支架柱竖起后满足牛腿面的设计高程。修正的办法是：高处铲平，低处加垫钢板，尽量做到宜低不宜高，因为加垫板比铲底容易。

（2）支架柱安装测量与校正

先根据柱基础面上的中心线标板，在基础面上弹出基础中心线（墨线），然后将预制钢筋混凝土支架柱子起吊，插入杯口中，使柱身中心墨线与基础面中心墨线对齐找正。四周用拉线拉紧，杯口四周插入木楔来进行调整固定，使之中心线的误差不大于 ±5mm。在现场实地放样的"±0"位置与柱子上的"±0"位置比较，其误差不应超过 ±3mm。然后，校正柱身竖直。校正方法：用两台经纬仪分别安置在中心线上，如图 10-23 所示。照准柱身

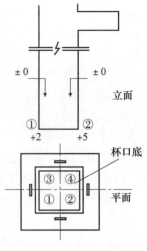

图 10-24　支架柱立面与平面

下标志，仰起望远镜分别照准柱中及柱顶等标志，看是否在同一视准面内，如有偏差可用拉线上的紧缩器拉紧或放松使柱身竖直，同时调杯口楔子固定。经两台经纬仪同时在柱子两侧方向反复校正，满足垂直条件后，将上视点投至柱下，量出其偏离误差。柱高 10m 以下容许竖直偏差为 ±10mm；柱高超过 10m 时其容许偏差为 $H/1000$（H 为柱高），但最大不应超过 ±25mm。

10.5.2.2　靠墙悬空支架

对于靠墙悬空支架管道中线的引测，可在墙边线上选择 A、B 两点，如图 10-25 所示。按设计尺寸，由墙边线用钢尺量取间距 X，定出 A、B 直线，再用正倒镜投点法将管道中线分别投测到每个支架上。

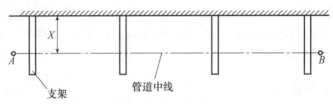

图 10-25　靠墙悬空支架

10.5.3　支架标高测量

通常利用已知水准点，先引测于柱身、架身或墙上，再用钢尺引测到支架柱顶上，如图 10-26 所示。

10.5.4　架空管道的安装测量

管道安装前，先找出管道中心线，然后再将管道用吊车吊至支架柱牛腿上的管座上，并使管道中心线与支架中线对齐，再将管道固定住。

10.5.5　架空管道的施测精度

《管道测量规程》规定：管道支架中心桩直线投点的容许误差为 ±5mm。支架间距丈量容许误差为 1/2000，基础定位控制桩的定位容许误差为 ±3mm。

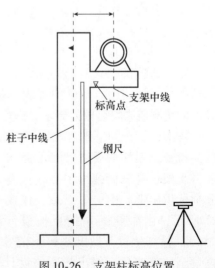

图 10-26　支架柱标高位置

管道安装前应在支架上测设中心线和标高。中心线投点容许误差为±3mm，标高容许误差为±3mm。

10.6 管道工程竣工测量

各种工程竣工后都要进行竣工测量，管道工程竣工后进行的测量工作，称管道工程竣工测量，其主要内容有竣工图的测绘和相应资料的编绘。竣工图的资料能真实地反映施工成果，是评价施工质量好坏的主要依据，也是管道建成后进行管理、维修扩建以及城市规划设计必不可少的资料和依据。

管道竣工图的测绘主要是测绘反映管道主点、检查井以及附属构筑物施工后的实际平面位置和高程的管道竣工带状图。有时为了突出管道施工后的断面情况，还应测出管道竣工断面图，以反映检查井口和管顶（或管底）高程以及井间的距离和管径等内容。

管道竣工带状图的测量方法常用的有解析法测图和图解法测图。

10.6.1 解析法测图

根据国家已有控制网及加密控制点，直接测定管线点（如管线的起点、终点、交点、变坡点及检查井等）的坐标和高程并绘制成图作为竣工图的工作称为解析法测图。

10.6.1.1 技术要求

（1）竣工图的比例尺一般采用1:500、1:1000和1:2000的比例尺。

（2）竣工图的宽度一般根据需要而定，对于有道路的地方，其宽度取至道路两侧第一排建筑物外20m。

（3）竣工带状图的测绘精度要求不高，施测坐标的点位中误差不应超过图上±0.5mm；高程测量中误差（相对于所测路线的起、终点）对于直接测定时为±2cm，通过检修井间接测定管线点高程时为±5cm。根据工程要求，精度可适当调整。

10.6.1.2 外业测量

（1）编号及绘制草图

从管线起点开始，沿线将各管线点顺序编临时号（成图时改为统一编号）并绘制草图，如污水管线可编为污1、污2、……、污 n。

（2）栓点

对于直埋管线管，如当时不能测定坐标，可先做栓点，即在选取的管线点上，在实地标注三个栓距，待还土后，再用栓距还原点位补测坐标。

（3）测管线点高程

对已编号的管线点，用附合水准路线逐点联测高程，每一管线点均应按转点施测，以防止粗差。

（4）测管线点坐标

一般是将已编号的管线点，组成导线逐点联测坐标，或用极坐标法测设。

（5）检修井的调查

除测量井中心坐标及井面高程外，还要测量井间距、管径、偏距等。

10.6.1.3 计算和成果整理

计算管线点的坐标时，方位角可凑整到5″或10″，坐标和高程的计算均取至厘米，管径除通信管道以厘米为单位外，其他一律以毫米为单位，并注明内径或外径，对于计算完的管线成果应列表汇总并配以施测略图。

10.6.1.4 内业成图

带状图的测绘，与一般地形图的测绘基本相同，但也有其特性，主要有以下几点。

（1）图上内容应以反映管线为主，对次要地物可适当取舍。

（2）为了明显地表示出管线的种类以及管线的主要附属设施，对管线的表示应用不同的符号和不同的颜色。

（3）对于已展绘上色的管线，不但要在图上注记统一的编号，还要在相应的图面上注记管线点的高程。

10.6.1.5 质量检查

如图 10-27 所示为综合管线图，直观地反映出管线的位置、标高以及地物之间的相应关系，是管线竣工测量的综合成果。为了保证综合管线图的质量，验收时除对外业成果进行检查外，还应检查图上各种线条，管线的点位、标高、点号注记是否正确，地物管线有无错漏，各种注记是否合乎要求。

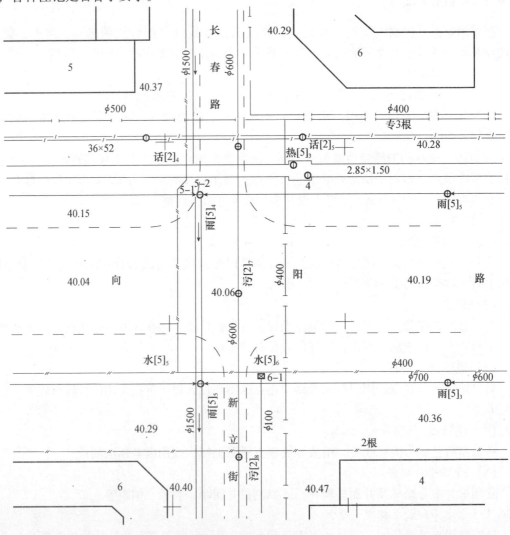

图 10-27 综合管线图

10.6.2 图解法测图

在城镇大比例尺地形图上，直接用图解的方法测绘地下管道竣工位置图的工作称为图解法测图。

图解法测图是利用城镇大比例尺基本地形图作为综合管道的工作底图，在该图上实测或按资料进行编绘，从而形成管线竣工图。

以上两种测绘方法的特点是：解析法测绘精度高，表示管线位置准确，管线资料可单独保存，不受底图精度好坏影响，但其内外业工作量较大，不直观，若个别点资料有错时不易发现；而图解法测绘具有方法简便、工作量少、直观性强，易于发现错误等优点，但其精度直接受底图的精度影响，图的精度低，则管线位置精度就低。

上岗工作要点

1. 熟练掌握管道中线的施工测量方法。
2. 学会纵断面测量及纵断面图的绘制方法。
3. 学会管道施工测量方法。

本章小结　管道中线测量的任务是将设计的管道中心线位置在地面上测设并标定出来，其主要内容有：钉管道交点桩、里程桩和加桩、测定管道转向角等。

开槽敷设管道的施工测量内容有：确定槽口宽度、设置管道施工控制标志、管道敷设中的测量和管道纵、横断面测量。

顶管施工管道的施工测量内容有：顶管过程中中线方向和纵坡的控制测量。

架空管道的施工测量主要包括：支架基础施工测量、支架安装及较正竖直度测量、管道安装测量。

管道竣工带状图的测量方法常用的有解析法测图和图解法测图。

思考题与习题

1. 管道工程施工测量的准备工作主要有哪些内容？

2. 管道槽口放线的任务是什么？

3. 某道路排水工程中设计敷设一条直径为 400mm 的雨水管道，土质为四类土（粉质黏土），经计算开槽深度 h 为 2.5m，求该管道开槽上口宽度 B？

4. 测设坡度钉的目的是什么？

5. 管道中心如何确定？

6. 什么是管道纵断面测量和横断面测量？

7. 顶管工作坑内水准点如何设置？

8. 如何用"串线法"控制顶管中线？

9. 架空管道支柱的垂直度如何控制？

10. 架空管道支柱的标高引测及中线投点的测设容差有何规定？

第11章 全站仪及其应用

重点提示

1. 了解全站仪的功能、结构及特点。
2. 熟悉全站仪的各个操作键。
3. 初步掌握全站仪观测水平角、竖直角、距离、坐标的方法。
4. 初步掌握全站仪棱镜常数、气温、气压以及观测条件等参数的设置。

开章语 本章主要讲述全站仪的基本构造与功能、全站仪的基本应用、全站仪在控制测量和放样测设中的应用等基本知识。通过对本章内容的学习，同学们应初步掌握全站仪的操作使用，掌握全站仪在测量工作中的使用等专业知识。

全站仪自问世以来，经历了三十多年的发展，全站仪的结构几乎没有什么变化，但全站仪的功能不断增强，早期的全站仪，仅能进行边、角的数字测量。后来，全站仪有了放样、坐标测量等功能。现在的全站仪有了内存、磁卡存储，有了 DOS 操作系统，目前，有的全站仪在 Windows 软件系统支持下，实现了全站仪功能的大突破，使全站仪实现了电脑化、自动化、信息化、网络化。

全站仪的种类很多，精度、价格不一。衡量全站仪的精度主要包括测角精度和测距精度两部分：一测回方向中误差从 0.5″到 5″不等，测边精度从 1 + 1ppm 到 10 + 2ppm 不等。本章以生产中较为常用的 GTS-710 系列全站仪为例说明全站仪的基本结构与功能。

11.1 全站仪的基本构造与功能

全站仪的基本组成部分包括光电测距仪、电子经纬仪、微处理器等。其基本构造如图 11-1 所示。

全站仪的基本功能是仪器照准目标后，通过微处理器控制，自动完成测距、水平方向、竖直角的测量，并将测量结果进行显示与存储。存储的数据可以记录在磁卡上，利用磁卡将数据输入到计算机，或者存储在微处理器的存储介质上，再在专用软件的支持下传输到计算机。随着计算机的发展，全站仪的功能也在不断扩展，生产厂家将一些规模较小但很实用的计算机程序应用在微处理器内，如坐标计算、导线测量、后方交会等，只要进入相应的测量模式，输入已知数据，然后依照程序观测所需的观测值，即可随时显示设站点的坐标。

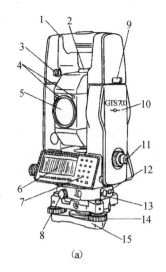
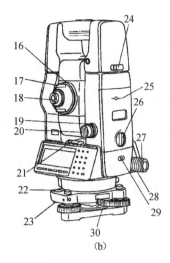

(a)　　　　　　　　　　　　(b)

图 11-1　全站仪基本构造

1—手把型电池；2—瞄准器；3—保险丝盒；4—定线点指示器；5—物镜；6—显示窗；7—操作键；8—下盘水平制动螺旋；
9—电池固定钮；10—仪器中心标志；11—光学对点器；12—外部电源接口；13—串行接口；14—脚螺旋；15—基座；
16—望远镜调焦螺旋；17—望远镜把手；18—望远镜目镜；19—竖直制动螺旋；20—竖直微动螺旋；21—长水准管；
22—圆水准器；23—圆水准器校正螺丝；24—电池固定钮；25—仪器中心标志；26—磁卡盒锁定钮；
27—水平微动螺旋；28—水平制动螺旋；29—电源开关；30—三角基座固定钮

11.2　全站仪的基本应用

全站仪的种类很多，功能各异，操作方法也不尽相同，但全站仪的测角、测边及测定高差等基本测量功能却大同小异，本节主要介绍全站仪的基本测量功能及操作使用方法。

11.2.1　仪器安置

全站仪的安置方法与经纬仪的安置方法完全一致，包括仪器连接、对中、整平等，具体操作方法详见第 3 章经纬仪安置的相关内容。

11.2.2　开机

仪器安置完毕后可开机工作，操作流程如下：

（1）按电源开关，接通电源；

（2）显示屏出现闪烁的纵转望远镜和水平旋转照准部提示（图 11-2）；

（3）上下纵转望远镜，使竖盘读数过 0°，至"纵转望远镜提示"消失；

（4）水平转动照准部，使水平度盘读数过 0°，至"水平旋转照准部提示"消失，显示屏即刻出现主菜单（图 11-3），开机完成，可进行测量工作。

图 11-2　照准部旋转显示示意　　　　　　图 11-3　主菜单显示示意

11.2.3 角度测量

利用全站仪进行角度测量，基本操作程序与经纬仪大体相同，不同点在于水平度盘的配置方法。

11.2.3.1 水平度盘起始方向值为0°时的操作方法

（1）在主菜单下（图11-3）按［F2］（测量）键，进入标准测量模式（角度测量、距离测量、坐标测量，如图11-4所示）。若开机后已是标准测量模式可直接进行下一步；

（2）照准第一个目标（A）；

（3）按［F4］键（置零），将A目标的水平度盘读数置零（图11-5），并按［F6］（设置）键，确认设定（图11-6）；

图11-4　标准测量模式显示示意

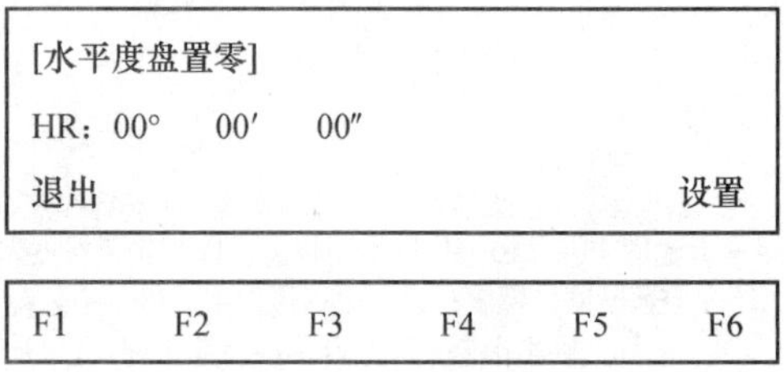

图11-5　水平度盘置零显示示意

（4）照准第二个目标（B），仪器显示目标B的竖直角（V：）和水平方向值（HR：）（图11-7）。

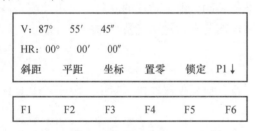

图11-6　水平角测量设定显示示意

图11-7　水平角测量显示示意

11.2.3.2 水平度盘起始方向值为某一"设定值"时的操作方法

（1）同11.2.3.1中的（1）、（2）步；

（2）按［F6］键（翻页），进入第二页功能（图11-8），再按［F1］（置盘）键；

（3）利用数字键盘输入所需的角值。如需设定的水平角值为70°20′30″，则从数字键盘上输入70.2030（图11-9），按回车键［ENT］确认。回车前可利用［F6］（左移）键修正输入，取消设值可按［F1］（退出）键；

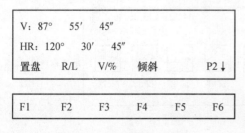

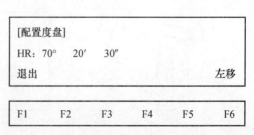

图11-8　翻页功能显示示意

图11-9　数字输入显示示意

（4）回车后显示返回测角模式，即可进行角度测量工作。

11.2.4 距离测量

（1）首先确认为角度测量模式（图11-7），若不是则可按［ESC］键退回主菜单，再按［F2］键即可；

（2）找准棱镜中心；

（3）按［F1］（斜距）键或［F2］（平距）键可进行相应的距离测量工作；

（4）数秒后显示测距结果。HD：表示平距，VD：表示高差（图11-10）。

```
V：87°    55′    45″
HR：120°   30′   45″              PSM0.0
HD：716.6612                     ppm  −12.5
VD：4.0010                        （m）*F.R
斜距    平距    坐标    置零    锁定   P1

F1      F2      F3      F4      F5      F6
```

图 11-10 距离测量显示示意

11.3 全站仪在控制测量中的应用

全站仪以其自动化程度高、速度快广泛应用于绘测领域的各个环节。全站仪是目前建立常规的平面控制网的首选仪器，根据控制网的等级可选用不同标称精度的仪器，由于可同时进行方向与距离测量，节省了大量的人力、物力。如各种工程控制网的建立、图根控制网、导线网的建立等。本节介绍利用全站仪直接进行坐标测量及导线测量的方法。

11.3.1 坐标测量

坐标测量时需进行测站点坐标设定、仪器高和棱镜高输入、仪器定向、坐标测量四项工作。

11.3.1.1 测站点坐标设定

（1）在角度测量模式下（图11-7），按［F3］（坐标）键，显示坐标测量界面（图11-11）；

（2）按［F5］键（设置）键，闪烁显示以前的坐标数据，利用数字键盘输入测站点的坐标值。其中 N：表示输入测站纵坐标值（X）；E：表示输入测站横坐标值（Y）；Z：表示输入测站高程值（H）（图11-12）。输入完毕按回车键［ENT］确认。若需同时测定点的高程，可接着进行下面的操作。

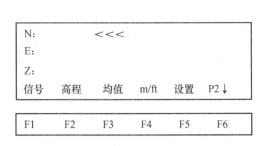

图 11-11 坐标测量界面显示示意

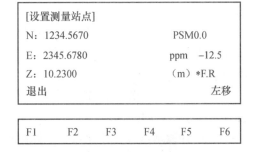

图 11-12 测站数据输入显示示意

11.3.1.2 设定仪器高和棱镜高

（1）按［F2］（高程）键，显示当前的数据（图11-13）；

（2）输入仪器高，按［ENT］确认；

（3）输入棱镜高，按［ENT］确认，返回坐标测量模式（图 11-11）。

11.3.1.3　仪器定向

仪器定向即设定起始方位角。

（1）按［ESC］键，返回主菜单（图 11-13），按［F1］（程序）键，进入程序测量模式，显示仪器提供的测量程序项（图 11-14）；

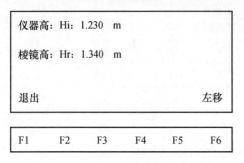

图 11-13　当前仪器有关数据显示示意　　　　图 11-14　一级主菜单显示示意

（2）按［F2］键，选择"设置方向"程序项，显示当前数据（测站点平面坐标）（图 11-15）；

（3）按［F6］（确认），进入后视点坐标输入界面，用数字键盘输入当前后视点坐标（图 11-16），完成后按［ENT］确认，出现方向设置界面（图 11-17）；

图 11-15　当前测站点坐标显示示意

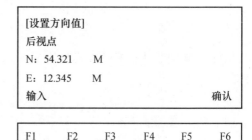

图 11-16　输入后视点坐标显示示意

（4）精确瞄准后视点，按［F5］（是）确认，完成仪器定向（方向设置）。

11.3.1.4　测量坐标

（1）在完成上述准备工作后，返回主菜单，转动仪器精确瞄准待定点棱镜后，按［F2］进入标准测量模式；

（2）按［F3］（坐标）键，进行坐标测量，数秒后显示镜站点的坐标；

（3）迁移镜站可进行其他点的坐标测量。

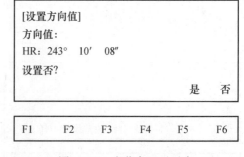

图 11-17　方位角显示示意

11.3.2　导线测量

导线测量如图 11-18 所示。假设仪器由已知点 P_0 依次移到未知点 P_1、P_2、P_3 并测定 P_1、P_2、P_3 各点的坐标，则从坐标原点开始每次移动仪器之后，前一点的坐标在内存中均可恢复出来。具体方法如下：

（1）在导线起始点 P_0 上安置仪器，并进行测站点坐标设定、仪器高输入、仪器定向等工作，这些操作与坐标测量完全一致，不再重述；

（2）在主菜单下按［F1］（程序）键，进入程序测量模式（图 11-14）；

（3）按［F3］键，选择"导线测量"菜单，显示导线测量界面（图 11-19）；

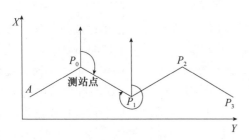

图 11-18 导线测量示意

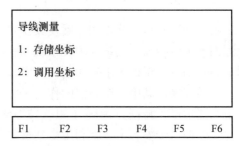

图 11-19 导线测量界面显示示意

（4）按［F1］键选择"存储坐标"菜单，显示"存储坐标"界面（图 11-20）；

（5）照准待定点 P_1，按［F5］键可进行仪器高、棱镜高的设定，按［F1］（测量）观测开始，数秒后显示 $P_0 P_1$ 点间水平距离（HD）与 P_0 至 P_1 的方位角（图 11-21）；

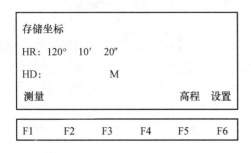

图 11-20 存储坐标界面显示示意

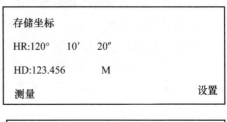

图 11-21 待测直线方位角、平距显示示意

（6）按［F6］（设置）键，显示 P_1 点的坐标值（图 11-22）；

（7）按［F5］（是）键，储存 P_1 点的坐标，显示返回主菜单。完成该点测量工作，关机，迁站至 P_1 点；

（8）仪器设置在 P_1 后，打开电源进入程序测量模式（图 11-14），即可观测；

（9）按［F3］选择导线测量功能，显示导线测量界面（图 11-19）；

（10）按［F2］键，选择"调用坐标"菜单（调用 P_1 点坐标及 P_1 至 P_0 的方位角），显示"调用坐标"菜单（图 11-23），图中的 HR：300°10′20″为 P_1 至 P_0 方位角；

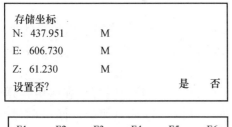

图 11-22 待测点坐标显示示意

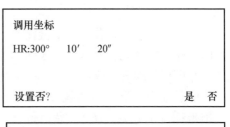

图 11-23 待测直线坐标反方位角显示示意

（11）精确照准前一个仪器点 P_0，进行仪器定向；

（12）按［F5］（是）键，确认测设点 P_1 的坐标及 P_1 至 P_0 方位角的设置，返回主菜单；

（13）重复步骤（2）至（12），继续观测。

11.3.3　测图

随着计算机科学技术的发展及其在测绘领域的应用，数字测绘图已迅速成熟起来。数字化测图系统包括软件系统和硬件系统。软件系统主要有操作系统（如 Windows）、图形软件（如 Autocad）、测图专用软件（如 EPSW2.0）等。硬件系统主要有全站仪、电子手簿、计算机、绘图仪等。其中，全站仪的作用是完成对外业地形观测点数据（观测数据或坐标）的采集和测站点、特征点编码（如点号等输入），并通过电子手簿完成对采集的数据进行存储、预处理与传输。本节就利用全站仪并在测图专用软件 EPSW 系统的支持下，进行数据采集的过程作一扼要说明，至于测量数据的图形处理和生成数字地图不属本节内容，可参阅其他相关资料。

（1）作业准备

包括全站仪数据通讯的设置、工程名称和测区范围的设定、测区图幅的划分、已知控制点坐标的输入，以及测量作业参数、图的分层、出图格式和图廓整饰等的设置。

（2）外业数据采集

外业数据采集包括图根控制测量和碎部测量。在数字化测图中，图根控制测量和碎部测量既可分步进行，即先控制后碎部；也可采用"同步法测量"，即图根控制测量与碎部测量同时进行，并实时显示成图。在小范围测图中，后者既省时又省力同时也能满足精度要求，因而较为常用。

如图 11-24 所示，A、B、C、D 为已知点，a、$b\cdots$为图根导线点，1、2$\cdots$为地形特征点，则作业过程如下：

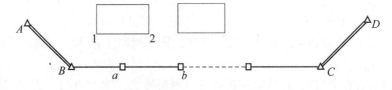

图 11-24　特征点测设示意

①全站仪安置于 B 点，后视 A 点，前视 a，测得水平角、前视竖直角和斜距，由此算得 a 点三维坐标（X_a、Y_a、H_a）。可采用全站仪的坐标测量功能或调用专用测量程序完成此项工作。

②仪器不动，以 A 作零方向施测 B 点周围的特征点 1、2$\cdots$，并依据 B 点坐标计算出特征点的坐标。根据记录的特征点坐标、地形要素编码和连接信息编码，在显示屏上实时展绘成图，并可现场编辑修改。

③仪器迁至 a 测站，后视 B 点，前视 b 点，同样测得水平角、竖直角和斜距，算得 b 点三维坐标（X_b、Y_b、H_b）。然后同步骤②进行本站周围的特征点测量。同法测量其余各点。

④当测至导线终点 C 时，再根据 B 至 C 的导线测量数据，计算出导线的闭合差。若限

差在容许范围内，则平差各导线点的坐标，并可根据平差后的坐标重新计算各特征点的坐标，然后再作图形处理。

（3）特征点信息处理

在采集数据过程中，需要对特征点的有关属性进行设定，这些属性有点号、编码、观测值、目标高、连接等。首先是特征点"点号"（也是测量顺序）的输入，第一个点号输入后，其后每观测一个点，点号自动累加1；其次是分类"编码"，即根据特征点的类别输入其分类代码。顺序测量时，同类编码只需输入一次，其后程序自动默认，只有在编码改变时，再输入新的编码；观测数据如"水平角"、"竖直角"、"斜距"等均由全站仪自动输入；"目标高"由人工输入，输入一次后，其余测点自动默认。当目标高改变时，键入新值；"连接"指连接点，程序自动默认连接上一点点号，即自动与上一点相连接。当需要连接其他点时，则输入相应的点号。这些属性信息都将存储在碎部点的记录中。

11.4 全站仪在放样中的应用

本节以角度、距离放样为例，说明利用全站仪进行坐标放样（点位放样）的方法。

（1）将仪器安置于控制点 A（以图 11-37 为例）。

（2）开机后，进入主菜单。按 F1 键选择"程序"项，进入一级子菜单，如图 11-25 所示。

（3）在子菜单中选择"STDSVY"（标准测量程序），进入程序测量环境窗口，如图 11-26所示。

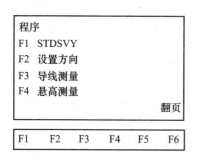

图 11-25　一级主菜单显示示意

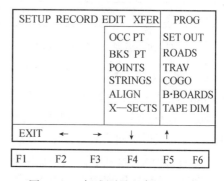

图 11-26　标准测量程序显示示意

（4）在程序测量窗口的菜单中，利用左右光标键（F2、F3）选择"PROG"（程序）菜单，出现二级下拉菜单（图中的"SET OUT"、"ROADS"……）。在该子菜单中利用上下光标键（F4、F5）选择"SET OUT"（放样）功能项，按［ENT］键后弹出与之相关联的三级下拉菜单。在三级子菜单中出现"OCC PT"、"BKS PT"、"POINTS"等功能项，分别表示"测站点信息输入"、"后视点信息输入"和"点放样"等功能。

（5）选择"OCC PT"功能，出现如图 11-27 所示的测站点设定窗口。窗口中的"occ pt"、"ins Ht"、"Pt code"分别表示"测站点号"、"仪器高"、"测站点编码"。

如仪器内尚未存储有此点信息，则出现输入此点信息的窗口（图 11-28）。该窗口中的"Pt no"、"North"、"East"、"Elev"、"Pt code"分别表示"测站点号、X 坐标、Y 坐标、高程 H、点编码。在相应栏目中输入相应值并按回车键确认，输入完成返回图 11-26 窗口。

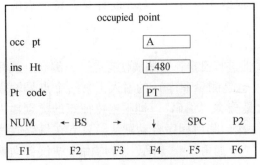

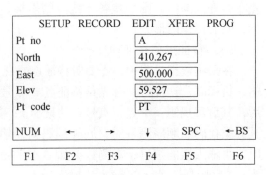

图 11-27　测站点设定显示示意　　　　图 11-28　测站点数据输入显示示意

（6）返回图 11-26 窗口后，利用上、下光标键，选择"BKS PT"（后视点）项，出现后视点信息窗口（图 11-29）。在该界面中输入后视点的编号（B 点）。如仪器内尚未有此点信息，则出现图 11-30 所示的后视点 B 的信息输入窗口。各栏目含义与图 11-28 相同。

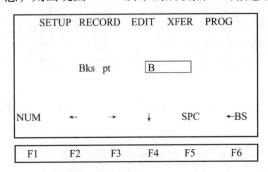

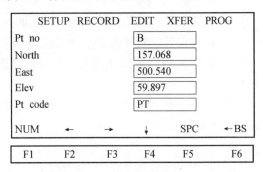

图 11-29　后视点信息显示示意　　　　图 11-30　后视点数据输入显示示意

数据输入完成并确认（ENT）后，进入仪器定向窗口（图 11-31）。窗口中"Bks pt"、"Bks brg"、"Horiz"分别表示"后视点名"、"后视方位角"、"水平度盘值"。窗口中的提示"Sight bs point"表示"瞄准后视点"。根据提示转动仪器，精确瞄准后视点 B，按 F1 键（SET）进行仪器定向设置。随后又返回图 11-26 所示窗口。

（7）将棱镜大致置于待放样点附近，仪器瞄准棱镜，选择图 11-26 中的"POINTS"项（点放样），回车后出现图 11-32 所示窗口。

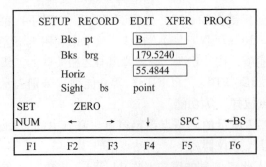

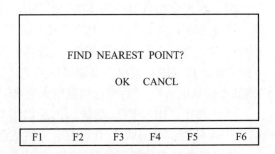

图 11-31　后视点信息显示示意　　　　图 11-32　选项提示显示示意

按 F5 键，选择"CANCL"后，出现图 11-33 窗口。在该窗口中输入待放样点号（Pt no）如"1"和棱镜高（R ht）如"1.500"m。

回车后出现输入放样点信息窗口（图 11-34）。此窗口中的"Pt no"、"North"、"East"、

"Elev"、"Pt code"等分别表示放样"点号"、"X坐标"、"Y坐标"、"高程"、"点的编码"。在相应输入栏中输入相应值并回车。

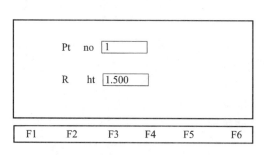

图 11-33　待测点信息及镜高输入显示示意

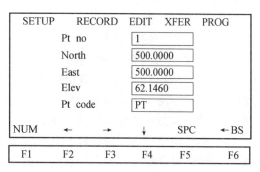

图 11-34　待测点数据显示示意

当光标位于最后一栏并回车，进入图 11-35 所示的放样窗口。

该窗口中"Req"值表示测站至待放样点的方位，"Turn"值表示测站至当前棱镜点的方位角，"Away"值表示棱镜点与待放样点间的距离，"Cut"值表示填挖深度。右侧子窗口中的"圆圈"与"方块"图形分别表示棱镜位置和待放样点的位置，此图表示棱镜与放样点之间的相对应位置关系。观测员指挥棱镜员移动棱镜，当

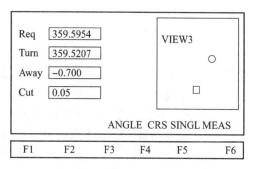

图 11-35　待测点位置显示示意

"Turn"值与"Req"值一致，"Away"为零时，该点放样完成。打下木桩作以标志，1 号点放样完成。

（8）同法可放样出其余各点点位。

上岗工作要点

1. 了解全站仪的功能、结构及特点，熟悉全站仪的各个操作键。
2. 学会全站仪的操作使用。
3. 学会利用全站仪观测水平角、竖直角、距离、坐标及放样测量的方法。

本章小结　全站仪是光、机、电相结合的新型仪器。全站仪的基本组成部分包括光电测距仪、电子经纬仪、微处理器等。全站仪的基本功能是仪器照准目标后，通过微处理器控制，自动完成测距、水平方向、竖直角的测量，并将测量结果进行显示与存储。

学习使用全站仪时，应首先认真阅读说明书，熟悉各个操作键。

全站仪的安置方法与经纬仪的安置方法完全一致，包括仪器连接、对中、整平等。

技能训练十二　全站仪的认识与使用

一、目的要求

（1）了解全站仪的基本构造、各部件的名称、功能、熟悉各旋钮、按键的使用方法。

（2）练习使用全站仪进行水平角、竖直角、水平距离、倾斜距离、高差等基本测量工作。

二、准备工作

全站仪一台，跟踪杆两根，棱镜两个，遮阳伞一把，记录板一块，记录纸一张，铅笔一支。

三、方法与步骤

（1）在指定训练场地选择 A、B、C 三点，构成一个适当的角，如图 1 所示。

（2）在 B 点安置全站仪，在 A、C 两点各安置一跟踪杆（镜站）。全站仪的安置同经纬仪的安置，跟踪杆的安置则不同，其方法是：先将对中杆下端的尖端对准测点标志中心，然后调节跟踪杆的两条支架使跟踪杆圆水准器居中，随后再将棱镜连接于跟踪杆的棱镜支架上，转动棱镜支架使棱镜面对准仪器方向，完成镜站的安置工作。

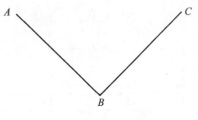

图 1　全站仪使用

（3）开机。打开全站仪电源开关，按显示屏提示，水平转动照准部和上下转动望远镜，使水平度盘和竖直度盘过零，待出现菜单后，完成开机。

（4）水平角测量。精度瞄准 A 点跟踪杆中心标志，制动水平制动，在角度观测模式下，将水平度盘设置为零度。松开水平制动，顺时针瞄准 C 点跟踪杆中心标志，此时显示屏显示出的 HR 值即为水平角值（方向值）。倒镜，进行下半测回观测。

（5）竖直角测量。精度瞄准 A 点跟踪杆竖直角观测标志，此时显示屏显示出的 V 值即为竖盘读数。倒镜，进行下半测回观测。

（6）距离测量。瞄准 A 点棱镜，确认在角度模式下，按［F1］（斜距）或［F2］（平距）键进行距离测量。显示屏显示出的 HD 的值分别为倾斜距离和水平距离。

（7）高差测量。测距过程中显示屏显示出的 VD 值即为两点间的高差主值。

四、注意事项

（1）全站仪是精密的电子测量仪器，价格昂贵，无论是在领取、使用，还是搬迁的过程中都必须小心谨慎，轻取轻放，仔细操作，保证仪器的绝对安全。

（2）棱镜是易碎的精密光学器件，在安置镜站时也必须小心谨慎。

（3）绝对不容许将仪器望远镜直瞄阳光，在强光下作业时应使用太阳伞遮挡阳光。

技能训练十三　全站仪坐标测量及在施工放样中的应用

一、目的要求

（1）进一步熟悉全站仪的各项功能操作；

（2）学习使用全站仪进行坐标测量；

（3）学习使用全站仪进行施工放样测量。

二、准备工作

全站仪一台，跟踪杆两根，棱镜两个，遮阳伞一把，记录板一块，记录纸一张，铅笔一支；坐标测量、施工放样所需的已知数据。

三、方法与步骤

（一）坐标测量

（1）在相邻两已知点上分别安置全站仪和镜站；

（2）开机完成后，选择主菜单中的"程序"项进入下级子菜单，在子菜单中选择"设置水平方向"功能项，进行测站点坐标及后视点坐标的输入，并进行仪器定向；

（3）精确照准待测点棱镜，在主菜单中选择"测量"项进入下级子菜单，在子菜单中选择"坐标"项进行坐标测量，数秒后显示待测点坐标值；

（4）说明：若设定了测站点高程及仪器高和待测点的棱镜高，则可测量出待定点的三维坐标。

（二）距离放样

（1）在待放样距离的起点安置仪器，开机并选择主菜单下的"测量"项（若开机后已是该模式，可跳过此操作直接进入下一步）；

（2）选择"放样"功能，进入放样距离值的输入界面，输入待放样距离值，并确认，开始测量；

（3）照准目标点棱镜，显示观测值与预设值的差值，沿视线前后移动棱镜，使显示的差值为零，放样完成。

（三）坐标放样（点的放样）

设已知点与待放样点的位置关系如图2所示，A、B为已知点，1、2……为待放样点，其放样操作过程如下：

（1）在A点安置全站仪，开机并进入主菜单；

（2）选择主菜单中的"程序"项，进入下级子菜单，在子菜单中选择"Stdsvy"（标准测量程序），进入程序测量环境；

（3）在程序测量界面的菜单中，利用左右光标键（F2、F3）选择"PROG"（程序），并出现一级子菜单。在该子菜单中利用上下光标键（F4、F5）选择"SET OUT"（放样）

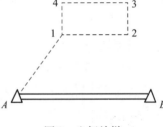

图2　坐标放样

功能项，同时弹出与之相关联的二级子菜单。在二级子菜单中出现"OCC PT"、"BKS PT"、"POINTS"等功能，分别表示"测站点信息输入"、"后视点信息输入"和"点位放样"等功能；

（4）选择"OCC PT"、"BKS PT"项，输入测站点（如A点）和后视点（如1点）的有关信息；

（5）选择"POINTS"项，出现放样界面。在该界面中输入放样点的编号（Pt No，如1号点）及放样点的棱镜高（RHT），按"ENT"确认后，即进行放样测量。当瞄准后视点棱镜时，显示出放样点的偏差值，根据偏差值（角度偏差和距离偏差），前后或左右移动棱镜，当偏差值为零时，打下木桩作以标志，1号点放样完成；

（6）同法可放样出其余各点点位。

四、注意事项

（1）操作过程中一定要保证仪器和镜站的安全；

（2）仪器搬站应关闭仪器电源；

（3）测量中若无无线通讯工具，建议使用旗语或手势来指挥镜子的移动。

思考题与习题

1. 全站仪的基本组成有哪几部分？

2. 按结构分全站仪有哪几种类型？

3. 简述全站仪的基本功能。

4. 试述全站仪进行以下观测时的工作步骤。

（1）水平角测量；（2）距离测量；（3）坐标测量；（4）放样测量。

第12章 GPS卫星定位技术简介

```
重点提示

1. 了解 GPS 系统的组成。
2. 理解 GPS 定位的基本原理。
3. 了解 GPS 定位的几种主要方法。
4. 了解 GPS 坐标系统。
5. 了解 GPS 施测主要步骤。
```

开章语 本章主要讲述 GPS 卫星定位系统的组成、GPS 坐标系统、GPS 定位的基本原理和 GPS 测量施测等基本知识。通过对本章内容的学习，同学们应初步了解 GPS 卫星定位系统，了解 GPS 测量施测等基本专业知识。

12.1 GPS 卫星定位原理

12.1.1 概述

全球定位系统（GPS）是导航卫星测时和测距全球定位系统（Navigation Satellite Timing and Ranging Global Positioning System）的简称。该系统是由美国国防部于 1973 年组织研制，历经 20 年，耗资 300 亿美金，于 1993 年建设成功，主要为军事导航与定位服务的系统。GPS 是利用卫星发射的无线电信号进行导航定位，具有全球性、全天候、高精度、快速实时的三维导航、定位、测速和授时功能，以及良好的保密性和抗干扰性。它已成为美国导航技术现代化的重要标志，被称为 20 世纪继阿波罗登月、航天飞机之后又一重大航天技术。

GPS 导航定位系统不但可以用于军事上各种兵种和武器的导航定位，而且在民用上也发挥重大作用。如智能交通系统中车辆导航、车辆管理和救援，民用飞机和船只导航及姿态测量，大气参数测量，电力和通讯系统中的时间控制，地震和地球板块运动监测，地球动力学研究等。特别是在大地测量、城市和矿山控制测量、水下地形测量等方面得到广泛的应用。

GPS 全球定位系统能独立、迅速和精确地确定地面点的位置，与常规控制测量技术相比，有许多优点：

（1）不要求测站间的通视，因而可以按需要来布点，并可以不用建造测站标志；

（2）控制网的几何图形已不是决定精度的重要因素，点与点之间的距离长短可以自由布设；

（3）可以在较短时间内以较少的人力消耗来完成外业观测工作，观测（卫星信号接收）的全天候优势更为显著；

（4）由于接受仪器的高度自动化，内外业紧密结合，软件系统的日益完善，可以迅速提交测量成果；

（5）精度高，用载波相位进行相对定位，可达到 $\pm(5\text{mm}+1\text{ppm}\times D)$ 的精度；

（6）节省经费和工作效率高，用 GPS 定位技术建立大地控制网，要比常规大地测量技术节省 70%～80% 的外业费用，同时，由于作业速度快，使工期大大缩短，所以经济效益显著。

GPS 于 1986 年开始引入我国测绘界，由于它比常规测量方法具有定位速度快、成本低、不受天气影响、点间无需通视，不建标等优越性，且具有仪器轻巧、操作方便等优点，目前已在测绘行业中广泛使用。广大测绘工作者在 GPS 应用基础研究和使用软件开发等方面取得了大量的成果，全国大部分省市都利用 GPS 定位技术建立了 GPS 控制网，并在大地测量（西沙群岛的大地基准联测）、南极长城站精确定位和西北地区的石油勘探等方面显示出 GPS 定位技术的无比优越性和应用前景。在工程建筑测量中，也已开始采用 GPS 技术，如北京地铁 GPS 网、云台山隧道 GPS 网、秦岭铁路隧道施工 GPS 控制网等。卫星定位技术的引入已引起了测绘技术的一场革命，从而使测绘领域步入一个崭新的时代。

12.1.2　GPS 的组成

GPS 主要由空间卫星部分、地面监控部分和用户设备部分组成，如图 12-1 所示。

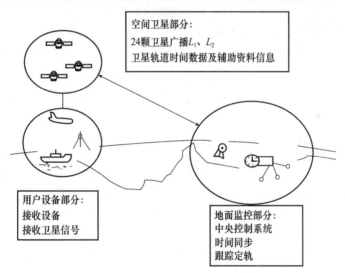

图 12-1　GPS 的组成部分

12.1.2.1　空间卫星部分

空间卫星部分由 24 颗 GPS 卫星组成 GPS 卫星星座，其中有 21 颗工作卫星，3 颗备用卫星，其作用是向用户接收机发射天线信号。GPS 卫星（24 颗）已全部发射完成，24 颗卫星均匀分布在 6 个倾角为 55° 的轨道平面内，各轨道之间相距 60°，卫星高度为 20200km（地面高度），结合其空间分布和运行速度，使地面观测者在地球上任何地方的接收机，都能至少同时观测到 4 颗卫星（接收电波），最多可达 11 颗。GPS 卫星的主体呈圆柱形，直径约为 1.5m，两侧设有两块双叶太阳能板，能自动对日定向，以保证卫星正常工作的用电。每颗卫星装有 4 台高精度原子钟，为 GPS 的测量提供高精度的时间标准。空间卫星情况如图12-2所示。

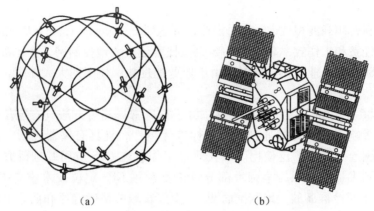

（a）   （b）

图 12-2   GPS 卫星星座

12.1.2.2 　地面监控部分

地面监控部分由主控站、信息注入站和监测站组成。

主控站一个，设在美国的科罗拉多空间中心。其主要功能是协调和管理所有地面监控系统的工作，主要任务是：①根据本站和其他监测站的所有观测资料推算编制各卫星的星历、卫星钟差和大气层的修正系数等，并把这些数据传送到注入站。②提供全球定位系统的时间基准。各监测站和 GPS 卫星的原子钟均应与主控站的原子钟同步或测出其间的钟差，并把这些钟差信息编入导航电文送到注入站。③调整偏离轨道的卫星，使之沿预设的轨道运行。④启用备用卫星以代替失效的工作卫星。

注入站现有 3 个，分别设在印度洋的迭哥伽西亚、南大西洋的阿松森岛和南太平洋的卡瓦加兰。注入站有天线、发射机和微处理机。其主要任务是在主控站的控制下，将主控站推算和编制的卫星星历、钟差、导航电文和其他控制指令注入到相应卫星的存储系统，并监测注入信息的正确性。

监测站共有 5 个，除上述 4 个地面站具有监测站功能外，还在夏威夷设有一个监测站。监测站的主要任务是连续观测和接收所有 GPS 卫星发出的信号并监测卫星的工作状况，将采集到的数据连同当地气象观测资料和时间信息经初步处理后传送到主控站。

图 12-3 是 GPS 地面控制站分布示意图，整个系统除主控站外，不需人工操作，各站间用现代化的通信系统联系起来，实现高度的自动化和标准化。

图 12-3   GPS 地面监控站

12.1.2.3　用户设备部分

用户设备部分包括 GPS 接收机硬件、数据处理软件和微处理机及其终端设备等。GPS 接收机的主要功能是捕获卫星信号，跟踪并锁定卫星信号，对接收的卫星信号进行处理，测量出 GPS 信号从卫星到接收机天线间的传播时间，译出 GPS 卫星发射的导航电文，实时计算接收机天线的三维坐标、速度和时间。GPS 接收机从结构来讲，主要由五个单元组成：天线和前置放大器；信号处理单元，它是接收机的核心；控制和显示单元；存储单元；电源单元。GPS 接收机的种类很多，按用途不同可分为测地型、导航型和授时型三种；按工作原理可分为有码接收机和无码接收机，前者动态、静态定位都可以，而后者只能用于静态定位；按使用载波频率的多少可分为用一个载波频率（L_1）的单频接收机和两个载波频率（L_1，L_2）的双频接收机，单频接收机便宜，而双频接收机能消除某些大气延迟的影响，对于边长大于 10km 的精密测量，最好采用双频接收机，而一般的控制测量，单频接收机就行了，以双频接收机为今后精密定位的主要用机；按型号分种类就更多了，目前已有 100 多个厂家生产不同型号的接收机。不管哪种接收机，其主要结构都相似，都包括接收机天线、接收机主机和电源三个部分。

12.1.3　GPS 坐标系统

任何一项测量工作都需要一个特定的坐标系统（基准）。由于 GPS 是全球性的定位导航系统，其坐标系统也必须是全球性的，根据国际协议确定，称为协议地球坐标系（Covential Terrestrial System，简称 CTS）。目前，GPS 测量中使用的协议地球坐标系称为 1984 年世界大地坐标系（WGS—84）。

WGS—84 是 GPS 卫星广播星历和精密星历的参考系，它由美国国防部制图局所建立并公布的。从理论上讲它是以地球质心为坐标原点的地固坐标系，其坐标系的定向与 BIH1984.0 所定义的方向一致。它是目前最高水平的全球大地测量参考系统之一。

现在，我国已建立了 1980 年国家大地坐标系（简称 C80）。它与 WGS—84 世界大地坐标系之间可以互相转换。

12.1.4　GPS 定位的基本原理

GPS 卫星定位的基本原理，是以 GPS 卫星和用户接收机天线之间距离的观测量为基础，并根据已知的卫星瞬时坐标，来确定用户接收机所对应的电位，即待定点三维坐标（x，y，z）。由此可见，GPS 定位的关键是测定用户接收机至 GPS 卫星之间的距离。

GPS 卫星发射的测距码信号到达接收机天线所经历的时间为 t，该时间乘以光速 c，就是卫星至接收机的空间几何距离 ρ，即

$$\rho = ct \tag{12-1}$$

这种情况下，距离测量的特点是单程测距，要求卫星时钟与接收机时钟要严格同步。但实际上，卫星时钟与接收机时钟难以严格同步，存在一个不同步误差。此外，测距码在大气传播中还受到大气电离层折射及大气对流层的影响，产生延迟误差。因此，实际所求得的距离并非真正的站星几何距离，习惯上将其称为"伪距"，用 $\tilde{\rho}$ 表示。通过测伪距来定点位的方法称为伪距法定位。

伪距 $\tilde{\rho}$ 与空间几何距离 ρ 之间的关系为：

$$\rho = \tilde{\rho} + \delta_{\rho 1} + \delta_{\rho T} - c\delta_t^S + c\delta_{\tan} \qquad (12\text{-}2)$$

式中 $\delta_{\rho 1}$——电离层延迟改正；

           $\delta_{\rho T}$——对流层延迟改正；

           δ_t^S——卫星钟差改正；

           $\delta_{\tan}$——接收机钟差改正。

也可以利用 GPS 卫星发射的载波作为测距信号。由于载波的波长比测距码波长要短得多，因此对载波进行相位测量，可以获得高精度的站星距离。

站星之间的真正几何距离 ρ 与卫星坐标 (x_S, y_S, z_S) 和接收机天线相位中心坐标 (x, y, z) 之间有如下关系

$$\rho = \sqrt{(x_S - x)^2 + (y_S - y)^2 + (z_S - z)^2} \qquad (12\text{-}3)$$

卫星的瞬时坐标 (x_S, y_S, z_S) 可根据接收到的卫星导航电文求得，所以，在式(12-3)中，仅有待定点三维坐标 (x, y, z) 3 个未知数。如果接收机同时对 3 颗卫星进行距离测量，从理论上说，即可推算出接收机天线相位中心的位置。因此，GPS 单点定位的实质，就是空间距离后方交会，如图 12-4 所示。

实际测量中，为了修正接收机的计时误差，求出接收机钟差，将钟差也当作未知数。这样，在一个测站上实际存在 4 个未知数。为了求得 4 个未知数至少应同时观测 4 颗卫星。

以上定位方法为单点定位。这种定位方法的优点是只需一台接收机，数据处理比较简单，定位速度快，但其缺点是精度较低，只能达到米级的精度。

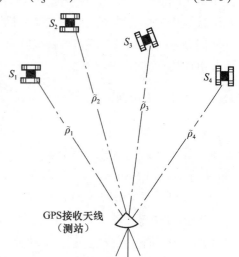

图 12-4   GPS 卫星定位的基本原理

为了满足高精度测量的需要，目前广泛采用的是相对定位法。相对定位是位于不同地点的若干台接收机，同步跟踪相同的 GPS 卫星，以确定各台接收机间的相对位置。由于同步观测值之间存在着许多数值相同或相近的误差影响，它们在求相对位置过程中得到消除或削弱，使相对定位可以达到很高的精度。因此，静态相对定位在大地测量、精密工程测量等领域有着广泛的应用。

12.2   GPS 的测量实施

GPS 测量工作与经典大地测量工作相类似，按其性质可分为外业和内业两大部分。其中：外业工作主要包括选点（即观测站址的选择）、建立观测标志、野外观测作业以及成果质量检核等；内业工作主要包括 GPS 测量的技术设计、测后数据处理以及技术总结等。如果按照 GPS 测量实施的工作程序，则大体可分为这样几个阶段：技术设计、选点与建立标志、外业观测、成果检核与处理。技术设计是工作的纲要和计划，主要包括确定 GPS 测量的精度指标、网形设计、作业模式选择和观测工作的计划安排等。另外，技术设计还应包括观测卫星的选择、仪器设备和后勤交通的准备等。

GPS 测量是一项技术复杂、要求严格、耗费较大的工作，对这项工作总的原则是，在满

足用户要求的情况下，尽可能地减少经费、时间和人力的消耗。因此，对其各阶段的工作都要精心设计和实施。GPS 测量系统测量的工作程序如图 12-5 所示。

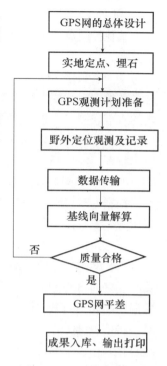

图 12-5　GPS 实测流程图

12.2.1　GPS 网的技术设计

GPS 网的技术设计是 GPS 测量工作实施的第一步，是一项基础性工作。这项工作应根据网的用途和用户的要求进行，其主要内容包括精度指标的确定，网的图形设计和网的基准设计。

12.2.1.1　精度指标

对 GPS 网的精度要求，主要取决于网的用途。精度指标通常均以网中相邻点之间的距离误差来表示，其形式为

$$m_R = \delta_D + pp \times D \qquad (12-4)$$

式中　m_R——网中相邻点间的距离误差，mm；

δ_D——与接收设备有关的常量误差，mm；

pp——比例误差，ppm；

D——相邻点间的距离，km。

根据 GPS 网的不同用途，其精度可划分为表 12-1 所列的五类标准。

表 12-1　不同级别 GPS 网的精度标准

	测量类型	常用误差 δ_D（mm）	比例误差 pp（ppm）
A	地壳形变测量或国家高精度 GPS 网	≤5	≤0.1
B	国家基本控制测量	≤8	≤1
C	控制网加密，城市测量，工程测量	≤10	≤5
D	控制网加密，城市测量，工程测量	≤10	≤10
E	控制网加密，城市测量，工程测量	≤10	≤20

在 GPS 网总体设计中，精度指标是比较重要的参数，它的数值将直接影响 GPS 网的布设方案、观测数据的处理以及作业的时间和经费。在实际设计工作中，用户可根据所作控制的实际需要和可能，合理地制定。既不能制定过低而影响网的精度，也不必要盲目追求过高的精度造成不必要的支出。

12.2.1.2　GPS 网的图形设计

（1）GPS 网设计原则

常规控制测量中，控制网的图形设计十分重要。而在 GPS 测量时由于不需要点间通视，因此图形设计灵活性比较大。GPS 网设计的一般原则是：

①GPS 网一般应通过独立观测边构成闭合图形，例如三角形、多边形和附合线路，以增加检核条件，提高网的可靠性。GPS 测量有很多优点，如测量速度快、测量精度高等，但是由于无线电定位，受外界影响大，所以在图形设计时应重点考虑成果的准确可靠，应考虑有较可靠的检验方法。

②GPS 网点应尽量与原有地面控制网点相重合。重合点一般不应少于 3 个（不足时应联测）且在网中分布应均匀，以便可靠地确定 GPS 网与地面网之间的转换参数。

237

③GPS网点虽然不需要通视，但是为了便于用常规方法联测和扩展，要求控制点至少与一个其他控制点通视，或者在控制点附近300m外布设一个通视良好的方位点，以便建立联测方向。

④为了利用GPS进行高程测量，在测区内，GPS网点应尽可能与水准点重合，而非重合点一般应根据要求以水准测量方法（或相当精度的方法）进行联测，或在网中设一定密度的水准联测点，进行同等级水准联测。

⑤GPS网点尽量选在天空视野开阔、交通方便地点，并要远离高压线、变电所及微波辐射干扰源。

（2）GPS网的基本形成

根据GPS测量的不同方法，GPS网的独立观测边均应构成一定的几何图形。图形的基本形式主要有以下几种。

①三角形

GPS网中的三角形边由独立观测边组成。根据经典测量可知，这种图形的几何结构强，具有良好的自检能力，能够有效地发现观测成果的粗差，以保障网的可靠性。同时，经平差后网中相邻点间基线向量的精度分布均匀。但其观测工作量较大，尤其当接收机的数量较少时，将使观测工作的总时间大为延长，因此通常只有当网的精度和可靠性要求较高，接收机数目在三台以上时，才单独采用这种图形，如图12-6所示。

②环形网

环形网是由若干个含有多条独立观测边的闭合环组成的网，这种网形与经典测量中的导线网相似，图形的结构比三角形稍差。此时闭合环中所含基线边的数量决定了网的自检能力和可靠性。环形网的优点是观测工作量较小，且具有较好的自检性和可靠性，其缺点主要是：非直接观测的基线边（或间接边）精度较直接观测边低，相邻点间的基线精度分布不均匀。作为环形网特例，在实际工作中还可以按照网的用途和实际的情况，采用所谓附合线路。这种附合线路与经典测量中的附合导线相似。采用这种图形的条件是，附合线路两端点间的已知基线向量，必须具有较高的精度，另外，附合线路所包含的基线边数，也不能超过一定的限制，如图12-7所示。

③星形网

星形网的几何图形简单，但其直接观测边之间，一般不构成闭合图形，所以其检验与发现粗差的能力较差。这种网的主要优点，是观测中通常只需要两台GPS接收机，作业简单。因此在快速静态定位和动态定位等快速作业模式中，大多采用这种网形。它广泛用于工程放样、边界测量、地籍测量和碎部测量等，如图12-8所示。

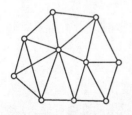
图12-6 三角形网
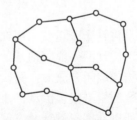
图12-7 环形网
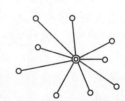
图12-8 星形网

三角形网和环形网，是大地测量和精密工程测量中普遍采取的两种基本图形网。还可以根据实际情况采用上述两种图形的混合网形。

12.2.1.3 基线长度

GPS接收机对收到的卫星信号量测可达毫米级的精度。但是，由于卫星信号在大气传播时不可避免地受到大气层中电离层及对流层的扰动，导致观测精度的降低。因此在GPS测量中，通常采用差分的形式，用两台接收机来对一条基线进行同步观测。在同步观测同一组卫星时，大气层对观测的影响大部分都被抵消了。基线越短，抵消的程度越显著，因为这时卫星信号通过大气层到达两台接收机的路径几乎相同。

因此，建议在设计基线边时以20km范围以内为宜。基线边过长，一方面观测时间势必增加，另一方面由于距离增大而导致电离层的影响有所增强。

12.2.1.4 GPS网的基准设计

在全球定位系统中，卫星主要视作位置已知的高空观测目标。所以，为了确定接收机的位置，GPS卫星的瞬时位置通常划归到统一的地球坐标系统。现在全球定位系统采用的WGS-84坐标系统，是一个精确的全球大地坐标系统。而我国的国家大地坐标系采用的是1954北京坐标系及1980西安坐标系。通常在工程测量中，还往往采用独立的施工坐标系。因此，在GPS测量中必须确定地区性坐标系与全球坐标系的大地测量基准之差，并进行两坐标系统之间的转换。

12.2.2 实地定点与埋石及注意事项

由于GPS测量观测站之间无需相互通视，而且网的图形结构也比较灵活，所以选点工作较常规测量简便。但由于点位的选择对于保证观测工作的顺利进行和可靠地保证测量成果精度具有重要意义，所以，在选点工作开始之前，应充分收集和了解有关测区的地理情况以及原有测量标志点的分布及保持情况，以便确定适宜的观测站位置。选点工作通常应注意以下问题：

（1）观测站（即接收天线安置点）应远离大功率的无线电发射台和高压输电线，以避免其周围磁场对GPS卫星信号的干扰。接收机天线与其距离一般不得小于200m；

（2）观测站附近不应有大面积的水域或对电磁波反射（或吸收）强烈的物体，以减弱多路径效应的影响；

（3）观测站应设在易于安置接收设备的地方，且视野开阔。在视场内周围障碍物的高度角，一般应大于10°~15°，以减弱对流层折射的影响；

（4）观测站应选在交通方便的地方，并且便于用其他测量手段联测和扩展；

（5）对于基线较长的GPS网，还应考虑观测站附近具有良好的通讯设施（电话与电报、邮电）和电力供应，以供观测站之间的联络和设备用电；

（6）点位选定后（包括方位点），均应按规定绘制点位注记，其主要内容应包括点位及点位略图，点位的交通情况以及选点情况等。

在GPS测量中，网点一般应设置在具有中心标志的标志石上，以精确标志点位。埋石是指具体标石的设置，可参照有关规范，对于一般的控制网，只需要采用普通的标石，或在岩层、建筑物上做标志。

12.2.3 GPS野外定位观测及记录

野外定位观测包括天线安置和接收机操作。观测时天线安置在点位上。工作内容有对中、整平、定向和量天线高。接收机的操作，由于GPS接收机的自动化程度很高，一般仅需按几个功能键，就能顺利的完成工作，并且每一步工作，屏幕上均由菜单显示，大大简化了野外操作工作。观测数据由接收机自动形成，并保存在接收机存储器中，供随时调用和处理。野外观测应严格按照技术要求进行。

一般 GPS 接收机 3min 即可锁定卫星进行定位，若仪器长期不用，超过 3 个月，仪器内星历过期，仪器要重新捕获卫星，这就需要 12.5min。GPS 接收机自动化程度很高，仪器一旦跟踪卫星进行定位，接收机自动将观测到的卫星星历、导航文件以及测站输入信息以文件形式存入接收机内。作业人员只需要定期查看接收机工作状况，发现故障及时排除，并做好记录。在接收机正常工作过程中不要随意开关电源，更改设置参数，关闭文件等。

GPS 接收机记录的数据有：GPS 卫星星历和卫星钟差参数；观测历元的时刻及伪距观测值和载波相位观测值；GPS 绝对定位结果；测站信息。

上岗工作要点

1. 了解 GPS 定位的几种主要方法。
2. 了解 GPS 施测主要步骤。

本章小结　全球定位系统（GPS）是导航卫星测时和测距全球定位系统的简称。

GPS 主要由空间卫星部分、地面监控部分和用户设备部分组成。

目前，GPS 测量中使用的协议地球坐标系称为 1984 年世界大地坐标系（WGS—84）。

GPS 测量工作与经典大地测量工作相类似，按其性质可分为外业和内业两大部分。外业工作主要包括选点、建立观测标志、野外观测作业以及成果质量检核等；内业工作主要包括 GPS 测量的技术设计、测后数据处理以及技术总结等。

思考题与习题

1. GPS 主要组成有哪几部分？
2. 简述 GPS 的用途。

附　　录

附录1　建筑测量实训总则

一、测量实训规定

1. 在实训之前，必须复习教材中的有关内容，认真仔细地预习本书，以明确目的，了解任务，熟悉实训步骤或实训过程，注意有关事项，并准备好所需文具用品。

2. 实训分小组进行，组长负责组织协调工作，办理所用仪器工具的借领和归还手续。

3. 实训应在规定的时间进行，不得无故缺席或迟到早退；应在指定的场地进行，不得擅自改变地点或离开现场。

4. 必须遵守本书列出的"测量仪器工具的借领与使用规则"和"测量记录与计算规则"。

5. 服从教师的指导，严格按照本书的要求认真、按时、独立地完成任务。每项实训都应取得合格的成果，提交书写工整、规范的实训报告或实训记录，经指导教师审阅同意后，才可交还仪器工具，结束工作。

6. 在实训过程中，还应遵守纪律，爱护现场的花草、树木和农作物，爱护周围的各种公共设施，任意砍折、踩踏或损坏者应予赔偿。

二、测量仪器工具的借领与使用规则

对测量仪器工具的正确使用、精心爱护和科学保养，是测量人员必须具备的素质和应该掌握的技能，也是保证测量成果质量、提高测量工作效率和延长仪器工具使用寿命的必要条件。在仪器工具的借领与使用中，必须严格遵守下列规定。

1. 仪器工具的借领

（1）实训时凭学生证到仪器办公室办理借领手续，以小组为单位领取仪器工具。

（2）借领时应该当场清点检查：实物与清单是否相符；仪器工具及其附件是否齐全；背带及提手是否牢固；脚架是否完好等。如有缺损，可以补领或更换。

（3）离开借领地点之前，必须锁好仪器并捆扎好各种工具。搬运仪器工具时，必须轻取轻放，避免剧烈振动。

（4）借出仪器工具之后，不得与其他小组擅自调换或转借。

（5）实训结束，应及时收装仪器工具，送还借领处检查验收，办理归还手续。如有遗失或损坏，应写出书面报告说明情况，并按有关规定给予赔偿。

2. 仪器的安置

（1）在三脚架安置稳妥之后，方可打开仪器箱。开箱之前应将仪器箱放在平稳处，严禁托在手上或抱在怀里。

（2）打开仪器箱之后，要看清并记住仪器在箱中的安放位置，避免以后装箱困难。

（3）提取仪器之前，应先松开制动螺旋，再用双手握住支架或基座，轻轻取出仪器放在三脚架上，保持一手握住仪器，一手拧连接螺旋，最后旋紧连接螺旋，使仪器与脚架连接

牢固。

（4）装好仪器之后，注意随即关闭仪器箱盖，防止灰尘和湿气进入箱内。严禁坐在仪器箱上。

3. 仪器的使用

（1）仪器安置之后，不论是否操作，必须有人看护，防止无关人员搬弄或行人、车辆碰撞。

（2）在打开物镜时或在观测过程中，如发现灰尘，可用镜头纸或软毛刷轻轻拂去，严禁用手指或手帕等物擦拭镜头，以免损坏镜头上的镀膜。观测结束后及时套好镜盖。

（3）转动仪器时，应先松开制动螺旋，再平稳转动。使用微动螺旋时，应先旋紧制动螺旋。

（4）制动螺旋应松紧适度，微动螺旋和脚螺旋不要旋到顶端，使用各种螺旋都应均匀用力，以免损伤螺纹。

（5）在野外使用仪器时，应该撑伞，严防日晒雨淋。

（6）在仪器发生故障时，应及时向指导教师报告，不得擅自处理。

4. 仪器的搬迁

（1）在行走不便的地区迁站或远距离迁站时，必须将仪器装箱之后再搬迁。

（2）短距离迁站时，可将仪器连同脚架一起搬迁。其方法是：先取下垂球，检查并旋紧仪器连接螺旋，松开各制动螺旋使仪器保持初始位置（经纬仪望远镜物镜对向度盘中心，水准仪的水准器向上）；再收拢三脚架，左手握住仪器基座或支架放在胸前，右手抱住脚架放在肋下，稳步行走。严禁斜扛仪器，以防碰摔。

（3）搬迁时，小组其他人员应协助观测员带走仪器箱和有关工具。

5. 仪器的装箱

（1）每次使用仪器之后，应及时清除仪器上的灰尘及脚架上的泥土。

（2）仪器拆卸时，应先将仪器脚螺旋调至大致同高的位置，再一手扶住仪器，一手松开连接螺旋，双手取下仪器。

（3）仪器装箱时，应先松开各制动螺旋，使仪器就位正确，试关箱盖确认放妥后，再拧紧制动螺旋，然后关箱上锁。若合不上箱口，切不可强压箱盖，以防压坏仪器。

（4）清点所有附件和工具，防止遗失。

6. 测量工具的使用

（1）钢尺的使用：应防止扭曲、打结和折断，防止行人踩踏或车辆碾压，尽量避免尺身着水。携尺前进时，应将尺身提起，不得沿地面拖行，以防损坏刻划。钢尺用完后应擦净、涂油，以防生锈。

（2）皮尺的使用：应均匀用力拉伸，避免着水、车压。如果皮尺受潮，应及时晾干。

（3）各种标尺、花杆的使用：应注意防水、防潮，防止受横向压力，不能磨损尺面刻划的漆皮，不用时安放稳妥。塔尺的使用，还应注意接口处的正确连接，用后及时收尺。

（4）测图板的使用：应注意保护板面，不得乱写乱扎，不能施以重压。

（5）小件工具如垂球、测钎、尺垫等的使用：应用完即收，防止遗失。

（6）一切测量工具都应保持清洁，专人保管搬运，不能随意放置，更不能作为捆扎、抬、担的它用工具。

三、测量记录与计算规则

测量记录是外业观测成果的记载和内业数据处理的依据。在测量记录或计算时必须严肃认真，一丝不苟，严格遵守下列规则：

（1）在测量记录之前，准备好硬芯（2H 或 3H）铅笔，同时熟悉记录表上各项内容及填写、计算方法。

（2）记录观测数据之前，应将记录表头的仪器型号、日期、天气、测站、观测者及记录者姓名等无一遗漏地填写齐全。

（3）观测者读数后，记录者应随即在测量记录表上的相应栏内填写，并复诵回报以资检核。不得另纸记录事后转抄。

（4）记录时要求字体端正清晰，数位对齐，数字对齐。字体的大小一般占格宽的 1/2～1/3，字脚靠近底线；表示精度或占位的"0"（例如水准尺读数 1.500 或 0.234，度盘读数 93°04′00″）均不可省略。

（5）观测数据的尾数不得更改，读错或记错后必须重测重记，例如：角度测量时，秒级数字出错，应重测该测回；水准测量时，毫米级数字出错，应重测该测站；钢尺量距时，毫米级数字出错，应重测该尺段。

（6）观测数据的前几位若出错时，应用细横线划去错误的数字，并在原数字上方写出正确的数字。注意不得涂擦已记录的数据。禁止连环更改数字，例如：水准测量中的变换仪器高度读数，角度测量中的盘左、盘右，距离丈量中的往、返量等，均不能同时更改，否则重测。

（7）记录数据修改后或观测成果废弃后，都应在备注栏内写明原因（如测错、记错或超限等）。

（8）每站观测结束后，必须在现场完成规定的计算和检核，确认无误后方可迁站。

（9）数据运算应根据所取位数，按"4 舍 6 入，5 前单进双舍"的规则进行凑整。例如对 1.4244m，1.4236m，1.4235m，1.4245m 这几个数据，若取至毫米位，则均应记为 1.424m。

（10）应该保持测量记录的整洁，严禁在记录表上书写无关内容，更不得丢失记录表。

附录 2　建筑测量综合技能训练内容及要求

一、综合技能训练的目的

综合测量技术训练是在课堂教学结束后在实习场所集中进行的测绘实践性教学，是各项课间实验的综合应用，也是巩固和深化课堂所学知识的必要环节。通过训练，学生不仅能系统掌握测量仪器的应用，地形图的绘制与点位测设等基本技能，还能培养学生解决工程实际问题的能力。在训练中，应该树立严肃认真的科学态度，实事求是的工作作风，吃苦耐劳的奉献精神和团队协作的集体观念。

测量综合技能训练安排平面控制测量（导线测量）。

二、实训组织，计划及注意事项

1. 实训组织

以班级为单位建立测量实训队，由指导教师为队长，班长和测量课代表为副队长，全队设若干小组，每组 5～6 人，设正、副组长各 1 名。由指导教师布置实训任务和计划，正组长负责全组的实训、生活安排，副组长负责仪器管理工作。

2. 每组配备的仪器和工具

水准仪1台、经纬仪1台、钢尺1副、水准尺2根、尺垫2个、花杆2根、测钎1组、记录板1块、工具袋1个、斧头1把、木桩若干、测伞1把。

各组自备：三角板、铅笔、橡皮、胶带纸及计算器等。

3. 实训计划及要求

实训时间一般为1周。

测量综合技能实训内容和时间安排表

项目	内容	要求	学时	备注
1	实训动员，借领仪器	做好测前准备工作	2	
2	熟悉实训任务	了解实训的内容	2	
3	踏勘选择控制点布置导线	学会控制点的选择和导线的布置	2	
4	平面控制实测	熟练掌握经纬仪导线测量的全过程	10	
5	高程控制实测	熟练掌握水准导线测量全过程	8	
6	钢尺量距测量	熟练掌握量距的全过程	4	
7	经纬仪导线测量内业	掌握经纬仪导线测量的计算方法	2	
8	水准导线测量内业	掌握水准导线测量的计算方法	2	
9	报告书的编写	学会测量综合实训报告书的编写	2	
10	实训总结，归还仪器	仪器要完好无缺	2	

4. 实训注意事项

（1）仪器借领、使用和保管应严格遵守本指导书"测量实训总则"中的有关规定。

（2）实训期间的各项工作，由组长全面负责，合理安排，以确保实训任务的顺利完成。

（3）每次出发和收工时应清点仪器和工具。每天晚上应整理外业观测数据并进行内业计算。原始数据及成果资料应整洁齐全，妥善保管。

（4）严格遵守实训纪律，服从指导教师、班组长的分配。不得无故缺席或迟到早退。病假应由医生证明，事假应经教师批准，无故缺席者，作旷课论处。缺课超过实训时间1/3者，不评定实训成绩。

三、实训的内容、方法及技术要求

1. 平面控制测量（导线测量）

在测区实地踏勘，进行图根网选点。在城镇区一般不设闭合或附合导线。在控制点上进行测角、量距、联测等工作，经过业内计算获得图点的平面坐标。

（1）选点设立标志

根据已知控制点的点位，在测区内选择12~20个控制点，选点的密度应能控制整个测区，以便于测量。导线的边长应大致相等，边长不超过100m控制点的位置应选在土质坚实处，以便保存标志和安置仪器。相邻控制点应通视良好，便于测角和量距。

点位选定后即打下木桩，桩顶钉上小钉做为标记，并编号。如无已知等级控制点，可按独立平面控制网布设、假定起点坐标，用罗盘仪测定起始边的磁方位角，作为测区的起算数据。

（2）测角

水平角观测用 DJ_6 光学经纬仪，采用测回法观测二测回，要求两个半测回角值之差不应大于 $\pm 40''$，各测回的角值差不应大于 $\pm 40''$，角度闭合差的限差为 $\pm 40''\sqrt{n}$，n 为测站数。

（3）量距

导线的边长用检定过的钢尺采用一般量距的方法进行往返丈量，边长相对误差的限差为 $1/3000$。

（4）平面坐标计算

将校核过的外业观测数据及起算数据填入导线坐标计算表中进行计算。推算出各导线点的平面坐标，其导线全长相对闭合差的限差为 $1/2000$。计算中角度取至秒，边长和坐标值取至厘米。

2. 高程控制测量

首级高程控制点可设在平面控制点上，根据已知水准点采用四等水准测量的方法测定。图根点高程可沿图根平面控制点采用闭合或符合路线的图根水准测量方法进行测定。

（1）水准测量

四等水准测量用 DS_3 型微倾式水准仪或自动安平式水准仪沿单程测量，各站采用改变仪器高法进行观测，并取平均值为该站的高差。视线长度不应大于 80m。路线高差闭合差限差为 $f_{h容} = \pm 20\sqrt{L}\,\text{mm}$ 或 $\pm 6\sqrt{L}\,\text{mm}$，式中 L 为路线总长的公里。其余按四等水准测量要求进行。

（2）高程计算

对路线闭合差进行平差后，由已知点高程推算各图根点高程。观测和计算单位均取至毫米，最后成果取厘米。

四、注意事项

（1）选择控制点时一定要避开车行道及停车位，以免影响观测工作。

（2）布置导线时，要注意避开行人过于集中的路段以免活动的目标影响观测工作的正常进行。

（3）水准仪应架设在两个测站的中间，应尽量是前后视距相等。

（4）水准测量瞄准目标时，要注意消除视差。

（5）在视水准尺上读数时，应先估读毫米数。然后按米，分米，毫米一次读出。

（6）角度测量时，目标不能瞄错（因一些市政设施和花杆颜色很相似），应尽量瞄准目标下端。

（7）安置经纬仪时，尤其观测边长较短的角，一定要认真对中，以免误差过大。

（8）观测 $180°$ 左右的平角时，一定要严格按盘左顺时针旋转，盘右逆时针旋转，以免测错，如 $181°01'30''$ 测错角时会变成 $178°58'30''$，而且不易发现。

（9）钢尺量距时，应准确定线，钢尺应拉平，拉直，用力均匀拉紧，钢尺零点应对准尺段起始位置，末端测针应准确插下，前后尺手应配合默契。

（10）丈量完一个尺段后，前进时，钢尺应悬空，不应触地拖拉，注意勿被车辆碾压，严防钢尺打卷，以避免钢尺断裂损坏。

（11）记录数据要准确，要保证有效数字的位数，严禁涂改，转抄，伪造原始数据，如果记录计算中有错误时，应将原错误数据以正规线条划去，并在其上方写上正确的数字。

（12）每站观测完毕后，应先计算数值无错误且不超过容许误差，方可搬站。

（13）携带仪器前要检查箱盖是否关牢，锁好，提手及背带是否牢靠，以防意外，开箱前应先安置好三脚架，拧紧架腿固定螺旋，开箱以后首先要看清仪器在箱中安放的位置，以便使用后按原位装回。提取仪器时应一手握住仪器支架，一手拧紧连接螺旋。不准单手提拿望远镜。取出的仪器应安置于架头上，一手握住支架，一手拧紧螺旋。空仪器箱必须盖好并平放在适当的地点，严禁在仪器上坐人。

（14）制动螺旋要松紧适度，微动螺旋和脚螺旋切记旋到极点，应使各螺旋螺距均匀，受力一致，若旋转时有障碍感，应请示教师处理；切忌强扳强扭，以免损坏仪器，转动仪器时应先松开制动螺旋，使用微动螺旋时应先旋紧制动螺旋。

（15）整平时应尽量保持脚螺旋大约在中间位置等高出，旋转要均匀。

（16）仪器镜头若有灰尘，水汽时，应用软毛刷或镜头纸擦去。禁止用嘴吹或用手帕擦。观测结束应立即盖好物镜。

（17）仪器上架后不论观测与否，必须有人看护，防止无关人员玩弄或被行人车辆碰坏。仪器应避免撞击，强烈振动，暴晒或雨淋；禁止仪器或工具靠在墙上、树上或其他物体上，以防滑倒。

（18）短距离搬站时，可将仪器和脚架一起搬迁，但要检查仪器和三脚架的连接螺旋是否固定，然后收拢三脚架，用左手托住仪器的基座及架头，右手抱住脚架夹在腰间慢行，切忌将仪器斜扛在肩上，以防碰伤仪器，在距离较远时应将仪器装箱搬站。搬站时花杆、尺子等工具物品要一起搬迁，以防遗失。

（19）实验后应及时清除仪器上的灰尘及脚架上的泥土，收仪器时应左手握住仪器支架，右手松开连接螺旋。装箱前要松动所有制动螺旋，按正确位置入箱后再轻轻将其固紧，点清所有附件，然后轻缓试盖，待箱盖自然合拢后再扣紧箱扣并上锁，严禁用箱盖强压硬挤，以免损坏仪器。

（20）严禁用水准尺、标杆作为抬担工具，不准乱扔和打逗玩耍测量工具。作业时，水准尺，标杆应有专人认真扶直，不准贴靠在墙上、树上或其他物体上而无人扶持。

（21）数据处理时，要按照"4舍6入，5前单进双舍"的原则，以减少误差的结果。

（22）应尽量避开风力较大、有雾、烈日等不利的天气条件下观测，雨天不准许观测，以免带来较大的误差和损坏仪器。

五、上交资料

（1）平面控制测量内业计算表一份。

（2）高程控制测量内业计算表一份。

（3）钢尺量距计算表一份。

（4）实训报告一份。

六、思考题

（1）导线的形式有哪几种？

（2）选择导线点应注意哪些问题？

（3）导线测量外业工作包括哪些内容？

（4）导线测量内业计算都需要哪些起算数据？

（5）何谓坐标的正反算法？

（6）闭合导线坐标计算的步骤是什么？

（7）导线测量内业计算时，怎样衡量导线测量的精度？

（8）高程控制测量内业计算闭合差的调查应根据什么原则？

（9）平台控制测量坐标内业计算闭合差的调查应根据什么原则？

（10）角度测量内业计算闭合差的调查应根据什么原则？

七、实训成绩考核

（1）成绩评定

实训的成绩评定分优、良、中、及格和不及格五档。凡缺勤超过实训天数的1/3，损坏仪器，违反实训纪律，未交成果或伪造成果等均按不及格处理。

（2）评定依据

依据实训态度，实训纪律，实际操作技能，熟练程度，分析和解决问题的能力，完成实训任务的质量，爱护仪器的情况，实训报告编写的水平等来评定。

水准测量成果计算表

点号	距离（km）	测站数	实测高差（m）	改正数（nm）	改正后高差（mm）	高程（m）	点号	备注
1	2	3	4	5	6	7	8	9
BM_A							BM_A	
1								
2								
3								
4								
5								
6								
7								
8								
9								
10								
11								
12								
13								
14								
15								
16								
17								
18								
BM_B							BM_B	
Σ								
辅助计算								